サイエンス社のホームページのご案内
http://www.saiensu.co.jp
ご意見・ご要望は　rikei@saiensu.co.jp　まで.

ライブラリ　例題から展

例題から展
線形代

海老原 円 著

サイエンス社

まえがき

線形代数とは何だろう？　ひと言でいえば，1 次式を扱う数学である．

1 次式といえば，私たちは中学校で連立 1 次方程式を学んでいる．連立 1 次方程式は，複数の未知数に関する複数の 1 次方程式の組合せであり，これを一般的に論ずることは，線形代数の 1 つの大きなテーマである．

一方，高等学校では，ベクトルについて学んでいる．いくつかの数を 1 列に並べてひとまとまりにしたものがベクトルであるが，さらに本書では，「行列」というものを学ぶ．これは，たてと横に並んだ数をひとまとまりにしたものである．くわしくは本文の解説を読んでいただきたいが，2 つのベクトルの成分同士に，1 次式で表される関係があるとき，その関係を行列を用いて表すことができる．これらの行列やベクトルも，線形代数の主要なテーマである．

たとえば，次のような式について，これから本書で学ぶ．

$$\begin{pmatrix} 2 & 3 \\ 4 & 5 \end{pmatrix}\begin{pmatrix} x \\ y \end{pmatrix} = \begin{pmatrix} 1 \\ 1 \end{pmatrix}.$$

この式の中の $\begin{pmatrix} 2 & 3 \\ 4 & 5 \end{pmatrix}$ のようなものが行列である．この行列がベクトル $\begin{pmatrix} x \\ y \end{pmatrix}$ に作用して，ベクトル $\begin{pmatrix} 1 \\ 1 \end{pmatrix}$ ができる，というふうに上の式は解釈される．

一方，この式は，連立 1 次方程式

$$\begin{cases} 2x + 3y = 1 \\ 4x + 5y = 1 \end{cases}$$

と同じ内容を表している．したがって，行列やベクトルの話は，連立 1 次方程式の話と密接に結びつく．

数学の中で，特に式と計算を扱うものを代数とよび，図形を扱うものを幾何とよぶ．連立 1 次方程式は代数の範囲に属し，ベクトルや行列は幾何の題材であると考えられるが，両者は切っても切れない関係にある．

本書を書くにあたっては，代数と幾何と，どちらにも偏ることなく，むしろこれら 2 つの考え方が相互に響きあって理論が構成されていくおもしろさを読者に味わってほしいと考えた.

さて, 本ライブラリの特長は, 何といっても, 読者が例題を解きながら, 数学的な考え方を自然に身につけることができる点である.

「問題を解く」というと, 次の図式のように, 基本 (本質) を学んでから問題演習に移行すると考えるのが普通かもしれない.

$$本質 \Rightarrow 問題.$$

しかし, 本書では, そのような考え方はとらない.「問題」は「本質」から派生するものではなく, むしろ,「問題」は「本質」の母であり, 問題を解くことによって本質に迫ることができるのだと考えたい.

$$問題 \Rightarrow 本質.$$

本書は, いわば,「線形代数の組み立てキット」である. はじめから完成された形の定理や命題とその証明を読者に提供するのではなく, 例題というパーツを読者自身がひとつひとつ組み立てながら本質に迫っていくという「手作り感覚」を大切にしている.

これは一見すると, 迂遠な方法に見えるかもしれない. 実際,「定理 ⇒ 証明」という, いわゆる数学書のスタイルに比べて, 紙数も多く必要であるので, 扱う題材もしぼり込まざるを得なかった. 定理や命題の証明についても, 省略した箇所がいくつかある.

定理の証明を読むことは, その定理が正しいことを確認することにほかならないが, それは, 完成された精巧な建造物を外側から眺めることに似ている. けれども, その定理を本当の意味で理解するには,「それ以上の何か」が必要である. 本書が目指したのは, 完成された建造物を眺めるのではなく, そのミニチュアを自分の手で作り上げるという, 一見迂遠な作業を通じて,「それ以上の何か」を読者が直接つかみ取れるようにすることである.

読者のみなさんには, 是非, 本書というキットを組み立てて, 読者自身の線形代数を作り上げていただきたい.

最後に, サイエンス社編集部の方々には, 本書の企画段階から貴重なご助言を数多くいただいたことを述べておく. ここにあらためて感謝の意を表したい.

2016 年春

筆者記す

目　次

例題の構成と利用について

導入 例題

これは，いわば話の「マクラ」である．まずこの導入例題を実際に解くことによって，これからどのような話が始まるのか，どのような内容をどのような観点から考えようとしているのかを，実感として理解することができる．「なぜだろう？　それはどういうことだろう？」——そんなふうに興味がわいて，話の続きが読みたくなったとしたら，しめたものである．読者のみなさんはすでにそのとき，行く先に広がる新しい世界に出発する準備を終えているのである．

確認 例題

本を読んで勉強することは，著者というガイドにしたがって観光名所をめぐり歩くようなものである．ガイドについて歩けば，要領よくポイントをおさえることができるわけであるが，やはり，もう一度自分の足でたどってみることがどうしても必要である．そのために確認例題を用意した．すでに学んだことがらについて，数値を変えて練習したり，あるいは，抽象的な内容を具体例に即して考察したりすることによって，読者のみなさんは理解をさらに深め，定着させることができる．

基本 例題

問題を解くことの効用はさまざまである．問題演習を通じて，たとえば，今まで習ったことを発展させたり，少し角度を変えて検討したりすることができる．本ライブラリにおいて，そのような役割を担うのが基本例題である．観光にたとえるならば，「少し足をのばして，周辺の様子をあちこち見てまわる」という感覚に近い．この基本例題を読者のみなさんがしっかりと自分自身で考えることにより，視野が広がり，理解が立体的になる．こうして，「学んだ知識」が「使える知識」へと変貌するのである．

第1章 行列とその演算

複数のデータをひとまとまりにすると，便利なことがある．データのまとまりが2種類あって，それらの間に1次式で表される関係があるとき，行列を使ってその関係を表すことができる．

1.1 行列の考え方

手はじめに次の問題を考えてみよう．

導入 例題 1.1

2種類の材料 P（アーモンド），Q（カシューナッツ）を用いて2種類の製品 S（ミックスナッツ：商品名『カシューな気分のアーモンド』），T（ミックスナッツ：商品名『あーもんカッシュー』）を作る．製品 S を1個作るのに，材料 P が30グラム，材料 Q が20グラム使われる．また，製品 T を1個作るのに，材料 P が15グラム，材料 Q が35グラム使われる．

	製品 S	製品 T
材料 P	30	15
材料 Q	20	35

（単位は「グラム」）

(1) 製品 S を3個と製品 T を2個作るには，材料 P, Q がそれぞれ何グラム必要か．

(2) 製品 S を s 個と製品 T を t 個作るのに必要な材料 P, Q の量をそれぞれ p グラム，q グラムとするとき，p, q を s, t の式で表せ．

【解答】 (1) $P : 30 \times 3 + 15 \times 2 = 120$（グラム），

$Q : 20 \times 3 + 35 \times 2 = 130$（グラム）．

(2) $p = 30s + 15t,\ q = 20s + 35t$. ■

導入例題 1.1 の表に出てくる数の配列を取り出し，それらをひとまとまりのものとしてカッコで囲んで表すと

$$\begin{pmatrix} 30 & 15 \\ 20 & 35 \end{pmatrix}$$

となる．このようなものを**行列**とよぶ．

さて，導入例題 1.1 (2) の解答は 2 つの式からなっている．

$$\begin{cases} p = 30s + 15t, \\ q = 20s + 35t. \end{cases} \tag{1.1}$$

p, q が s, t の**定数項のない 1 次式**の形であることに注意しよう．このような場合，行列を使って，次のような **1 つの式にまとめる**ことができる．

$$\begin{pmatrix} p \\ q \end{pmatrix} = \begin{pmatrix} 30 & 15 \\ 20 & 35 \end{pmatrix} \begin{pmatrix} s \\ t \end{pmatrix} \tag{1.2}$$

同様に，導入例題 1.1 (1) の解答は，次のようにまとめられる．

$$\begin{pmatrix} 30 & 15 \\ 20 & 35 \end{pmatrix} \begin{pmatrix} 3 \\ 2 \end{pmatrix} = \begin{pmatrix} 30 \times 3 + 15 \times 2 \\ 20 \times 3 + 35 \times 2 \end{pmatrix} = \begin{pmatrix} 120 \\ 130 \end{pmatrix}$$

ここでは次のポイントをおさえておきたい．

Point

- s と t をひとまとめにして，1 つの**データ**（**たてベクトル**）とみなす．
- p と q もまとめて 1 つの**たてベクトル**とみなす．
- ベクトルに行列を**かけて**，新しいベクトルが得られた，と考えられる！

確認 例題 1.1

$$\begin{pmatrix} 30 & 15 \\ 20 & 35 \end{pmatrix} \begin{pmatrix} 2 \\ 1 \end{pmatrix}$$

はどんなベクトルだと考えられるか？

【解答】 $$\begin{pmatrix} 30 \times 2 + 15 \times 1 \\ 20 \times 2 + 35 \times 1 \end{pmatrix} = \begin{pmatrix} 75 \\ 75 \end{pmatrix}.$$ ■

問 1.1　次の (1), (2), (3) は，どんなベクトルだと考えられるか？

(1) $\begin{pmatrix} 1 & 2 \\ 3 & 4 \end{pmatrix}\begin{pmatrix} 2 \\ 1 \end{pmatrix}$　(2) $\begin{pmatrix} 1 & 2 \\ 3 & 4 \end{pmatrix}\begin{pmatrix} x \\ y \end{pmatrix}$

(3) $\begin{pmatrix} a & b \\ c & d \end{pmatrix}\begin{pmatrix} x \\ y \end{pmatrix}$

ちょっと寄り道　導入例題 1.1 の表において，P, Q をたてに並べ，S, T を横に並べたのには理由がある．導入例題 1.1 では，**p, q を s, t の式として表した**．つまり

$$\begin{cases} p = \cdots \\ q = \cdots \end{cases}$$

という形の式が出てくるので，**表の中の数の並べ方も，あらかじめ式 (1.1) の係数の位置関係にあわせて，P, Q をたてにしておいた**のである．

1.2　行列の定義

mn 個の数をたてに m 個，横に n 個ずつ並べ，カッコでくくったもの

$$m \text{ 個}\left\{\begin{pmatrix} a_{11} & a_{12} & \cdots & a_{1n} \\ a_{21} & a_{22} & \cdots & a_{2n} \\ \vdots & \vdots & \ddots & \vdots \\ a_{m1} & a_{m2} & \cdots & a_{mn} \end{pmatrix}\right.$$
$$\underbrace{\qquad\qquad\qquad\qquad}_{n \text{ 個}}$$

を**行列**という．よりくわしくは，(m, n) **型行列**，$m \times n$ **行列**，m **行** n **列行列**などという．(m, n) 型，$m \times n$ 行列，m 行 n 列などというデータを，行列の**型**という．

行列の中の横の並びを**行**（row）とよび，たての並びを**列**（column）とよぶ．特に，上から i 番目の行を第 i 行とよび，左から j 番目の列を第 j 列とよぶ．

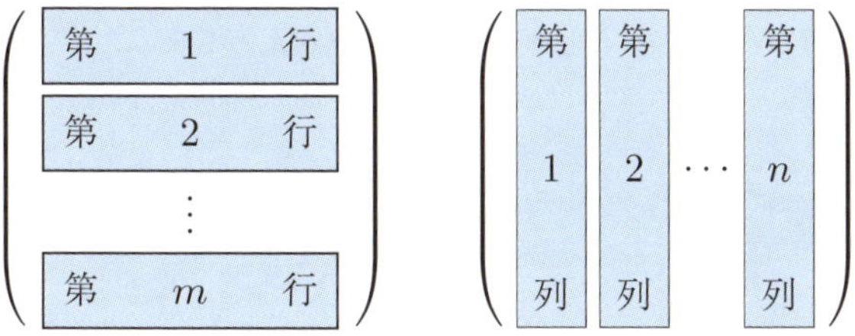

上の図のように，(m, n) 型行列には，行が m 個，列が n 個ある．だから，m 行 n 列行列ともよばれるのである．

行列は，A, B などのように，アルファベットの大文字で表す．行列 A の中に並んでいる数を A の**成分**とよぶ．特に，上から i 番目，左から j 番目の成分を (i, j) **成分**，あるいは i **行** j **列成分**とよぶ．

(i, j) 成分を文字で表すときは，a_{ij} などのように，アルファベットの小文字に 2 つの**添え字**をつけて表すことが多い．ここで，左側の添え字 i はこの成分が上から i 番目の位置にある（第 i 行の成分である）ことを表し，右側の添え字 j は，左から j 番目の位置にある（第 j 列の成分である）ことを表す．

確認 例題 1.2

次の行列の型をいえ．また，$(3, 2)$ 成分は何か？

$$\begin{pmatrix} 2 & 0 & -4 & 5 \\ 3 & 1 & 8 & -3 \\ 4 & 6 & -1 & 0 \end{pmatrix}$$

【解答】 $(3, 4)$ **型**（3×4 **行列**，3 **行** 4 **列行列**）．$(3, 2)$ 成分は 6． ■

問 1.2 (1) 次の行列の型をいえ．また，$(2, 3)$ 成分は何か？

$$\begin{pmatrix} 1 & 4 & 2 & 8 \\ -2 & -8 & -5 & -7 \end{pmatrix}$$

(2) (i, j) 成分が a_{ij} で表される $(3, 2)$ 型行列を書け．

ちょっと寄り道 「列」は英語で column という．古くは神殿の柱のことなので，「たての列」を表す．また，劇場の席の横の並びを英語では row という．

こじつけであるが，「行」という漢字には，2 本の横線があるので「行＝ヨコ」，「列」には 2 本のたて線があるから「列＝タテ」という覚え方もある．

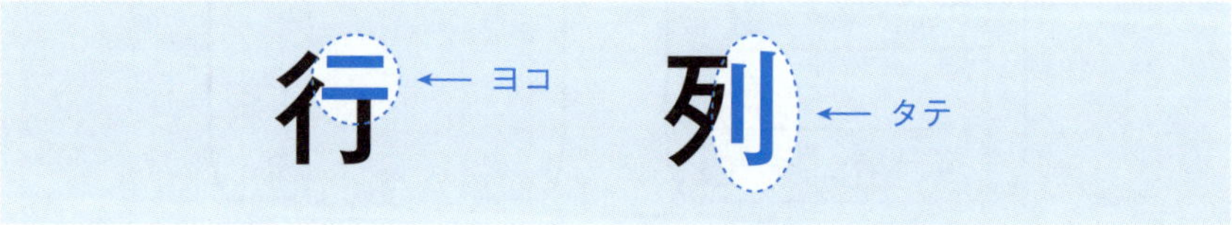

1.3 ベクトルとその演算

n 個の数をたてに並べてカッコでくくったもの

$$\begin{pmatrix} x_1 \\ x_2 \\ \vdots \\ x_n \end{pmatrix}$$

を**たてベクトル**という．よりくわしくは，n **次元たてベクトル**という．

たてベクトルは，$\boldsymbol{x}, \boldsymbol{y}$ などのように，アルファベットの小文字を太くして表す（$\vec{x}$ という記号は，本書では使わない）．たてベクトル $\boldsymbol{x}$ の中に並んでいる数を $\boldsymbol{x}$ の**成分**とよぶ．特に，上から i 番目の成分を**第 i 成分**とよぶ．また，成分を横に並べたものを**横ベクトル**というが，以後ほとんど使わない．これからは，**単にベクトルといったら，たてベクトルを表す**ものとしよう．

また，すべての成分が 0 であるベクトルを**零**（れい）**ベクトル**といい，$\mathbf{0}$ で表す．

n 次元ベクトル同士を足したり引いたり，あるいはベクトルに定数（**スカラー**ともよぶ）をかけたりすることができる．足し算と引き算は成分ごとにおこなえばよい．ベクトルを c 倍するには，すべての成分を c 倍すればよい．

$$\begin{pmatrix} x_1 \\ x_2 \\ \vdots \\ x_n \end{pmatrix} \pm \begin{pmatrix} y_1 \\ y_2 \\ \vdots \\ y_n \end{pmatrix} = \begin{pmatrix} x_1 \pm y_1 \\ x_2 \pm y_2 \\ \vdots \\ x_n \pm y_n \end{pmatrix} \quad \text{（複号同順）},$$

$$c \begin{pmatrix} x_1 \\ x_2 \\ \vdots \\ x_n \end{pmatrix} = \begin{pmatrix} cx_1 \\ cx_2 \\ \vdots \\ cx_n \end{pmatrix}.$$

注意： 成分の個数の異なるベクトル同士を足したり引いたりすることはできない．

確認 例題 1.3

$$\boldsymbol{x} = \begin{pmatrix} 2 \\ 6 \\ -4 \\ 3 \end{pmatrix}, \quad \boldsymbol{y} = \begin{pmatrix} 1 \\ -2 \\ 3 \\ 0 \end{pmatrix}$$

とする．$\boldsymbol{x}+\boldsymbol{y}$, $\boldsymbol{x}-\boldsymbol{y}$, $3\boldsymbol{x}$ を求めよ．

【解答】 $$\boldsymbol{x}+\boldsymbol{y} = \begin{pmatrix} 2+1 \\ 6+(-2) \\ (-4)+3 \\ 3+0 \end{pmatrix} = \begin{pmatrix} 3 \\ 4 \\ -1 \\ 3 \end{pmatrix},$$

$$\boldsymbol{x}-\boldsymbol{y} = \begin{pmatrix} 2-1 \\ 6-(-2) \\ (-4)-3 \\ 3-0 \end{pmatrix} = \begin{pmatrix} 1 \\ 8 \\ -7 \\ 3 \end{pmatrix}, \quad 3\boldsymbol{x} = \begin{pmatrix} 3\times 2 \\ 3\times 6 \\ 3\times(-4) \\ 3\times 3 \end{pmatrix} = \begin{pmatrix} 6 \\ 18 \\ -12 \\ 9 \end{pmatrix}.$$

■

問 1.3 $\boldsymbol{a} = \begin{pmatrix} 2 \\ 3 \\ 1 \end{pmatrix}$, $\boldsymbol{b} = \begin{pmatrix} 1 \\ 4 \\ 2 \end{pmatrix}$ に対して，次のベクトルを計算せよ．

(1) $\boldsymbol{a}+\boldsymbol{b}$　(2) $2\boldsymbol{a}+\boldsymbol{b}$　(3) $3\boldsymbol{a}-2\boldsymbol{b}$

1.4 ベクトルに行列をかける

1.1節の式 (1.2) を一般化して，(m, n) 型行列 A を n 次元ベクトル $\boldsymbol{x}$ にかけることを考えよう．

$$A = \begin{pmatrix} a_{11} & a_{12} & \cdots & a_{1n} \\ a_{21} & a_{22} & \cdots & a_{2n} \\ \vdots & \vdots & \ddots & \vdots \\ a_{m1} & a_{m2} & \cdots & a_{mn} \end{pmatrix}, \quad \boldsymbol{x} = \begin{pmatrix} x_1 \\ x_2 \\ \vdots \\ x_n \end{pmatrix}$$

とするとき，$A\boldsymbol{x}$ は次のような m 次元ベクトルである．

$$Ax = \begin{pmatrix} a_{11}x_1 + a_{12}x_2 + \cdots + a_{1n}x_n \\ \vdots \\ a_{i1}x_1 + a_{i2}x_2 + \cdots + a_{in}x_n \\ \vdots \\ a_{m1}x_1 + a_{m2}x_2 + \cdots + a_{mn}x_n \end{pmatrix} \begin{matrix} \Leftarrow \text{第 } 1 \text{ 成分} \\ \\ \Leftarrow \text{第 } i \text{ 成分} \\ \\ \Leftarrow \text{第 } m \text{ 成分} \end{matrix}$$

Point　「(m, n) 型行列」×「n 次元ベクトル」＝「m 次元ベクトル」！

たとえば，(2, 3) 型行列を 3 次元ベクトルにかけると，次のようになる．

$$\begin{pmatrix} a_{11} & a_{12} & a_{13} \\ a_{21} & a_{22} & a_{23} \\ ① & ② & ③ \end{pmatrix} \begin{pmatrix} x_1 \\ x_2 \\ x_3 \end{pmatrix} \begin{matrix} ① \\ ② \\ ③ \end{matrix} = \begin{pmatrix} a_{11}x_1 + a_{12}x_2 + a_{13}x_3 \\ a_{21}x_1 + a_{22}x_2 + a_{23}x_3 \\ ① \quad ② \quad ③ \end{pmatrix}$$

第 2 行をヨコに動く　　タテに動く　　第 2 成分が計算できる

上の式の右辺のベクトルの第 2 成分を計算するには，左辺の左側の行列の第 2 行の成分を左から順に選び，左辺の右側の 3 次元ベクトルの成分を上から順に選んで，対応する成分同士をかけあわせ，それらを合計するのである．

注意： 行列 A の列の個数とベクトル $\boldsymbol{x}$ の成分の個数が一致していないと，$A\boldsymbol{x}$ を作ることができない．たとえば，(3, 3) 型行列を 2 次元ベクトルにかけることはできない．

確認 例題 1.4

次の計算をせよ．

(1) $\begin{pmatrix} 2 & 1 & 3 \\ -1 & 0 & 4 \\ 5 & 2 & 4 \end{pmatrix} \begin{pmatrix} 3 \\ 2 \\ 4 \end{pmatrix}$　　(2) $\begin{pmatrix} 3 & 5 \\ -1 & 4 \\ 4 & 2 \end{pmatrix} \begin{pmatrix} -2 \\ 5 \end{pmatrix}$

【解答】 (1) $\begin{pmatrix} 2 \times 3 + 1 \times 2 + 3 \times 4 \\ (-1) \times 3 + 0 \times 2 + 4 \times 4 \\ 5 \times 3 + 2 \times 2 + 4 \times 4 \end{pmatrix} = \begin{pmatrix} 20 \\ 13 \\ 35 \end{pmatrix}.$

(2) $$\begin{pmatrix} 3\times(-2)+5\times 5 \\ (-1)\times(-2)+4\times 5 \\ 4\times(-2)+2\times 5 \end{pmatrix} = \begin{pmatrix} 19 \\ 22 \\ 2 \end{pmatrix}.$$ ■

問 1.4 次の計算をせよ.

(1) $$\begin{pmatrix} 3 & 0 & 2 \\ 1 & 1 & 3 \\ 4 & 2 & -1 \end{pmatrix}\begin{pmatrix} 2 \\ 1 \\ -1 \end{pmatrix}$$ (2) $$\begin{pmatrix} 2 & 1 & 4 \\ 0 & 3 & 1 \end{pmatrix}\begin{pmatrix} -1 \\ 2 \\ 3 \end{pmatrix}$$

行列を「かける」という言葉がしっくりこないかもしれない．しかし，私たちは，ふだん，いろいろなものを「かけて」いる．布団をかける，火をかける，鍵をかける，電話をかける，圧力をかける……．「かける」とは，「**はたらきかける**」ことである．「行列をかける」とは，「行列を作用させる」ことである．

Point 行列はベクトルに作用する！

1.5 行列を用いて連立1次方程式を表す

基本 例題 1.1

x_1, x_2, x_3, x_4 を未知数とする次の連立1次方程式を考える．

$$\begin{cases} \quad\quad x_2 + x_3 \quad\quad = 2 \\ x_1 + x_2 + 2x_3 + 3x_4 = 4 \\ 2x_1 + x_2 + 3x_3 + 6x_4 = 6 \end{cases} \tag{1.3}$$

(1) この連立1次方程式を $A\boldsymbol{x} = \boldsymbol{c}$ （A は行列，$\boldsymbol{x}$ と $\boldsymbol{c}$ はベクトル）の形の式に直せ．

(2) この連立1次方程式を $\widetilde{A}\widetilde{\boldsymbol{x}} = \boldsymbol{0}$ （$\widetilde{A}$ は行列，$\widetilde{\boldsymbol{x}}$ はベクトル，$\boldsymbol{0}$ は零ベクトル）の形の式に直せ．

【解答】 (1) $$\begin{pmatrix} 0 & 1 & 1 & 0 \\ 1 & 1 & 2 & 3 \\ 2 & 1 & 3 & 6 \end{pmatrix}\begin{pmatrix} x_1 \\ x_2 \\ x_3 \\ x_4 \end{pmatrix} = \begin{pmatrix} 2 \\ 4 \\ 6 \end{pmatrix}.$$

(2) 連立 1 次方程式の右辺の定数項を左辺に移項した式を考える.

$$\begin{pmatrix} 0 & 1 & 1 & 0 & 2 \\ 1 & 1 & 2 & 3 & 4 \\ 2 & 1 & 3 & 6 & 6 \end{pmatrix} \begin{pmatrix} x_1 \\ x_2 \\ x_3 \\ x_4 \\ -1 \end{pmatrix} = \begin{pmatrix} 0 \\ 0 \\ 0 \end{pmatrix}. \tag{1.4}$$

■

たとえば，式 (1.4) の第 2 成分を書いてみると

$$1 \times x_1 + 1 \times x_2 + 2 \times x_3 + 3 \times x_4 + 4 \times (-1) = 0$$

となる．これと連立 1 次方程式 (1.3) の第 2 式を比べてみてほしい．

さて，基本例題 1.1 (1) の解答に出てくる行列は，連立 1 次方程式の係数を並べたものである．このような行列を**係数行列**とよぶ．(2) の行列は，係数行列の右に定数項を並べたものである．これを**拡大係数行列**とよぶ．

このように，行列と連立 1 次方程式とは密接な関係がある．

確認 例題 1.5

次の連立 1 次方程式の係数行列と拡大係数行列を書け．

(1) $\begin{cases} x_1 + \ \ x_2 = 10 \\ 2x_1 + 4x_2 = 26 \end{cases}$ (2) $\begin{cases} x_1 + \ \ x_2 + \ \ x_3 = 10 \\ 2x_1 + 4x_2 + 6x_3 = 34 \end{cases}$

【解答】 (1) 係数行列は $\begin{pmatrix} 1 & 1 \\ 2 & 4 \end{pmatrix}$，拡大係数行列は $\begin{pmatrix} 1 & 1 & 10 \\ 2 & 4 & 26 \end{pmatrix}$.

(2) 係数行列は $\begin{pmatrix} 1 & 1 & 1 \\ 2 & 4 & 6 \end{pmatrix}$，拡大係数行列は $\begin{pmatrix} 1 & 1 & 1 & 10 \\ 2 & 4 & 6 & 34 \end{pmatrix}$. ■

問 1.5 x_1, x_2, x_3 を未知数とする次の連立 1 次方程式を考える．

$$\begin{cases} 3x_1 - 2x_2 + 5x_3 = 9 \\ x_1 + 4x_2 - 3x_3 = 3 \\ -x_1 - \ \ x_2 + \ \ x_3 = -2 \end{cases}$$

(1) これを $A\boldsymbol{x}=\boldsymbol{c}$（$A$ は係数行列，$\boldsymbol{x}$ と $\boldsymbol{c}$ はベクトル）の形の式に直せ．

(2) これを $\widetilde{A}\widetilde{\boldsymbol{x}}=\boldsymbol{0}$（$\widetilde{A}$ は拡大係数行列，$\widetilde{\boldsymbol{x}}$ はベクトル）の形の式に直せ．

1.6 幾何学的な意味を持つ行列

行列のベクトルへの作用を幾何学的に（図形的に）考えてみよう．

基本 例題 1.2

xy 平面において，ベクトル $\begin{pmatrix} x \\ y \end{pmatrix}$ に次の行列をかけると，どのようなベクトルが得られるか？　幾何学的な意味を説明せよ．

(1) $\begin{pmatrix} 1 & 0 \\ 0 & 1 \end{pmatrix}$　(2) $\begin{pmatrix} 2 & 0 \\ 0 & 2 \end{pmatrix}$

(3) $\begin{pmatrix} -1 & 0 \\ 0 & -1 \end{pmatrix}$　(4) $\begin{pmatrix} 1 & 0 \\ 0 & -1 \end{pmatrix}$

【解答】 (1) 得られるベクトルは $\begin{pmatrix} x \\ y \end{pmatrix}$ である．つまり，この行列は**ベクトルに何の作用も加えない**．

(2) 得られるベクトルは

$$\begin{pmatrix} 2x \\ 2y \end{pmatrix} = 2\begin{pmatrix} x \\ y \end{pmatrix}$$

である．つまり，この行列は**ベクトルを 2 倍する**．

(3) 得られるベクトルは

$$\begin{pmatrix} -x \\ -y \end{pmatrix} = -\begin{pmatrix} x \\ y \end{pmatrix}$$

である．つまり，この行列は**ベクトルを (−1) 倍する**．あるいは，**原点を中心として角度 π（180 度）ベクトルを回転する**といってもよい．

(4) 得られるベクトルは $\begin{pmatrix} x \\ -y \end{pmatrix}$ である．x 座標はそのままで，y 座標の符号が反転する．これは，**x 軸を軸としてベクトルを折り返す**作用を持つと考えられる．

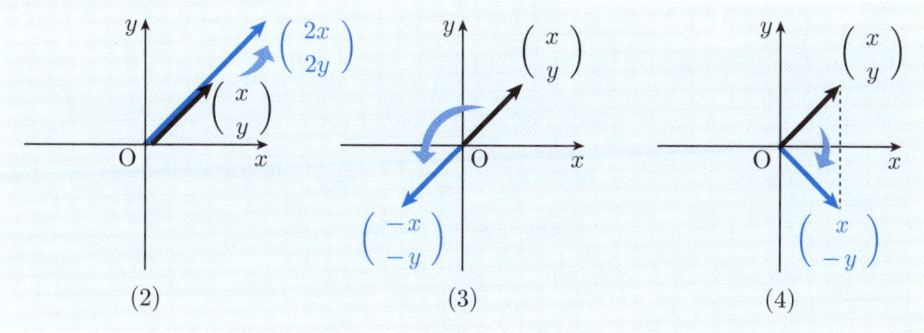

■

次に，もう少し複雑な作用を持つ行列を考えてみよう．

基本 例題 1.3

xy 平面において，原点を始点とするベクトル $\boldsymbol{x} = \begin{pmatrix} x \\ y \end{pmatrix}$ を考えよう．$\boldsymbol{x}$ の長さを r とし，このベクトルは x 軸から反時計回りに角度 θ 回転した向きを向いているとしよう．

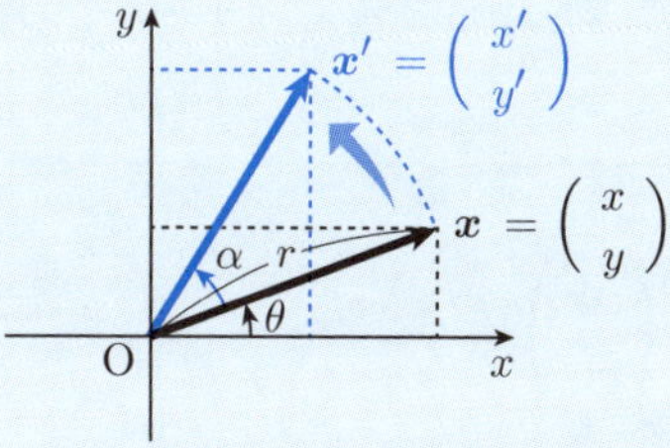

(1)　r, θ を用いて x, y を表せ（三角関数は用いてよい）．

(2)　このベクトルを反時計回りに角度 α 回転して得られるベクトルを $\boldsymbol{x}' = \begin{pmatrix} x' \\ y' \end{pmatrix}$ とする．このとき，r, θ, α を用いて x', y' を表せ．

(3)　実は，ある行列を用いて $\boldsymbol{x}' = A\boldsymbol{x}$ と表すことができる．この行列 A を求めよ．**ヒント**：三角関数の加法定理を用いてみよ．

【解答】　(1)　$x = r\cos\theta, y = r\sin\theta$.

(2)　$x' = r\cos(\theta + \alpha),\ y' = r\sin(\theta + \alpha).$

(3)　三角関数の加法定理と小問 (1), (2) の結果を用いれば

$$\begin{aligned} x' &= r(\cos\theta\cos\alpha - \sin\theta\sin\alpha) \\ &= (\cos\alpha)(r\cos\theta) - (\sin\alpha)(r\sin\theta) \\ &= (\cos\alpha)x + (-\sin\alpha)y, \\ y' &= r(\sin\theta\cos\alpha + \cos\theta\sin\alpha) \\ &= (\sin\alpha)(r\cos\theta) + (\cos\alpha)(r\sin\theta) \\ &= (\sin\alpha)x + (\cos\alpha)y \end{aligned}$$

が得られる．これは

$$\begin{pmatrix} x' \\ y' \end{pmatrix} = \begin{pmatrix} \cos\alpha & -\sin\alpha \\ \sin\alpha & \cos\alpha \end{pmatrix} \begin{pmatrix} x \\ y \end{pmatrix}$$

と書き直せるので，$A = \begin{pmatrix} \cos\alpha & -\sin\alpha \\ \sin\alpha & \cos\alpha \end{pmatrix}$ とすればよい． ■

基本例題 1.3 の行列 A はベクトルに作用したとき，ベクトルを反時計回りに角度 α 回転させるはたらきをすると考えられる．この行列を**回転行列**とよぶ．

確認 例題 1.6

平面ベクトル $\boldsymbol{x} = \begin{pmatrix} 3 \\ 1 \end{pmatrix}$ を考える．

(1)　$\boldsymbol{x}$ を反時計回りに $\dfrac{\pi}{6}$（30 度）回転させたベクトルを求めよ．

(2)　$\boldsymbol{x}$ を**時計回り**に $\dfrac{\pi}{4}$（45 度）回転させたベクトルを求めよ．

【解答】 (1)

$$\begin{pmatrix} \cos\frac{\pi}{6} & -\sin\frac{\pi}{6} \\ \sin\frac{\pi}{6} & \cos\frac{\pi}{6} \end{pmatrix} \begin{pmatrix} 3 \\ 1 \end{pmatrix} = \begin{pmatrix} \frac{\sqrt{3}}{2} & -\frac{1}{2} \\ \frac{1}{2} & \frac{\sqrt{3}}{2} \end{pmatrix} \begin{pmatrix} 3 \\ 1 \end{pmatrix} = \begin{pmatrix} \frac{3\sqrt{3}-1}{2} \\ \frac{3+\sqrt{3}}{2} \end{pmatrix}.$$

(2)　時計回りに $\frac{\pi}{4}$ 回転させるには，「反時計回りに $-\frac{\pi}{4}$ 回転」させればよいので

$$\begin{pmatrix} \cos\left(-\frac{\pi}{4}\right) & -\sin\left(-\frac{\pi}{4}\right) \\ \sin\left(-\frac{\pi}{4}\right) & \cos\left(-\frac{\pi}{4}\right) \end{pmatrix} \begin{pmatrix} 3 \\ 1 \end{pmatrix} = \begin{pmatrix} 2\sqrt{2} \\ -\sqrt{2} \end{pmatrix}.$$

■

確認 例題 1.7

ベクトル $\boldsymbol{x} = \begin{pmatrix} x \\ y \end{pmatrix}$ に作用して $\boldsymbol{x}' = \begin{pmatrix} x \\ 0 \end{pmatrix}$ を得る行列を求めよ．

【解答】 $\begin{pmatrix} 1 & 0 \\ 0 & 0 \end{pmatrix}$. 実際

$$\begin{pmatrix} 1 & 0 \\ 0 & 0 \end{pmatrix} \begin{pmatrix} x \\ y \end{pmatrix} = \begin{pmatrix} x \\ 0 \end{pmatrix}$$

である．■

確認例題 1.7 の $\boldsymbol{x}'$ は，$\boldsymbol{x}$ の x 軸への**正射影**とよばれる．

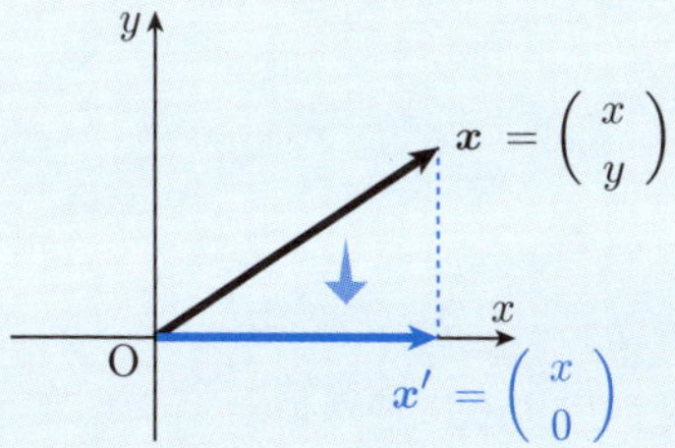

問 1.6　xy 平面において，ベクトル $\boldsymbol{x} = \begin{pmatrix} x \\ y \end{pmatrix}$ を考える．

(1)　y 軸を軸としてベクトル $\boldsymbol{x}$ を折り返す作用を持つ行列は何か？

(2)　$\boldsymbol{x}$ を反時計回りに $\frac{\pi}{2}$（90 度）回転させて得られるベクトルは何か？

(3)　$\boldsymbol{x}$ に作用してベクトル $\boldsymbol{x}' = \begin{pmatrix} 0 \\ y \end{pmatrix}$ を得る行列を求めよ．

1.7 行列の和，差，スカラー倍，零行列

導入 例題 1.2

ある工場では，製品（ミックスナッツの袋詰め）を作るのに必要な材料 P（アーモンド），Q（カシューナッツ）を2種類の仕入れ先 U, V から仕入れている．次の2つの表は，ある年の4月と5月にその工場がそれぞれの仕入先から材料を仕入れた量を示している（単位は「トン」）．

4月	材料 P	材料 Q
仕入れ先 U	12	18
仕入れ先 V	32	24

5月	材料 P	材料 Q
仕入れ先 U	10	14
仕入れ先 V	28	20

(1) 4月と5月の仕入れの合計を表す表を書け．

(2) 6月の仕入れ量は，一律に5月の仕入れ量の1.5倍にする予定である．6月の仕入れを表す表を書け．

【解答】 (1)

	P	Q
U	22	32
V	60	44

(2)

	P	Q
U	15	21
V	42	30

■

上の導入例題では，行列の成分ごとに足したり引いたり，あるいは，すべての成分に一斉に定数（スカラー）をかけたりしている．そこで，行列の**和**，**差**，**定数倍**（**スカラー倍**）を次のように定めよう．

A, B はともに (m, n) 型行列とする．

$$A = \begin{pmatrix} a_{11} & a_{12} & \cdots & a_{1n} \\ a_{21} & a_{22} & \cdots & a_{2n} \\ \vdots & \vdots & \ddots & \vdots \\ a_{m1} & a_{m2} & \cdots & a_{mn} \end{pmatrix}, \quad B = \begin{pmatrix} b_{11} & b_{12} & \cdots & b_{1n} \\ b_{21} & b_{22} & \cdots & b_{2n} \\ \vdots & \vdots & \ddots & \vdots \\ b_{m1} & b_{m2} & \cdots & b_{mn} \end{pmatrix}.$$

このとき，$A \pm B$, cA（c は定数）を次のように定める．

$$A \pm B = \begin{pmatrix} a_{11} \pm b_{11} & a_{12} \pm b_{12} & \cdots & a_{1n} \pm b_{1n} \\ a_{21} \pm b_{21} & a_{22} \pm b_{22} & \cdots & a_{2n} \pm b_{2n} \\ \vdots & \vdots & \ddots & \vdots \\ a_{m1} \pm b_{m1} & a_{m2} \pm b_{m2} & \cdots & a_{mn} \pm b_{mn} \end{pmatrix} \quad \text{(複号同順)},$$

$$cA = \begin{pmatrix} ca_{11} & ca_{12} & \cdots & ca_{1n} \\ ca_{21} & ca_{22} & \cdots & ca_{2n} \\ \vdots & \vdots & \ddots & \vdots \\ ca_{m1} & ca_{m2} & \cdots & ca_{mn} \end{pmatrix}.$$

行列の加法，減法は，成分ごとに行う．c 倍するには，すべての成分を一斉に c 倍する．

注意： 型の異なる行列同士を足したり引いたりすることはできない．

すべての成分が 0 である行列を**零行列**（れい）とよび，記号 O で表す．

$$O = \begin{pmatrix} 0 & 0 & \cdots & 0 \\ 0 & 0 & \cdots & 0 \\ \vdots & \vdots & \ddots & \vdots \\ 0 & 0 & \cdots & 0 \end{pmatrix}.$$

確認 例題 1.8

$$A = \begin{pmatrix} 2 & -2 & 3 \\ 3 & 2 & 4 \end{pmatrix}, \quad B = \begin{pmatrix} 1 & 0 & -2 \\ 2 & 5 & 1 \end{pmatrix}$$

とするとき，$A+B$, $A-B$, $3A$ を求めよ．

【解答】
$$A + B = \begin{pmatrix} 2+1 & -2+0 & 3+(-2) \\ 3+2 & 2+5 & 4+1 \end{pmatrix} = \begin{pmatrix} 3 & -2 & 1 \\ 5 & 7 & 5 \end{pmatrix}.$$

同様に，$A - B = \begin{pmatrix} 1 & -2 & 5 \\ 1 & -3 & 3 \end{pmatrix}$, $3A = \begin{pmatrix} 6 & -6 & 9 \\ 9 & 6 & 12 \end{pmatrix}$. ■

問 1.7 $A=\begin{pmatrix} 2 & 1 & 3 \\ -2 & 3 & 0 \\ 4 & -2 & 1 \end{pmatrix}$, $B=\begin{pmatrix} 1 & 3 & 0 \\ 3 & 1 & -1 \\ 1 & 3 & -3 \end{pmatrix}$ とする．次を求めよ．

(1) $A+B$ (2) $2A+B$ (3) $3A-2B$

1.8 行列の積の考え方

次に，行列同士のかけ算を説明する．まず，次の問題を考えてみよう．

導入 例題 1.3

導入例題 1.1 の状況で，さらに製品 S, T を詰め合わせたセット A（商品名『ミックスナッツセレクト』）とセット B（商品名『ミックスナッツプレミアム』）を作ることにする．次の表は，製品 S, T がセット A, B の中に何個入っているかを示している．

	セット A	セット B
製品 S	3	4
製品 T	2	6

（単位は「個」）

(1) セット A を 10 個，セット B を 15 個作るには，製品 S, T をそれぞれ何個用意すればよいか．

(2) セット A を 10 個，セット B を 15 個作るには，材料 P, Q がそれぞれ何グラム必要か．

(3) セット A を a 個，セット B を b 個作るのに製品 S, T がそれぞれ s 個，t 個必要であるとするとき，s, t を a, b の式で表せ．

(4) セット A を a 個，セット B を b 個作るのに材料 P, Q がそれぞれ p グラム，q グラム必要であるとするとき，p, q を a, b の式で表せ．

【解答】 (1) $S: 3\times 10+4\times 15=90$（個），

$T: 2\times 10+6\times 15=110$（個）．

(2) 材料 P は製品 S に 30 グラム，製品 T に 15 グラム使われているので，いまの場合に必要な材料 P は $30\times 90+15\times 110=4350$（グラム）．材料 Q は製品 S に 20 グラム，製品 T に 35 グラム使われているので，ここで必要な材料 Q は $20\times 90+35\times 110=5650$（グラム）．

(3)　$s = 3a + 4b,\ t = 2a + 6b.$

(4)　導入例題 1.1 (2) より

$$p = 30s + 15t,$$
$$q = 20s + 35t$$

であった．この式の s, t に上の小問 (3) の結果を代入すれば

$$\begin{aligned} p &= 30(3a + 4b) + 15(2a + 6b) \\ &= (30 \times 3 + 15 \times 2)a + (30 \times 4 + 15 \times 6)b \quad \Leftarrow \text{ここに注目！} \\ &= 120a + 210b, \\ q &= 20(3a + 4b) + 35(2a + 6b) \\ &= (20 \times 3 + 35 \times 2)a + (20 \times 4 + 35 \times 6)b \quad \Leftarrow \text{ここに注目！} \\ &= 130a + 290b. \end{aligned}$$

■

さて，行列とベクトルを用いて，導入例題 1.1 と導入例題 1.3 を整理しよう．

$$\begin{pmatrix} s \\ t \end{pmatrix} = \begin{pmatrix} 3 & 4 \\ 2 & 6 \end{pmatrix} \begin{pmatrix} a \\ b \end{pmatrix}$$

という式が導入例題 1.3 において得られた．また，すでに

$$\begin{pmatrix} p \\ q \end{pmatrix} = \begin{pmatrix} 30 & 15 \\ 20 & 35 \end{pmatrix} \begin{pmatrix} s \\ t \end{pmatrix}$$

という式が導入例題 1.1 において得られていた．これらを組み合わせて

$$\begin{pmatrix} p \\ q \end{pmatrix} = \begin{pmatrix} 120 & 210 \\ 130 & 290 \end{pmatrix} \begin{pmatrix} a \\ b \end{pmatrix}$$

が得られた．

次の 3 点に注目しよう．

Point

- ベクトル $\begin{pmatrix} a \\ b \end{pmatrix}$ に行列 $B = \begin{pmatrix} 3 & 4 \\ 2 & 6 \end{pmatrix}$ をかけると $\begin{pmatrix} s \\ t \end{pmatrix}$ が得られ，引き続いて $A = \begin{pmatrix} 30 & 15 \\ 20 & 35 \end{pmatrix}$ をかけると $\begin{pmatrix} p \\ q \end{pmatrix}$ が得られる．

- $\begin{pmatrix} a \\ b \end{pmatrix}$ に $\begin{pmatrix} 120 & 210 \\ 130 & 290 \end{pmatrix}$ をかけると，一気に $\begin{pmatrix} p \\ q \end{pmatrix}$ が得られる．
- $\begin{pmatrix} 120 & 210 \\ 130 & 290 \end{pmatrix} = \begin{pmatrix} 30 \times 3 + 15 \times 2 & 30 \times 4 + 15 \times 6 \\ 20 \times 3 + 35 \times 2 & 20 \times 4 + 35 \times 6 \end{pmatrix}$ であった．

ベクトル $\boldsymbol{x}$ に行列 B をかけ，引き続き行列 A をかけると，$A(B\boldsymbol{x})$ が得られる．これが $\boldsymbol{x}$ にある行列 C を一気にかけたものと同じであるとしよう．

$$A(B\boldsymbol{x}) = C\boldsymbol{x}.$$

この行列 C を A, B の**積**といい，AB と表す．

このように考えると，結局，次の式が得られる．よく観察してほしい．

$$\begin{pmatrix} 30 & 15 \\ 20 & 35 \end{pmatrix}\begin{pmatrix} 3 & 4 \\ 2 & 6 \end{pmatrix} = \begin{pmatrix} 30 \times 3 + 15 \times 2 & 30 \times 4 + 15 \times 6 \\ 20 \times 3 + 35 \times 2 & 20 \times 4 + 35 \times 6 \end{pmatrix}$$

確認 例題 1.9

$$A = \begin{pmatrix} 2 & 3 \\ 4 & 5 \end{pmatrix}, \quad B = \begin{pmatrix} b_{11} & b_{12} \\ b_{21} & b_{22} \end{pmatrix}, \quad \boldsymbol{x} = \begin{pmatrix} x_1 \\ x_2 \end{pmatrix}$$

とする．$B\boldsymbol{x}$, $A(B\boldsymbol{x})$ を順次計算することにより，行列 AB を求めよ．

【解答】 $B\boldsymbol{x} = \begin{pmatrix} b_{11}x_1 + b_{12}x_2 \\ b_{21}x_1 + b_{22}x_2 \end{pmatrix}$.

$$\begin{aligned} A(B\boldsymbol{x}) &= \begin{pmatrix} 2 & 3 \\ 4 & 5 \end{pmatrix}\begin{pmatrix} b_{11}x_1 + b_{12}x_2 \\ b_{21}x_1 + b_{22}x_2 \end{pmatrix} \\ &= \begin{pmatrix} 2(b_{11}x_1 + b_{12}x_2) + 3(b_{21}x_1 + b_{22}x_2) \\ 4(b_{11}x_1 + b_{12}x_2) + 5(b_{21}x_1 + b_{22}x_2) \end{pmatrix} \\ &= \begin{pmatrix} (2b_{11} + 3b_{21})x_1 + (2b_{12} + 3b_{22})x_2 \\ (4b_{11} + 5b_{21})x_1 + (4b_{12} + 5b_{22})x_2 \end{pmatrix} \quad \Leftarrow x_1, x_2 \text{ でまとめる} \\ &= \begin{pmatrix} 2b_{11} + 3b_{21} & 2b_{12} + 3b_{22} \\ 4b_{11} + 5b_{21} & 4b_{12} + 5b_{22} \end{pmatrix}\begin{pmatrix} x_1 \\ x_2 \end{pmatrix} \end{aligned}$$

であるので

$$AB = \begin{pmatrix} 2b_{11} + 3b_{21} & 2b_{12} + 3b_{22} \\ 4b_{11} + 5b_{21} & 4b_{12} + 5b_{22} \end{pmatrix}.$$

■

確認例題 1.9 の結果をもう一度書いておくので，よく観察してほしい．

$$\begin{pmatrix} 2 & 3 \\ 4 & 5 \end{pmatrix} \begin{pmatrix} b_{11} & b_{12} \\ b_{21} & b_{22} \end{pmatrix} = \begin{pmatrix} 2b_{11} + 3b_{21} & 2b_{12} + 3b_{22} \\ 4b_{11} + 5b_{21} & 4b_{12} + 5b_{22} \end{pmatrix}.$$

問 1.8　$A = \begin{pmatrix} 2 & 1 \\ 4 & 3 \end{pmatrix}$,　$B = \begin{pmatrix} 1 & 1 \\ 0 & 1 \end{pmatrix}$,　$\boldsymbol{x} = \begin{pmatrix} x_1 \\ x_2 \end{pmatrix}$

とする．$B\boldsymbol{x}$, $A(B\boldsymbol{x})$ を順次計算することにより，行列 AB を求めよ．

「積」とは，つまり，「**積み重ね**」である．行列 B をかけ，さらに A をかけるという作用の**積み重ね**が，**積** AB の作用である．ここで，**先にかけた B が右にあり，後からかけた A が左にくる**ことに注意しよう．行列はつねに**左からベクトルに作用する**ので，後から作用した行列が左にくるのである．

1.9　行列の積の定義と意味

A は (l, m) 型行列，B は (m, n) 型行列とする．このとき，A と B の**積** AB を次のように定める．

- AB は (l, n) 型行列である．
- $AB = \begin{pmatrix} c_{11} & \cdots & c_{1n} \\ \vdots & \ddots & \vdots \\ c_{l1} & \cdots & c_{ln} \end{pmatrix}$ と表すと

$$c_{ij} = a_{i1}b_{1j} + a_{i2}b_{2j} + \cdots + a_{im}b_{mj} \quad (i = 1, \ldots, l;\ j = 1, \ldots, n)$$

である．

確認 例題 1.10

上の行列 AB の $(2,1)$ 成分 c_{21} を表す式を書け．

【解答】　$c_{21} = a_{21}b_{11} + a_{22}b_{21} + \cdots + a_{2m}b_{m1}$.

■

AB の (i,j) 成分は，下の図のように，A の第 i 行の成分を左から順に選び，B の第 j 列の成分を上から順に選んで，対応する成分同士をかけあわせ，それらを合計したものである．

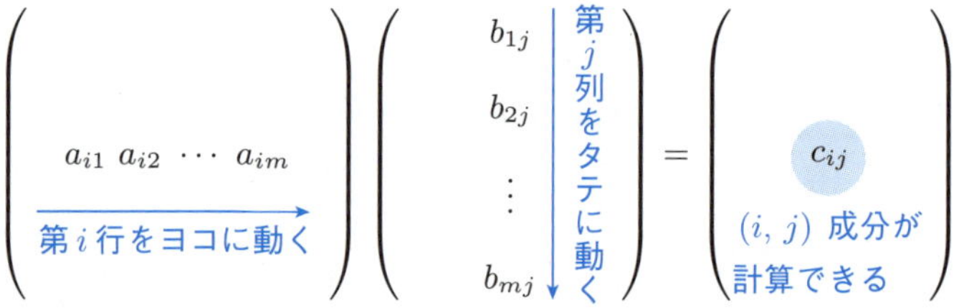

$$\begin{pmatrix} & & & \\ a_{i1} \ a_{i2} \ \cdots \ a_{im} \\ & & & \end{pmatrix} \begin{pmatrix} b_{1j} \\ b_{2j} \\ \vdots \\ b_{mj} \end{pmatrix} = \begin{pmatrix} & & \\ & c_{ij} & \\ & & \end{pmatrix}$$

第 i 行をヨコに動く　　　　第 j 列をタテに動く　　　(i,j) 成分が計算できる

A の第 i 行 $\cdots$ a_{i1}　　a_{i2}　　　　a_{im}
　　　　　　　　　　×　＋　×　＋$\cdots$＋　×　＝ c_{ij}
B の第 j 列 $\cdots$ b_{1j}　　b_{2j}　　　　b_{mj}

🛈 Point

- 「(l,m) 型行列」×「(m,n) 型行列」＝「(l,n) 型行列」！
- A の列の個数と B の行の個数が同じでないと，積 AB は作れない．

確認 例題 1.11

次の行列の積を求めよ．

(1) $\begin{pmatrix} 1 & 2 & 3 \\ 2 & 0 & 1 \end{pmatrix} \begin{pmatrix} 2 & 1 \\ 3 & 4 \\ 1 & 0 \end{pmatrix}$　　(2) $\begin{pmatrix} 2 & 1 \\ 3 & 4 \\ 1 & 0 \end{pmatrix} \begin{pmatrix} 1 & 2 & 3 \\ 2 & 0 & 1 \end{pmatrix}$

(3) $\begin{pmatrix} 1 & 2 & 3 \\ 2 & 0 & 1 \\ 3 & 1 & 1 \end{pmatrix} \begin{pmatrix} 2 & 1 & 1 \\ 3 & 4 & 0 \\ 1 & 0 & 0 \end{pmatrix}$　　(4) $\begin{pmatrix} 1 & 2 & 3 \end{pmatrix} \begin{pmatrix} 2 \\ 3 \\ 1 \end{pmatrix}$

(5) $\begin{pmatrix} 1 & 2 & 3 \\ 2 & 0 & 1 \end{pmatrix} \begin{pmatrix} 2 \\ 3 \\ 1 \end{pmatrix}$　　(6) $\begin{pmatrix} 1 & 2 \\ 2 & 4 \end{pmatrix} \begin{pmatrix} 2 & 4 \\ -1 & -2 \end{pmatrix}$

【解答】 (1)

$$\begin{pmatrix} 1\times2+2\times3+3\times1 & 1\times1+2\times4+3\times0 \\ 2\times2+0\times3+1\times1 & 2\times1+0\times4+1\times0 \end{pmatrix} = \begin{pmatrix} 11 & 9 \\ 5 & 2 \end{pmatrix}.$$

(2) $$\begin{pmatrix} 2\times1+1\times2 & 2\times2+1\times0 & 2\times3+1\times1 \\ 3\times1+4\times2 & 3\times2+4\times0 & 3\times3+4\times1 \\ 1\times1+0\times2 & 1\times2+0\times0 & 1\times3+0\times1 \end{pmatrix} = \begin{pmatrix} 4 & 4 & 7 \\ 11 & 6 & 13 \\ 1 & 2 & 3 \end{pmatrix}.$$

(3) $$\begin{pmatrix} 1\times2+2\times3+3\times1 & 1\times1+2\times4+3\times0 & 1\times1+2\times0+3\times0 \\ 2\times2+0\times3+1\times1 & 2\times1+0\times4+1\times0 & 2\times1+0\times0+1\times0 \\ 3\times2+1\times3+1\times1 & 3\times1+1\times4+1\times0 & 3\times1+1\times0+1\times0 \end{pmatrix}$$

$$= \begin{pmatrix} 11 & 9 & 1 \\ 5 & 2 & 2 \\ 10 & 7 & 3 \end{pmatrix}.$$

(4) $$\begin{pmatrix} 1\times2+2\times3+3\times1 \end{pmatrix} = \begin{pmatrix} 11 \end{pmatrix}.$$

(5) $$\begin{pmatrix} 1\times2+2\times3+3\times1 \\ 2\times2+0\times3+1\times1 \end{pmatrix} = \begin{pmatrix} 11 \\ 5 \end{pmatrix}.$$

(6) $$\begin{pmatrix} 1\times2+2\times(-1) & 1\times4+2\times(-2) \\ 2\times2+4\times(-1) & 2\times4+4\times(-2) \end{pmatrix} = \begin{pmatrix} 0 & 0 \\ 0 & 0 \end{pmatrix}.$$ ■

小問 (1) と (2) を比べてみよう．**行列の積の順序がかわると，結果が異なる**．

注意： 行列のかけ算については，交換法則が成り立たない！

小問 (4) では，「$(1,3)$ 型行列 $\times$ $(3,1)$ 型行列」とみなせば $(1,1)$ 型行列が得られるが，それは単なる「数」とみなすことができる．

小問 (5) については，**「$(2,3)$ 型行列$\times$3 次元ベクトル」とみても，「$(2,3)$ 型行列$\times$ $(3,1)$ 型行列」とみても，結果は同じである**ことがわかるだろう．

小問 (6) では，零行列でない 2 つの行列をかけて零行列が得られた．

注意： 行列のかけ算においては，行列 A, B がどちらも零行列でないのに，積 AB が零行列になることがある．このようなとき，A, B を**零**(れい)**因子**とよぶ．

問 1.9 次の行列の積を求めよ．

(1) $\begin{pmatrix} 2 & 5 \\ 3 & 4 \end{pmatrix}\begin{pmatrix} 3 & 1 \\ 2 & 5 \end{pmatrix}$ (2) $\begin{pmatrix} 3 & 1 \\ 2 & 5 \end{pmatrix}\begin{pmatrix} 2 & 5 \\ 3 & 4 \end{pmatrix}$

(3) $\begin{pmatrix} 2 & 3 & 5 \\ 2 & -1 & 0 \end{pmatrix}\begin{pmatrix} 4 & -2 \\ -1 & -1 \\ 2 & 0 \end{pmatrix}$

(4) $\begin{pmatrix} 1 & 0 & 1 \\ 2 & 1 & 3 \\ 0 & 3 & 1 \end{pmatrix}\begin{pmatrix} 2 & 1 & 3 \\ 3 & -1 & 2 \\ -2 & 1 & 4 \end{pmatrix}$

行列の積の意味を幾何学的に考えてみよう．

基本 例題 1.4

次の 2 つの回転行列 A, B を考える（基本例題 1.3 参照）．

$$A = \begin{pmatrix} \cos\alpha & -\sin\alpha \\ \sin\alpha & \cos\alpha \end{pmatrix},$$

$$B = \begin{pmatrix} \cos\beta & -\sin\beta \\ \sin\beta & \cos\beta \end{pmatrix}.$$

(1) $AB = \begin{pmatrix} \cos(\alpha+\beta) & -\sin(\alpha+\beta) \\ \sin(\alpha+\beta) & \cos(\alpha+\beta) \end{pmatrix}$ を計算によって確かめよ．

(2) xy 平面において，ベクトル $\boldsymbol{x}$ に行列 B をかけ，さらに行列 A をかけるとどうなるか？ 幾何学的に説明せよ．

【解答】 (1) 定義にしたがって積を求め，さらに三角関数の加法定理を用いる．

$$AB = \begin{pmatrix} \cos\alpha\cos\beta - \sin\alpha\sin\beta & -\cos\alpha\sin\beta - \sin\alpha\cos\beta \\ \sin\alpha\cos\beta + \cos\alpha\sin\beta & -\sin\alpha\sin\beta + \cos\alpha\cos\beta \end{pmatrix}$$

$$= \begin{pmatrix} \cos(\alpha+\beta) & -\sin(\alpha+\beta) \\ \sin(\alpha+\beta) & \cos(\alpha+\beta) \end{pmatrix}.$$ ⇐ **加法定理を逆に用いた！**

(2) B をかけると，ベクトル $\boldsymbol{x}$ は**反時計回りに角度 β 回転する**．引き続き A をかけると，**さらに角度 α 回転する**ので，結局，**反時計回りに角度 $(\alpha+\beta)$ 回転する**ことになる．これが行列 AB をかけたときの作用である． ■

確認 例題 1.12

$A = \begin{pmatrix} 1 & 0 \\ 0 & 0 \end{pmatrix}$ とする.

(1)　$A^2 = A$ であることを計算によって確かめよ（A と A の積を A^2 と記す）.

(2)　$A^2 = A$ が成り立つ理由を幾何学的に説明せよ.

【解答】　(1)　$A^2 = \begin{pmatrix} 1\times1+0\times0 & 1\times0+0\times0 \\ 0\times1+0\times0 & 0\times0+0\times0 \end{pmatrix} = \begin{pmatrix} 1 & 0 \\ 0 & 0 \end{pmatrix}$

$= A.$

(2)　確認例題 1.7 によれば，行列 A は x 軸への正射影を引き起こすが，**1 度正射影をとったものは，もう 1 度正射影をとっても，それ以上は変わらない．つまり，A^2 をかける作用は，A をかける作用と同じである．** ■

1.10　ベクトルと行列の演算の基本的な性質

ベクトルと行列の演算の性質をまとめておこう．以下，A, B, C は行列，$\boldsymbol{x}, \boldsymbol{y}, \boldsymbol{z}$ はベクトル，a, b, c は定数（スカラー）とする．また，行列の型やベクトルの次元は，演算が定義できるようなものであるとしよう．

●ベクトル同士の和，差，スカラー倍●

(1)　$(\boldsymbol{x}+\boldsymbol{y})+\boldsymbol{z} = \boldsymbol{x}+(\boldsymbol{y}+\boldsymbol{z})$.

(2)　$\boldsymbol{y}+\boldsymbol{x} = \boldsymbol{x}+\boldsymbol{y}$.

(3)　$\boldsymbol{x}+\boldsymbol{0} = \boldsymbol{x}$　（**$\boldsymbol{0}$ は零ベクトル**）.

(4)　$\boldsymbol{x}+(-\boldsymbol{x}) = \boldsymbol{0}$　（**$(-1)\cdot\boldsymbol{x}$ を $-\boldsymbol{x}$ と書く**）.

(5)　$\boldsymbol{x}+(-\boldsymbol{y}) = \boldsymbol{x}-\boldsymbol{y}$.

(6)　$(a\pm b)\boldsymbol{x} = a\boldsymbol{x}\pm b\boldsymbol{x}$　（**複号同順**）.

(7)　$a(\boldsymbol{x}\pm\boldsymbol{y}) = a\boldsymbol{x}\pm a\boldsymbol{y}$　（**複号同順**）.

(8)　$a(b\boldsymbol{x}) = (ab)\boldsymbol{x}$.

(9)　$1\cdot\boldsymbol{x} = \boldsymbol{x}$.

(10)　$0\cdot\boldsymbol{x} = \boldsymbol{0}$.

●行列のベクトルへの作用●

(1)　$A(\boldsymbol{x} \pm \boldsymbol{y}) = A\boldsymbol{x} \pm A\boldsymbol{y}$　（複号同順）.

(2)　$A(c\boldsymbol{x}) = c(A\boldsymbol{x})$.

(3)　$A \cdot \boldsymbol{0} = \boldsymbol{0}$　（$\boldsymbol{0}$ は零ベクトル）.

(4)　$(A \pm B)\boldsymbol{x} = A\boldsymbol{x} \pm B\boldsymbol{x}$　（複号同順）.

(5)　$(cA)\boldsymbol{x} = c(A\boldsymbol{x})$.

(6)　$O \cdot \boldsymbol{x} = \boldsymbol{0}$　（O は零行列，$\boldsymbol{0}$ は零ベクトル）.

(7)　$(AB)\boldsymbol{x} = A(B\boldsymbol{x})$　（これが行列の積の意味であった）.

確認 例題 1.13

$$A = \begin{pmatrix} a_{11} & a_{12} \\ a_{21} & a_{22} \end{pmatrix}, \quad \boldsymbol{x} = \begin{pmatrix} x_1 \\ x_2 \end{pmatrix}, \quad \boldsymbol{y} = \begin{pmatrix} y_1 \\ y_2 \end{pmatrix}$$

とするとき，$A(\boldsymbol{x} + \boldsymbol{y}) = A\boldsymbol{x} + A\boldsymbol{y}$ を示せ.

【解答】　示すべき式の左辺を計算すると

$$A(\boldsymbol{x} + \boldsymbol{y}) = \begin{pmatrix} a_{11} & a_{12} \\ a_{21} & a_{22} \end{pmatrix} \begin{pmatrix} x_1 + y_1 \\ x_2 + y_2 \end{pmatrix} \qquad \Leftarrow \boldsymbol{x} + \boldsymbol{y} \text{ をまず計算した}$$

$$= \begin{pmatrix} a_{11}(x_1 + y_1) + a_{12}(x_2 + y_2) \\ a_{21}(x_1 + y_1) + a_{22}(x_2 + y_2) \end{pmatrix} \qquad \Leftarrow \text{行列} \times \text{ベクトルの定義}$$

$$= \begin{pmatrix} a_{11}x_1 + a_{11}y_1 + a_{12}x_2 + a_{12}y_2 \\ a_{21}x_1 + a_{21}y_1 + a_{22}x_2 + a_{22}y_2 \end{pmatrix} \qquad \Leftarrow \text{展開した}$$

$$= \begin{pmatrix} (a_{11}x_1 + a_{12}x_2) + (a_{11}y_1 + a_{12}y_2) \\ (a_{21}x_1 + a_{22}x_2) + (a_{21}y_1 + a_{22}y_2) \end{pmatrix} \qquad \Leftarrow \text{項を並べかえた}$$

となる．一方，右辺は

$$A\boldsymbol{x} + A\boldsymbol{y} = \begin{pmatrix} a_{11}x_1 + a_{12}x_2 \\ a_{21}x_1 + a_{22}x_2 \end{pmatrix} + \begin{pmatrix} a_{11}y_1 + a_{12}y_2 \\ a_{21}y_1 + a_{22}y_2 \end{pmatrix} \qquad \Leftarrow A\boldsymbol{x},\ A\boldsymbol{y} \text{ を計算}$$

$$= \begin{pmatrix} (a_{11}x_1 + a_{12}x_2) + (a_{11}y_1 + a_{12}y_2) \\ (a_{21}x_1 + a_{22}x_2) + (a_{21}y_1 + a_{22}y_2) \end{pmatrix} \qquad \Leftarrow \text{ベクトルの和の定義}$$

となる．両方を比べれば，$A(\boldsymbol{x} + \boldsymbol{y}) = A\boldsymbol{x} + A\boldsymbol{y}$ が示される．■

問 1.10 $A = \begin{pmatrix} a_{11} & a_{12} \\ a_{21} & a_{22} \end{pmatrix}$, $\boldsymbol{x} = \begin{pmatrix} x_1 \\ x_2 \end{pmatrix}$ とし，c は定数とするとき，次を示せ．

$$A(c\boldsymbol{x}) = c(A\boldsymbol{x})$$

●行列同士の和，差，スカラー倍●

(1) $(A+B)+C = A+(B+C)$.

(2) $B+A = A+B$.

(3) $A+O = A$ （O は零行列）.

(4) $A+(-A) = O$ （$(-1)\cdot A$ を $-A$ と書く）.

(5) $A+(-B) = A-B$.

(6) $(a \pm b)A = aA \pm bA$ （複号同順）.

(7) $c(A \pm B) = cA \pm cB$ （複号同順）.

(8) $a(bA) = (ab)A$.

(9) $1 \cdot A = A$.

(10) $0 \cdot A = O$.

●行列同士の積に関連して●

(1) $A(B \pm C) = AB \pm AC$ （複号同順）.

(2) $A(cB) = c(AB)$.

(3) $A \cdot O = O$ （O は零行列）.

(4) $(A \pm B)C = AC \pm BC$ （複号同順）.

(5) $(cA)B = c(AB)$.

(6) $O \cdot A = O$.

(7) $(AB)C = A(BC)$.

(7) は**結合法則**とよばれる．次の基本例題を見てみよう．

基本 例題 1.5

A は (k, l) 型行列，B は (l, m) 型行列，C は (m, n) 型行列とする．このとき，$(AB)C = A(BC)$ が成り立つ理由を説明せよ．

【解答】 n 次元ベクトル $\boldsymbol{x}$ に行列 C をかけ，引き続き B をかけ，さらに A をかけてみよう．$C\boldsymbol{x} = \boldsymbol{y}$, $B\boldsymbol{y} = \boldsymbol{z}$, $A\boldsymbol{z} = \boldsymbol{w}$ とおく．図示すれば

$$\boldsymbol{w} \overset{A\text{をかける}}{\Longleftarrow} \boldsymbol{z} \overset{B\text{をかける}}{\Longleftarrow} \boldsymbol{y} \overset{C\text{をかける}}{\Longleftarrow} \boldsymbol{x}$$

となる．このとき

$(AB)C$ をかける　$\cdots$　$\boldsymbol{w} \overset{AB\text{をかける}}{\Longleftarrow} \boldsymbol{y} \overset{C\text{をかける}}{\Longleftarrow} \boldsymbol{x}$

$A(BC)$ をかける　$\cdots$　$\boldsymbol{w} \overset{A\text{をかける}}{\Longleftarrow} \boldsymbol{z} \overset{BC\text{をかける}}{\Longleftarrow} \boldsymbol{x}$

となり，同じベクトル $\boldsymbol{w}$ を得るので，$(AB)C = A(BC)$ である．■

計算によっても納得してもらおう．

確認 例題 1.14

$$A = \begin{pmatrix} 0 & 1 \\ 2 & 3 \end{pmatrix},\quad B = \begin{pmatrix} 1 & 1 \\ 0 & 1 \end{pmatrix},\quad C = \begin{pmatrix} c_{11} & c_{12} \\ c_{21} & c_{22} \end{pmatrix}$$

とするとき，$(AB)C = A(BC)$ が成り立つことを計算によって確かめよ．

【解答】 $AB = \begin{pmatrix} 0 & 1 \\ 2 & 3 \end{pmatrix}\begin{pmatrix} 1 & 1 \\ 0 & 1 \end{pmatrix} = \begin{pmatrix} 0 & 1 \\ 2 & 5 \end{pmatrix}$,

$$(AB)C = \begin{pmatrix} 0 & 1 \\ 2 & 5 \end{pmatrix}\begin{pmatrix} c_{11} & c_{12} \\ c_{21} & c_{22} \end{pmatrix} = \begin{pmatrix} c_{21} & c_{22} \\ 2c_{11} + 5c_{21} & 2c_{12} + 5c_{22} \end{pmatrix},$$

$$BC = \begin{pmatrix} 1 & 1 \\ 0 & 1 \end{pmatrix}\begin{pmatrix} c_{11} & c_{12} \\ c_{21} & c_{22} \end{pmatrix} = \begin{pmatrix} c_{11} + c_{21} & c_{12} + c_{22} \\ c_{21} & c_{22} \end{pmatrix},$$

$$A(BC) = \begin{pmatrix} 0 & 1 \\ 2 & 3 \end{pmatrix}\begin{pmatrix} c_{11} + c_{21} & c_{12} + c_{22} \\ c_{21} & c_{22} \end{pmatrix} = \begin{pmatrix} c_{21} & c_{22} \\ 2(c_{11} + c_{21}) + 3c_{21} & 2(c_{12} + c_{22}) + 3c_{22} \end{pmatrix} = \begin{pmatrix} c_{21} & c_{22} \\ 2c_{11} + 5c_{21} & 2c_{12} + 5c_{22} \end{pmatrix} = (AB)C.$$

■

問 1.11 $A = \begin{pmatrix} 0 & 1 \\ 1 & 0 \end{pmatrix}$, $B = \begin{pmatrix} 1 & 1 \\ 0 & 1 \end{pmatrix}$, $C = \begin{pmatrix} c_{11} & c_{12} & c_{13} \\ c_{21} & c_{22} & c_{23} \end{pmatrix}$

とするとき，$(AB)C = A(BC)$ が成り立つことを計算によって確かめよ．

1.11 正方行列，単位行列，逆行列

導入 例題 1.4

$$A = \begin{pmatrix} 1 & 2 \\ 3 & 7 \end{pmatrix}, \boldsymbol{x} = \begin{pmatrix} x_1 \\ x_2 \end{pmatrix}, \boldsymbol{c} = \begin{pmatrix} 4 \\ 13 \end{pmatrix} \text{とする．}$$

(1) 式 $A\boldsymbol{x} = \boldsymbol{c}$ を未知数 x_1, x_2 についての普通の連立 1 次方程式の形に表せ．

(2) $E = \begin{pmatrix} 1 & 0 \\ 0 & 1 \end{pmatrix}$ とする．このとき，$E\boldsymbol{x} = \boldsymbol{x}$ を示せ．

(3) $B = \begin{pmatrix} 7 & -2 \\ -3 & 1 \end{pmatrix}$ とすると，$BA = E$ であることを示せ．

(4) $A\boldsymbol{x} = \boldsymbol{c}$ の両辺に左から行列 B をかけることにより，この方程式の解が $\boldsymbol{x} = B\boldsymbol{c}$ となることを示し，さらに具体的に解を求めよ．

【解答】 (1) $\begin{cases} x_1 + 2x_2 = 4, \\ 3x_1 + 7x_2 = 13. \end{cases}$

(2), (3) 省略（各自確認せよ）．

(4) $A\boldsymbol{x} = \boldsymbol{c}$ の両辺に左から B をかけると $B(A\boldsymbol{x}) = B\boldsymbol{c}$ となるが，左辺は

$$B(A\boldsymbol{x}) = (BA)\boldsymbol{x} = E\boldsymbol{x} = \boldsymbol{x}$$

であるので，結局，$\boldsymbol{x} = B\boldsymbol{c}$ が得られる．よって，求める解は

$$\begin{pmatrix} x_1 \\ x_2 \end{pmatrix} = \begin{pmatrix} 7 & -2 \\ -3 & 1 \end{pmatrix} \begin{pmatrix} 4 \\ 13 \end{pmatrix} = \begin{pmatrix} 2 \\ 1 \end{pmatrix}.$$

■

たとえば，方程式 $3x = 2$ を解くには，両辺に 3 の逆数 $\frac{1}{3}$ をかければよい．導入例題 1.4 では，方程式 $A\boldsymbol{x} = \boldsymbol{c}$ を解くために，両辺に**左から** B をかけた（行列のかけ算は左右の区別がある）．この行列 B は A の「逆数」のようなものだと考えられる．そこで，**行列の世界において，「1」にあたるものや，「逆数」にあたるもの**を考えてみよう．

まず，「1」にあたるものを定義する．

定義 1.1　行の数と列の数が等しい行列を**正方行列**という．特に，(n, n) 型行列を n **次正方行列**という．

$\begin{pmatrix} 1 & 2 \\ 3 & 4 \end{pmatrix}$ は 2 次正方行列，$\begin{pmatrix} 1 & 2 & 3 \\ 4 & 5 & 6 \\ 7 & 8 & 9 \end{pmatrix}$ は 3 次正方行列である．

n 次正方行列同士の積は，やはり n 次正方行列である（各自確認せよ）．A を n 次正方行列とするとき，A を 2 回かけた行列を A^2 と表し，3 回かけたものを A^3 と表す．一般に，A を k 回かけた行列を A^k と表す．

定義 1.2　n 次正方行列

$$\begin{pmatrix} 1 & 0 & \cdots & 0 \\ 0 & 1 & \cdots & 0 \\ \vdots & \vdots & \ddots & \vdots \\ 0 & 0 & \cdots & 1 \end{pmatrix}$$

を n 次**単位行列**といい，E_n または単に E と表す．

単位行列 E_n は次の性質を持つ．

(1)　n 次元ベクトル $\boldsymbol{x}$ に対して，$E_n\boldsymbol{x} = \boldsymbol{x}$.
(2)　n 次正方行列 A に対して，$AE_n = E_nA = A$.

これは，**単位行列が正方行列の世界において「1」にあたるものである**ことを意味する．性質 (1) は，$n = 2$ の場合に，基本例題 1.2 (1) で確かめてある．

確認 例題 1.15

$A = \begin{pmatrix} a_{11} & a_{12} \\ a_{21} & a_{22} \end{pmatrix}$ とするとき，$E_2A = A$ を確かめよ．

【解答】
$$E_2A = \begin{pmatrix} 1 & 0 \\ 0 & 1 \end{pmatrix}\begin{pmatrix} a_{11} & a_{12} \\ a_{21} & a_{22} \end{pmatrix}$$
$$= \begin{pmatrix} 1 \times a_{11} + 0 \times a_{21} & 1 \times a_{12} + 0 \times a_{22} \\ 0 \times a_{11} + 1 \times a_{21} & 0 \times a_{12} + 1 \times a_{22} \end{pmatrix}$$
$$= \begin{pmatrix} a_{11} & a_{12} \\ a_{21} & a_{22} \end{pmatrix} = A.$$
■

問 1.12　$A = \begin{pmatrix} a_{11} & a_{12} \\ a_{21} & a_{22} \end{pmatrix}$ とするとき，$AE_2 = A$ を確かめよ．

次に，数の世界の「逆数」にあたるものを，行列の世界で定義しよう．

定義 1.3　A は n 次正方行列とする．n 次正方行列 X が
$$AX = E_n \quad \text{かつ} \quad XA = E_n$$
をみたすとき，この行列 X を A の**逆行列**とよび，記号 A^{-1} で表す．
$$X = A^{-1}$$

正方行列 A に**右からかけても左からかけても単位行列になる**ような行列 X を A の逆行列とよぶことにするのである．

ちょっと寄り道　数の世界では 3 の逆数 $\dfrac{1}{3}$ を 3^{-1} とも表す．そこで，正方行列 A の逆行列もそれにならって A^{-1} という記号を使うが，$\dfrac{1}{A}$ や $\dfrac{E_n}{A}$ という記号は使わない．数の世界では
$$\frac{2}{3} = 2 \times \frac{1}{3} = \frac{1}{3} \times 2$$
であるが，行列の世界では，$A^{-1}B$ と BA^{-1} とでは意味がちがう．$\dfrac{B}{A}$ という記号を使うわけにはいかないのである．

さて，導入例題 1.4 の行列 A, B を考えてみよう．

確認 例題 1.16

$A = \begin{pmatrix} 1 & 2 \\ 3 & 7 \end{pmatrix}, B = \begin{pmatrix} 7 & -2 \\ -3 & 1 \end{pmatrix}$ とする．このとき，$B = A^{-1}$ であることと，つまり，B が A の逆行列であることを示せ．

【解答】 $BA = E_2$ であることは，導入例題 1.4 (3) で確かめてある．さらに

$$AB = \begin{pmatrix} 1 & 2 \\ 3 & 7 \end{pmatrix}\begin{pmatrix} 7 & -2 \\ -3 & 1 \end{pmatrix} = \begin{pmatrix} 1 & 0 \\ 0 & 1 \end{pmatrix} = E_2$$

より，$AB = BA = E_2$ である．よって，$B = A^{-1}$ である． ■

1.12 逆行列の作用とその存在

逆行列のベクトルへの作用について，ここであらためて考えよう．

基本 例題 1.6

A は n 次正方行列とし，逆行列 A^{-1} が存在するとする．n 次元ベクトル $\boldsymbol{x}, \boldsymbol{y}$ が $\boldsymbol{y} = A\boldsymbol{x}$ をみたすならば，$A^{-1}\boldsymbol{y} = \boldsymbol{x}$ が成り立つことを示せ．

【解答】 式 $\boldsymbol{y} = A\boldsymbol{x}$ の両辺に左から A^{-1} をかければ

$$A^{-1}\boldsymbol{y} = A^{-1}(A\boldsymbol{x}) = (A^{-1}A)\boldsymbol{x} = E_n\boldsymbol{x} = \boldsymbol{x}.$$ ■

逆行列 A^{-1} は，**$A\boldsymbol{x}$ を $\boldsymbol{x}$ にもどす**作用を持つ．

基本 例題 1.7

$A = \begin{pmatrix} \cos\alpha & -\sin\alpha \\ \sin\alpha & \cos\alpha \end{pmatrix}, B = \begin{pmatrix} \cos\alpha & \sin\alpha \\ -\sin\alpha & \cos\alpha \end{pmatrix}$ とする．

(1) B が A の逆行列であることを計算によって確かめよ．

(2) B が A の逆行列であることの幾何学的な意味を説明せよ．

【解答】 (1)　三角関数に関する式

$$\cos^2\alpha + \sin^2\alpha = 1$$

を用いれば

$$\begin{aligned} AB &= \begin{pmatrix} \cos^2\alpha + \sin^2\alpha & \cos\alpha\sin\alpha - \sin\alpha\cos\alpha \\ \sin\alpha\cos\alpha - \cos\alpha\sin\alpha & \sin^2\alpha + \cos^2\alpha \end{pmatrix} \\ &= \begin{pmatrix} 1 & 0 \\ 0 & 1 \end{pmatrix} = E_2 \end{aligned}$$

である．同様に $BA = E_2$ であるので（各自確かめよ），$B = A^{-1}$ である．

(2)　A は平面ベクトルを反時計回りに角度 α 回転させる回転行列である（基本例題 1.3 参照）．一方，$\cos(-\alpha) = \cos\alpha$, $\sin(-\alpha) = -\sin\alpha$ より

$$B = \begin{pmatrix} \cos(-\alpha) & -\sin(-\alpha) \\ \sin(-\alpha) & \cos(-\alpha) \end{pmatrix}$$

である．**B は平面ベクトルを反時計回りに角度 $(-\alpha)$ 回転させるので，A とは逆の作用を持つ**．よって，B は A の逆行列である．■

確認 例題 1.17

$$A = \begin{pmatrix} 1 & 0 \\ 0 & -1 \end{pmatrix}$$

とする．$A^{-1} = A$ であることを示し，その幾何学的な意味を説明せよ．

【解答】 $A^2 = E_2$ である（各自確かめよ）．これは，$X = A$ とおいたとき

$$XA = AX = E_2$$

となることを意味するので，$A^{-1} = A$ である．xy 平面において，行列 A は，x 軸を軸としてベクトルを折り返す作用を持っている（基本例題 1.2 (4) 参照）．もう 1 度 x 軸を軸として折り返すと，もとにもどるので，A 自身が A の逆行列である．■

Point　A^{-1} の作用は，A の作用の逆である．

ところで，逆行列は存在するとは限らない．次の導入例題を考えよう．

導入 例題 1.5

$A = \begin{pmatrix} 1 & 0 \\ 0 & 0 \end{pmatrix}$ とする.

(1) どんな 2 次正方行列

$$X = \begin{pmatrix} x_{11} & x_{12} \\ x_{21} & x_{22} \end{pmatrix}$$

を選んでも，積 AX の $(2,2)$ 成分は 0 になることを示せ.

(2) A には逆行列が存在しないことを背理法によって示せ.

注意：「背理法」とは，「**示したい結論と反対のことが起きると仮定すると矛盾が生ずる**」ということを示すことによって，ものごとを証明する方法である.

【解答】 (1) AX を実際に計算すると

$$AX = \begin{pmatrix} 1 & 0 \\ 0 & 0 \end{pmatrix}\begin{pmatrix} x_{11} & x_{12} \\ x_{21} & x_{22} \end{pmatrix} = \begin{pmatrix} x_{11} & x_{12} \\ 0 & 0 \end{pmatrix}$$

であるので，その $(2,2)$ 成分は 0 である.

(2) 仮に A に逆行列 $X = \begin{pmatrix} x_{11} & x_{12} \\ x_{21} & x_{22} \end{pmatrix}$ が存在したとすると

$$AX = E_2$$

が成り立つはずである．ところが，**AX の $(2,2)$ 成分は 0 であるのに，単位行列 E_2 の $(2,2)$ 成分は 1 であるので，AX はけっして単位行列と等しくならない**．したがって，A には逆行列が存在しない. ■

ちょっと寄り道 上の導入例題 1.5 の行列 A が逆行列を持たない理由について，別の見方から考えてみよう．たとえば

$$\boldsymbol{u} = \begin{pmatrix} 1 \\ 2 \end{pmatrix}, \boldsymbol{v} = \begin{pmatrix} 1 \\ 1 \end{pmatrix} \quad とすれば \quad A\boldsymbol{u} = A\boldsymbol{v} = \begin{pmatrix} 1 \\ 0 \end{pmatrix}$$

であるので，もし A^{-1} が存在するならば，A^{-1} を左からかければ，$\boldsymbol{u} = \boldsymbol{v}$ となるが，これはおかしい．だからこの場合，A の逆行列は存在しない．要するに，**2 つの異なるベクトルに行列を作用させたときに，それらが同じベクトルになってしまったら，もとにもどしようがないので，逆行列は存在しない**のである.

定義 1.4　正方行列 A に逆行列が存在するとき，A が**正則行列**であるという．

Point

- 正方行列の中には，逆行列を持つものと，そうでないものがある．
- 逆行列を持つ正方行列を正則行列とよぶ．

1.13　逆行列の基本的性質

基本 例題 1.8

A は n 次正方行列とする．

(1)　n 次正方行列 X, Y が $AX = XA = E_n$, $AY = YA = E_n$ をみたすならば，$X = Y$ が成り立つことを示せ．**ヒント**：XAY を考えよ．

(2)　A に逆行列があるならば，それはただ1つであることを示せ．

【解答】　(1)　$X = XE_n = X(AY) = (XA)Y = E_nY = Y$.

(2)　A が2つの逆行列 X, Y を持つとすると，小問 (1) より $X = Y$ である．よって，逆行列は，もし存在するならば，ただ1つしかない．■

正方行列 A の逆行列は，存在すれば，ただ1つである．そのため，$B = A^{-1}$ であることを示したければ，$AB = BA = E_n$ を示せばよいことになる．

基本 例題 1.9

A, B は n 次正則行列とする．このとき，次を示せ．

(1)　$E_n^{-1} = E_n$.

(2)　$(A^{-1})^{-1} = A$.

(3)　$(AB)^{-1} = B^{-1}A^{-1}$.

【解答】　(1)　$E_nE_n = E_n$ であるが，これは $X = E_n$ とおいたとき

$$E_nX = XE_n = E_n$$

が成り立つことを意味するので，$E_n = E_n^{-1}$ である．

(2)　$AA^{-1} = A^{-1}A = E_n$ が成り立つが，$C = A^{-1}$, $X = A$ とおけば

$$XC = CX = E_n$$

となる．よって，X $(= A)$ は C $(= A^{-1})$ の逆行列である．

(3)　$AA^{-1} = A^{-1}A = E_n$, $BB^{-1} = B^{-1}B = E_n$ に注意すると

$$(AB)(B^{-1}A^{-1}) = A(BB^{-1})A^{-1} = AE_nA^{-1} = AA^{-1} = E_n,$$
$$(B^{-1}A^{-1})(AB) = B^{-1}(A^{-1}A)B = B^{-1}E_nB = B^{-1}B = E_n$$

が成り立つので，$B^{-1}A^{-1} = (AB)^{-1}$ である．■

ちょっと寄り道　正則行列 A, B に対して，$(AB)^{-1} = B^{-1}A^{-1}$ であった．**積の順序が逆になる**理由を，次の問答によって納得してもらおう．

Q：「太郎君は，家から学校まで行くのに，**道 B を通って**公園まで行き，そこから**道 A を通って**学校に着く．では，帰りはどのような道を通るか？」

A：「**道 A をもどって**公園に着き，そこから**道 B をもどって**家に帰る．」

Q：「ベクトル $\boldsymbol{x}$ に**行列 B をかけて**ベクトル $\boldsymbol{y}$ が得られ，さらに**行列 A をかけて**ベクトル $\boldsymbol{z}$ が得られた．もとにもどるにはどうすればよいか？」

A：「ベクトル $\boldsymbol{z}$ に**行列 A^{-1} をかけて**ベクトル $\boldsymbol{y}$ にもどり，さらに**行列 B^{-1} をかけて**ベクトル $\boldsymbol{x}$ にもどればよい．」

確認 例題 1.18

$$A = \begin{pmatrix} 1 & 0 \\ 0 & -1 \end{pmatrix}, \quad B = \begin{pmatrix} \cos\alpha & -\sin\alpha \\ \sin\alpha & \cos\alpha \end{pmatrix}$$

とする．このとき

$$A^{-1} = \begin{pmatrix} 1 & 0 \\ 0 & -1 \end{pmatrix}, \quad B^{-1} = \begin{pmatrix} \cos\alpha & \sin\alpha \\ -\sin\alpha & \cos\alpha \end{pmatrix}$$

であることがわかっている（基本例題 1.7 と確認例題 1.17 参照）．

(1)　AB と $B^{-1}A^{-1}$ を計算せよ．

(2)　$B^{-1}A^{-1}$ が AB の逆行列であることを計算によって確かめよ．

(3)　$\sin\alpha \neq 0$ ならば $A^{-1}B^{-1} \neq B^{-1}A^{-1}$ であることを示せ．

【解答】 (1)

$$AB = \begin{pmatrix} \cos\alpha & -\sin\alpha \\ -\sin\alpha & -\cos\alpha \end{pmatrix},$$

$$B^{-1}A^{-1} = \begin{pmatrix} \cos\alpha & -\sin\alpha \\ -\sin\alpha & -\cos\alpha \end{pmatrix}.$$

(2) 省略（各自確かめよ）．

(3) $A^{-1}B^{-1} = \begin{pmatrix} \cos\alpha & \sin\alpha \\ \sin\alpha & -\cos\alpha \end{pmatrix} \neq B^{-1}A^{-1}$. ■

2 次正則行列には，次のように逆行列を求める公式がある．

基本 例題 1.10

$$A = \begin{pmatrix} a_{11} & a_{12} \\ a_{21} & a_{22} \end{pmatrix}$$

とし，$a_{11}a_{22} - a_{21}a_{12} \neq 0$ であるとする．このとき，A は正則行列であり

$$A^{-1} = \frac{1}{a_{11}a_{22} - a_{21}a_{12}} \begin{pmatrix} a_{22} & -a_{12} \\ -a_{21} & a_{11} \end{pmatrix}$$

であることを示せ．

【解答】 $d = a_{11}a_{22} - a_{21}a_{12}$,　$B = \begin{pmatrix} a_{22} & -a_{12} \\ -a_{21} & a_{11} \end{pmatrix}$

とおくと

$$AB = \begin{pmatrix} a_{11}a_{22} - a_{12}a_{21} & -a_{11}a_{12} + a_{12}a_{11} \\ a_{21}a_{22} - a_{22}a_{21} & -a_{21}a_{12} + a_{22}a_{11} \end{pmatrix}$$

$$= dE_2$$

となる．同様に，$BA = dE_2$ である（各自確かめよ）．

したがって

$$C = \frac{1}{d}B$$

とおけば

$$AC = CA = E_2$$

をみたすので，この行列 C が A の逆行列である． ■

確認 例題 1.19

基本例題 1.10 の公式を利用して，次の行列の逆行列を求めよ．

(1) $\begin{pmatrix} 1 & 2 \\ 3 & 7 \end{pmatrix}$　(2) $\begin{pmatrix} 2 & 1 \\ 3 & 4 \end{pmatrix}$

【解答】 (1) $\begin{pmatrix} 7 & -2 \\ -3 & 1 \end{pmatrix}$　(2) $\dfrac{1}{5}\begin{pmatrix} 4 & -1 \\ -3 & 2 \end{pmatrix}$ ■

問 1.13 (1) 基本例題 1.10 の公式を利用して，次の行列の逆行列を求めよ．

$$\begin{pmatrix} 1 & 1 \\ 2 & 4 \end{pmatrix}$$

(2) 小問 (1) の結果を利用して，次の連立 1 次方程式を解け．

$$\begin{cases} x_1 + x_2 = 10 \\ 2x_1 + 4x_2 = 26 \end{cases}$$

1.14 転置行列，対称行列

行列 A のたてと横をひっくり返した行列を A の**転置行列**といい，記号 ${}^tA$ で表す．A が (m,n) 型行列のとき，転置行列 ${}^tA$ は (n,m) 型行列である．

確認 例題 1.20

次の行列の転置行列を書け．

(1) $\begin{pmatrix} 2 & 3 & 5 \\ 1 & 8 & 4 \end{pmatrix}$　(2) $\begin{pmatrix} a_{11} & a_{12} \\ a_{21} & a_{22} \end{pmatrix}$

【解答】 (1) $\begin{pmatrix} 2 & 1 \\ 3 & 8 \\ 5 & 4 \end{pmatrix}$

(2) $\begin{pmatrix} a_{11} & a_{21} \\ a_{12} & a_{22} \end{pmatrix}$ ■

基本 例題 1.11

$$A=\begin{pmatrix} a_{11} & a_{12} \\ a_{21} & a_{22} \end{pmatrix},\ B=\begin{pmatrix} b_{11} & b_{12} \\ b_{21} & b_{22} \end{pmatrix}$$ に対して，等式

$$^t(AB)={}^tB{}^tA$$

が成り立つことを示せ．

【解答】 $AB=\begin{pmatrix} a_{11}b_{11}+a_{12}b_{21} & a_{11}b_{12}+a_{12}b_{22} \\ a_{21}b_{11}+a_{22}b_{21} & a_{21}b_{12}+a_{22}b_{22} \end{pmatrix}$ より

$$^t(AB)=\begin{pmatrix} a_{11}b_{11}+a_{12}b_{21} & a_{21}b_{11}+a_{22}b_{21} \\ a_{11}b_{12}+a_{12}b_{22} & a_{21}b_{12}+a_{22}b_{22} \end{pmatrix}$$

である．一方

$$\begin{aligned} {}^tB{}^tA &= \begin{pmatrix} b_{11} & b_{21} \\ b_{12} & b_{22} \end{pmatrix}\begin{pmatrix} a_{11} & a_{21} \\ a_{12} & a_{22} \end{pmatrix} \\ &= \begin{pmatrix} a_{11}b_{11}+a_{12}b_{21} & a_{21}b_{11}+a_{22}b_{21} \\ a_{11}b_{12}+a_{12}b_{22} & a_{21}b_{12}+a_{22}b_{22} \end{pmatrix} \end{aligned}$$

である．2 つの式を見比べれば，求める等式が得られる．■

一般に，(l,m) 型行列 A，(m,n) 型行列 B に対して

$$^t(AB)={}^tB{}^tA$$

が成り立つ（積の順序に注意）．また，$^t({}^tA)=A$ も成り立つ．

問 1.14 $A=\begin{pmatrix} 3 & 1 & 1 \\ 2 & 1 & 3 \end{pmatrix}$，$B=\begin{pmatrix} 1 & 0 \\ 1 & 2 \\ 1 & 1 \end{pmatrix}$

に対して，等式 $^t(AB)={}^tB{}^tA$ が成り立つことを確認せよ．

A が n 次正方行列の場合，転置行列 ^tA も n 次正方行列である．

定義 1.5　正方行列 A の転置行列がもとの行列と等しいとき，つまり

$$^tA=A$$

となるとき，A は**対称行列**であるという．

たとえば

$$\begin{pmatrix} 1 & 3 \\ 3 & 0 \end{pmatrix}$$

は転置しても（転置行列をとることを，「**転置する**」ということにする）変わらないので，これは対称行列である．

対称行列は，左上と右下とを結ぶ対角線に関して「線対称」である．

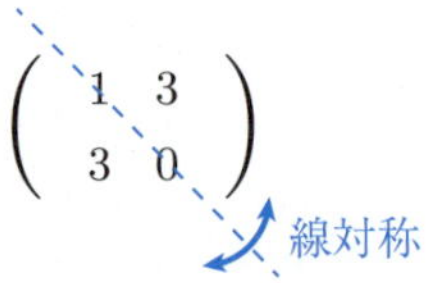

第 1 章　演習問題

1.1　$A = \begin{pmatrix} 3 & 2 \\ 4 & 3 \end{pmatrix}$ とするとき

$$A^2 - 6A + E_2 = O$$

であることを計算によって示せ．

1.2　xy 平面において，ベクトル $\boldsymbol{x} = \begin{pmatrix} x \\ y \end{pmatrix}$ を反時計回りに $\dfrac{\pi}{3}$ 回転させて得られるベクトルを $\boldsymbol{x}'$ とし，ベクトル $\boldsymbol{x}$ を時計回りに $\dfrac{\pi}{3}$ 回転させて得られるベクトルを $\boldsymbol{x}''$ とする．このとき

$$\boldsymbol{x}' + \boldsymbol{x}'' = \boldsymbol{x}$$

が成り立つことを示せ．

1.3　2 つの n 次正方行列 A, B がどちらも零行列でなく，かつ $AB = O$ をみたすならば，A も B も正則行列でないことを示せ．

ヒント：背理法．もし A が正則ならば，A^{-1} が存在する．これを $AB = O$ の両辺に左からかけてみよ．

1.4　未知数 x, y に関する連立 1 次方程式

$$\begin{cases} ax + by = p \\ cx + dy = q \end{cases}$$

の解を求めよ．ただし，$ad - bc \neq 0$ とする．

ヒント：2 次正方行列の逆行列の公式を用いよ．

1.5 その昔，ある村で，秘密の長老会議によって，2人の候補 A, B の中から村長が選ばれた．その結果に関する噂は人から人へと伝わっていったが，この村では，人々が「A が村長である」と聞いて，次の人にそのまま伝える確率は $\frac{4}{5}$，「B が村長である」と伝える確率が $\frac{1}{5}$ であるという．また，「B が村長である」と聞いて，次の人にそのまま伝える確率は $\frac{4}{5}$，「A が村長である」と伝える確率が $\frac{1}{5}$ であるという．

(1)　n 番目に話を聞いた人が次の人（$(n+1)$ 番目の人）に「A が村長である」と伝える確率を a_n，「B が村長である」と伝える確率を b_n とする．ベクトル

$$\begin{pmatrix} a_n \\ b_n \end{pmatrix}$$

を考えると，ある行列 C を用いて

$$\begin{pmatrix} a_{n+1} \\ b_{n+1} \end{pmatrix} = C \begin{pmatrix} a_n \\ b_n \end{pmatrix}$$

という関係が成り立つ．行列 C を求めよ．

(2)　最初の人（1番目の人）が「A が村長である」という話を聞いていたならば

$$\begin{pmatrix} a_n \\ b_n \end{pmatrix} = C^n \begin{pmatrix} 1 \\ 0 \end{pmatrix}$$

が成り立つことを示せ．ただし，C は小問 (1) で求めた行列とする．

第2章 連立1次方程式と行列

前の章でも見たように，連立1次方程式は行列と密接な関係がある．私たちは，連立1次方程式について，すでにいろいろなことを知っているが，それを行列と関連づけて考え直してみると，新しい景色が見えてくる．

2.1 消去法の正体

連立1次方程式を**消去法**で解く．それは一体どういうことなのだろうか？

導入 例題 2.1

連立1次方程式

$$(A) : \begin{cases} x + \ \ y = 10 & \cdots (1) \\ 2x + 4y = 26 & \cdots (2) \end{cases}$$

について，太郎君は次のように考えた．

「式 (2) から式 (1) の 2 倍を辺々引くと，次の式 $(2')$ が得られる．

$$2y = 6 \quad \cdots (2')$$

これより，$y = 3$ である．x がどんな数であっても，$y = 3$ であるかぎり，式 $(2')$ が成り立つので，答えは

『$y = 3$, x は任意』

である．」

太郎君の考え方のどこがまちがっているのか，説明せよ．

【解答】 **「『(1) かつ (2)』$\Rightarrow$ $(2')$」は正しいが，逆は成り立たない**．したがって，式 $(2')$ だけをみたす x, y を求めたからといって，連立1次方程式 (A) の解を求めたことにはならない．■

導入 例題 2.2

導入例題 2.1 の連立 1 次方程式 (A) について，次郎君は次のように考えた（記号や式番号は，導入例題 2.1 のものを用いる）．

「式 (1) と式 $(2')$ を連立させた連立 1 次方程式 (A') を考える．

$$(A') : \begin{cases} x + y = 10 & \cdots \ (1) \\ 2y = 6 & \cdots \ (2') \end{cases}$$

このとき，(A) の解と (A') の解は一致するので，(A) を解くかわりに (A') を解けばよい．」

下線部分が成り立つ理由を説明せよ．

【解答】 式 $(2')$ は式 (2) から式 (1) の 2 倍を辺々引いたものであるので，x, y が式 (1) と式 (2) の両方をみたせば，式 $(2')$ もみたす．当然，式 (1) も成り立つので

「『(1) **かつ** (2)』$\Rightarrow$『(1) **かつ** $(2')$』」

が成り立つ．よって，**連立 1 次方程式 (A) の解は連立 1 次方程式 (A') の解である**．

逆に，式 $(2')$ に式 (1) の 2 倍を辺々加えれば式 (2) にもどるので

「『(1) **かつ** $(2')$』$\Rightarrow$『(1) **かつ** (2)』」

が成り立つ．よって，**連立 1 次方程式 (A') の解は連立 1 次方程式 (A) の解である**．

よって，(A) の解と (A') の解は一致する． ■

導入 例題 2.3

導入例題 2.1 の連立 1 次方程式 (A) について，三郎君は，次郎君の考えを発展させて，次のように考えた．

「さらに方程式を変形していく．

$$(A) \Rightarrow (A') \Rightarrow (A''):\begin{cases} x+y=10 \\ \quad\ \ y=3 \end{cases} \Rightarrow (A'''):\begin{cases} x=7 \\ y=3 \end{cases}$$

変形しても解は変わらないので，最後の方程式 (A''') を解けば，最初の方程式 (A) を解いたことになるけど，(A''') はもう解く必要がないよね」

(1)　(A') から (A''') にいたる式変形はどのようにおこなったのか？　説明せよ．

(2)　連立 1 次方程式 (A) の係数行列と拡大係数行列を書け（1.5 節参照）．

(3)　(A) から (A''') までに拡大係数行列がどのように変化したかを，連立 1 次方程式の式変形と関連づけて説明せよ．

【解答】 (1)　$(A') \Rightarrow (A'')$：**第 2 式の両辺に $\frac{1}{2}$ をかけた**．

$(A'') \Rightarrow (A''')$：**第 1 式から第 2 式を辺々引いた**．

(2)　(A) の係数行列は $\begin{pmatrix} 1 & 1 \\ 2 & 4 \end{pmatrix}$．$(A)$ の拡大係数行列は $\begin{pmatrix} 1 & 1 & 10 \\ 2 & 4 & 26 \end{pmatrix}$．

(3)　(A) の拡大係数行列の**第 2 行から第 1 行の 2 倍を引く**と，(A') の拡大係数行列 $\begin{pmatrix} 1 & 1 & 10 \\ 0 & 2 & 6 \end{pmatrix}$ になる．これは，**(A) の第 2 式から第 1 式の 2 倍を辺々引いて** (A') の第 2 式が得られたことに対応する．さらに，この行列の**第 2 行を $\frac{1}{2}$ 倍する**と，(A'') の拡大係数行列 $\begin{pmatrix} 1 & 1 & 10 \\ 0 & 1 & 3 \end{pmatrix}$ を得る．これは (A') の**第 2 式の両辺を $\frac{1}{2}$ 倍して**，(A'') の第 2 式が得られたことに対応する．さらに，この行列の**第 1 行から第 2 行を引く**と，(A''') の拡大係数行列 $\begin{pmatrix} 1 & 0 & 7 \\ 0 & 1 & 3 \end{pmatrix}$ になる．これは，(A'') の**第 1 式から第 2 式を辺々引いて** (A''') の第 1 式が得られたことに対応する． ■

連立 1 次方程式の係数を並べた行列が係数行列であり，さらに定数項の部分も付け加えた行列が拡大係数行列であった．連立 1 次方程式の消去法による解法は，行列の変形と密接に関係している．

2.2 行列の基本変形

行列の**基本変形**について述べる．次の 3 種類の変形を**行基本変形**という．

(1) 2 つの行を交換する．
(2) ある行に 0 でない定数をかける．
(3) ある行に別の行の定数倍を加える．

同様に**列基本変形**というものもある．行基本変形と列基本変形をまとめて基本変形とよぶが，さしあたり行基本変形のみ取り扱う．

簡単のため，次のような記法を用いることにしよう．ここで，R_i は第 i 行を表す．行は英語で「row」といった．その頭文字 R で「行」を表すのである．

(1) 第 i 行と第 j 行を交換する　$\cdots$ $R_i \leftrightarrow R_j$.
(2) 第 i 行を c 倍する（$c \neq 0$）　$\cdots$ $R_i \times c$.
(3) 第 i 行に第 j 行の c 倍を加える　$\cdots$ $R_i + cR_j$.

さて，拡大係数行列の行基本変形は，連立 1 次方程式のどのような式変形に対応しているのだろうか？

(1) のタイプの行基本変形は，2 つの式の並べかえに対応する．たとえば

$$\begin{cases} x + y = 10 \\ 2x + 4y = 26 \end{cases} \Rightarrow \begin{cases} 2x + 4y = 26 \\ x + y = 10 \end{cases}$$

という変形（並べかえ）に対しては，次の行基本変形が対応する：

$$\begin{pmatrix} 1 & 1 & 10 \\ 2 & 4 & 26 \end{pmatrix} \xrightarrow{R_1 \leftrightarrow R_2} \begin{pmatrix} 2 & 4 & 26 \\ 1 & 1 & 10 \end{pmatrix}.$$

(2) のタイプの行基本変形は，ある式の両辺に定数をかけることに対応する．たとえば導入例題 2.3 の (A') から (A'') への変形は

$$\begin{cases} x + y = 10 \\ \quad\;\; 2y = 6 \end{cases} \Rightarrow \begin{cases} x + y = 10 \\ \quad\;\;\; y = 3 \end{cases}$$

であったが，対応する拡大係数行列の変形は次の通りである：

$$\begin{pmatrix} 1 & 1 & 10 \\ 0 & 2 & 6 \end{pmatrix} \xrightarrow{R_2 \times \frac{1}{2}} \begin{pmatrix} 1 & 1 & 10 \\ 0 & 1 & 3 \end{pmatrix}.$$

(3) のタイプの行基本変形は，**ある式に別の式の定数倍を辺々加える**ことに対応する．たとえば，導入例題 2.2 の (A) から (A') への変形は

$$\begin{cases} x+y=10 \\ 2x+4y=26 \end{cases} \Rightarrow \begin{cases} x+y=10 \\ \quad\;\; 2y=6 \end{cases}$$

であったが，対応する拡大係数行列の変形は次の通りである：

$$\begin{pmatrix} 1 & 1 & 10 \\ 2 & 4 & 26 \end{pmatrix} \xrightarrow{R_2 - 2R_1} \begin{pmatrix} 1 & 1 & 10 \\ 0 & 2 & 6 \end{pmatrix}.$$

ところで，方程式が「解けた」とき，拡大係数行列はどうなっているだろうか？　導入例題 2.3 の「方程式」(A''') と，その拡大係数行列を並べてみよう．

$$\begin{cases} x=7 \\ y=3 \end{cases} \qquad \left(\begin{array}{cc|c} 1 & 0 & 7 \\ 0 & 1 & 3 \end{array}\right)$$

拡大係数行列に仕切り線を入れておいたが，その左側の部分（**係数行列**）が**単位行列**になっている．ここまでくれば，方程式はもう解けている．

同様に，x_1, x_2, x_3 を未知数とする連立1次方程式の拡大係数行列が

$$\left(\begin{array}{ccc|c} 1 & 0 & 0 & 3 \\ 0 & 1 & 0 & 2 \\ 0 & 0 & 1 & 5 \end{array}\right)$$

となったならば，解はすでに得られている．

$$x_1 = 3,$$
$$x_2 = 2,$$
$$x_3 = 5.$$

Point

- 連立1次方程式の式変形 $\Leftrightarrow$ 拡大係数行列の行基本変形．
- 係数行列が単位行列になれば，そのとき方程式は解けている．

2.3 コツの探究その1

実際に拡大係数行列を変形して，連立1次方程式を解いてみよう．

基本 例題 2.1

x_1, x_2, x_3 を未知数とする次の連立1次方程式を考える．

$$(A):\begin{cases} 2x_2+3x_3=8 \\ x_1+\ x_2+2x_3=8 \\ 2x_1+3x_2+5x_3=19 \end{cases}$$

(1) 連立1次方程式 (A) の拡大係数行列に行基本変形をくり返して，係数行列の部分が単位行列になるようにせよ．

(2) 小問(1)の結果から連立1次方程式 (A) の解を求めよ．

【解答】 (1)

$$\begin{pmatrix} 0 & 2 & 3 & 8 \\ 1 & 1 & 2 & 8 \\ 2 & 3 & 5 & 19 \end{pmatrix} \xrightarrow{R_1 \leftrightarrow R_2} \begin{pmatrix} 1 & 1 & 2 & 8 \\ 0 & 2 & 3 & 8 \\ 2 & 3 & 5 & 19 \end{pmatrix}$$

$$\xrightarrow{R_3-2R_1} \begin{pmatrix} 1 & 1 & 2 & 8 \\ 0 & 2 & 3 & 8 \\ 0 & 1 & 1 & 3 \end{pmatrix} \xrightarrow{R_2 \leftrightarrow R_3} \begin{pmatrix} 1 & 1 & 2 & 8 \\ 0 & 1 & 1 & 3 \\ 0 & 2 & 3 & 8 \end{pmatrix}$$

$$\xrightarrow[R_3-2R_2]{R_1-R_2} \begin{pmatrix} 1 & 0 & 1 & 5 \\ 0 & 1 & 1 & 3 \\ 0 & 0 & 1 & 2 \end{pmatrix} \xrightarrow[R_2-R_3]{R_1-R_3} \begin{pmatrix} 1 & 0 & 0 & 3 \\ 0 & 1 & 0 & 1 \\ 0 & 0 & 1 & 2 \end{pmatrix}.$$

(2) $x_1=3, x_2=1, x_3=2.$ ■

上の基本例題 2.1 の解答の「コツ」をこれから解明していこう．

確認 例題 2.1

次の行列に行基本変形をくり返して，$(1,1)$ 成分を1にせよ．

(1) $\begin{pmatrix} 0 & 2 & 3 & 8 \\ 1 & 1 & 2 & 8 \\ 2 & 3 & 5 & 19 \end{pmatrix}$ (2) $\begin{pmatrix} 2 & 1 & 3 \\ 1 & 3 & 5 \end{pmatrix}$ (3) $\begin{pmatrix} 0 & 1 & -1 \\ 2 & 5 & -1 \end{pmatrix}$

【解答】 (1) $\begin{pmatrix} 0 & 2 & 3 & 8 \\ 1 & 1 & 2 & 8 \\ 2 & 3 & 5 & 19 \end{pmatrix} \xrightarrow{R_1 \leftrightarrow R_2} \begin{pmatrix} 1 & 1 & 2 & 8 \\ 0 & 2 & 3 & 8 \\ 2 & 3 & 5 & 19 \end{pmatrix}$.

(2) $\begin{pmatrix} 2 & 1 & 3 \\ 1 & 3 & 5 \end{pmatrix} \xrightarrow{R_1 \leftrightarrow R_2} \begin{pmatrix} 1 & 3 & 5 \\ 2 & 1 & 3 \end{pmatrix}$ （$R_1 \times \dfrac{1}{2}$ とする方法もある）.

(3) $\begin{pmatrix} 0 & 1 & -1 \\ 2 & 5 & -1 \end{pmatrix} \xrightarrow{R_1 \leftrightarrow R_2} \begin{pmatrix} 2 & 5 & -1 \\ 0 & 1 & -1 \end{pmatrix} \xrightarrow{R_1 \times \frac{1}{2}} \begin{pmatrix} 1 & \frac{5}{2} & -\frac{1}{2} \\ 0 & 1 & -1 \end{pmatrix}$. ■

Point

- $(1,1)$ 成分が 0 ならば，その下にある第 1 列の他の成分のうち，0 でないもの（できれば 1）を見つける．そして，行の交換によって，それを第 1 行に移す．
- $(1,1)$ 成分が c（$c \neq 0$）のときは，第 1 行を $\dfrac{1}{c}$ 倍することによって $(1,1)$ 成分を 1 にすることができる．

問 2.1 次の行列に行基本変形をくり返して，$(1,1)$ 成分を 1 にせよ．

(1) $\begin{pmatrix} 2 & 3 & 12 \\ 1 & 1 & 5 \end{pmatrix}$ (2) $\begin{pmatrix} 0 & 1 & 1 & 1 \\ 2 & 0 & 2 & 4 \\ 3 & 2 & 2 & 5 \end{pmatrix}$

確認 例題 2.2

次の行列は $(1,1)$ 成分が 1 である．さらに行基本変形によって，「$(1,1)$ 成分は 1，それ以外の第 1 列の成分はすべて 0」となるようにせよ．

(1) $\begin{pmatrix} 1 & 1 & 2 & 8 \\ 0 & 2 & 3 & 8 \\ 2 & 3 & 5 & 19 \end{pmatrix}$ (2) $\begin{pmatrix} 1 & 3 & 5 \\ 2 & 1 & 3 \end{pmatrix}$ (3) $\begin{pmatrix} 1 & 1 & 1 & 1 \\ 2 & 3 & 4 & 5 \\ 3 & 7 & 5 & 8 \end{pmatrix}$

【解答】 (1) $\begin{pmatrix} 1 & 1 & 2 & 8 \\ 0 & 2 & 3 & 8 \\ 2 & 3 & 5 & 19 \end{pmatrix} \xrightarrow{R_3 - 2R_1} \begin{pmatrix} 1 & 1 & 2 & 8 \\ 0 & 2 & 3 & 8 \\ 0 & 1 & 1 & 3 \end{pmatrix}$.

(2) $\begin{pmatrix} 1 & 3 & 5 \\ 2 & 1 & 3 \end{pmatrix} \xrightarrow{R_2 - 2R_1} \begin{pmatrix} 1 & 3 & 5 \\ 0 & -5 & -7 \end{pmatrix}$.

(3) $\begin{pmatrix} 1 & 1 & 1 & 1 \\ 2 & 3 & 4 & 5 \\ 3 & 7 & 5 & 8 \end{pmatrix} \xrightarrow[R_3 - 3R_1]{R_2 - 2R_1} \begin{pmatrix} 1 & 1 & 1 & 1 \\ 0 & 1 & 2 & 3 \\ 0 & 4 & 2 & 5 \end{pmatrix}$. ■

Point

- $(1,1)$ 成分が 1 であり，たとえば $(2,1)$ 成分が c ならば，第 2 行から第 1 行の c 倍を引くことにより，$(2,1)$ 成分を 0 にすることができる．
- 同様に，$(1,1)$ 成分以外の第 1 列の成分をすべて 0 にすることができる．

問 2.2 次の行列は $(1,1)$ 成分が 1 である．さらに行基本変形によって，「$(1,1)$ 成分は 1，それ以外の第 1 列の成分はすべて 0」となるようにせよ．

(1) $\begin{pmatrix} 1 & 1 & 5 \\ 2 & 3 & 12 \end{pmatrix}$ (2) $\begin{pmatrix} 1 & 0 & 1 & 2 \\ 0 & 1 & 1 & 1 \\ 3 & 2 & 2 & 5 \end{pmatrix}$

このようにして，「$(1,1)$ 成分は 1，それ以外の第 1 列の成分は 0」という状態を作ることを，「$(1,1)$ **成分を中心として第 1 列を掃き出す**」という．

一般に，「(p,q) 成分が 1 である」という状態から，行基本変形をくり返して，「(p,q) 成分は 1，それ以外の第 q 列の成分は 0」という状態にすることを，「(p,q) **成分を中心として第 q 列を掃き出す**」という．

確認 例題 2.3

次の行列の $(2,3)$ 成分を中心として第 3 列を掃き出せ．

$$\begin{pmatrix} 3 & 2 & 3 & 1 \\ 2 & 0 & 1 & 2 \\ 1 & 3 & 1 & 8 \end{pmatrix}$$

【解答】 $\begin{pmatrix} 3 & 2 & 3 & 1 \\ 2 & 0 & 1 & 2 \\ 1 & 3 & 1 & 8 \end{pmatrix} \xrightarrow[R_3 - R_2]{R_1 - 3R_2} \begin{pmatrix} -3 & 2 & 0 & -5 \\ 2 & 0 & 1 & 2 \\ -1 & 3 & 0 & 6 \end{pmatrix}$. ■

問 2.3　次の行列の $(3,3)$ 成分を中心として第3列を掃き出せ.

$$\begin{pmatrix} 3 & 2 & 3 & 1 \\ 2 & 0 & 1 & 2 \\ 1 & 3 & 1 & 8 \end{pmatrix}$$

2.4 コツの探究その2

確認例題 2.1 (1) と確認例題 2.2 (1) とをあわせれば，基本例題 2.1 (1) の解答の途中まで変形できたことになる．このとき，第1列は $\begin{pmatrix} 1 \\ 0 \\ 0 \end{pmatrix}$ となっている（確認せよ）．次に，**この第1列は変えずに，第2列を** $\begin{pmatrix} 0 \\ 1 \\ 0 \end{pmatrix}$ **にしたい**.

確認 例題 2.4

次の行列に行基本変形をくり返して $(2,2)$ 成分が1になるようにせよ．ただし，第1列を変えてはいけない．

(1) $\begin{pmatrix} 1 & 1 & 2 & 8 \\ 0 & 2 & 3 & 8 \\ 0 & 1 & 1 & 3 \end{pmatrix}$　　(2) $\begin{pmatrix} 1 & 3 & 5 \\ 0 & -5 & -7 \end{pmatrix}$

【解答】 (1) 「第1列を変えてはいけない」ので，第1行と第2行の交換はできない．そこで，**第2行と第3行を交換**する．

$$\begin{pmatrix} 1 & 1 & 2 & 8 \\ 0 & 2 & 3 & 8 \\ 0 & 1 & 1 & 3 \end{pmatrix} \xrightarrow{R_2 \leftrightarrow R_3} \begin{pmatrix} 1 & 1 & 2 & 8 \\ 0 & 1 & 1 & 3 \\ 0 & 2 & 3 & 8 \end{pmatrix}.$$

(2) $\begin{pmatrix} 1 & 3 & 5 \\ 0 & -5 & -7 \end{pmatrix} \xrightarrow{R_2 \times \left(-\frac{1}{5}\right)} \begin{pmatrix} 1 & 3 & 5 \\ 0 & 1 & \frac{7}{5} \end{pmatrix}.$ ■

確認 例題 2.5

次の行列は (2.2) 成分が 1 である．(2, 2) 成分を中心として第 2 列を掃き出せ（このとき，第 1 列は変わらない）．

(1) $\begin{pmatrix} 1 & 1 & 2 & 8 \\ 0 & 1 & 1 & 3 \\ 0 & 2 & 3 & 8 \end{pmatrix}$　(2) $\begin{pmatrix} 1 & 3 & 5 \\ 0 & 1 & \frac{7}{5} \end{pmatrix}$

【解答】 (1) $\begin{pmatrix} 1 & 1 & 2 & 8 \\ 0 & 1 & 1 & 3 \\ 0 & 2 & 3 & 8 \end{pmatrix} \xrightarrow[R_3-2R_2]{R_1-R_2} \begin{pmatrix} 1 & 0 & 1 & 5 \\ 0 & 1 & 1 & 3 \\ 0 & 0 & 1 & 2 \end{pmatrix}$.

(2) $\begin{pmatrix} 1 & 3 & 5 \\ 0 & 1 & \frac{7}{5} \end{pmatrix} \xrightarrow{R_1-3R_2} \begin{pmatrix} 1 & 0 & \frac{4}{5} \\ 0 & 1 & \frac{7}{5} \end{pmatrix}$. ■

確認例題 2.1 (2)，確認例題 2.2 (2)，確認例題 2.4 (2)，確認例題 2.5 (2) をつなげた一連の変形をたどると，最終的な形に到達する過程がわかるだろう．

$$\begin{pmatrix} 2 & 1 & 3 \\ 1 & 3 & 5 \end{pmatrix} \to \cdots \to \left(\begin{array}{cc|c} 1 & 0 & \frac{4}{5} \\ 0 & 1 & \frac{7}{5} \end{array}\right).$$

問 2.4　次の行列の (2, 2) 成分を中心として第 2 列を掃き出せ．

(1) $\begin{pmatrix} 1 & 1 & 5 \\ 0 & 1 & 2 \end{pmatrix}$　(2) $\begin{pmatrix} 1 & 0 & 1 & 2 \\ 0 & 1 & 1 & 1 \\ 0 & 2 & -1 & -1 \end{pmatrix}$

さて，$\begin{pmatrix} 1 & 0 & * & * \\ 0 & 1 & * & * \\ 0 & 0 & * & * \end{pmatrix}$ という形の行列を $\begin{pmatrix} 1 & 0 & 0 & * \\ 0 & 1 & 0 & * \\ 0 & 0 & 1 & * \end{pmatrix}$ という形に変形するにはどうしたらよいだろうか？　それには，**(3, 3) 成分が 1 になるようにしてから，(3, 3) 成分を中心として第 3 列を掃き出せばよい**．

確認 例題 2.6

次の行列の第1列と第2列の部分は

$$\begin{pmatrix} 1 & 0 \\ 0 & 1 \\ 0 & 0 \end{pmatrix}$$

であるが，さらに行基本変形をくり返して，第3列まで含めた部分を

$$\begin{pmatrix} 1 & 0 & 0 \\ 0 & 1 & 0 \\ 0 & 0 & 1 \end{pmatrix}$$

にせよ．

(1) $\begin{pmatrix} 1 & 0 & 1 & 5 \\ 0 & 1 & 1 & 3 \\ 0 & 0 & 1 & 2 \end{pmatrix}$ (2) $\begin{pmatrix} 1 & 0 & 2 & 2 \\ 0 & 1 & 4 & 5 \\ 0 & 0 & 2 & 1 \end{pmatrix}$

【解答】 (1) $\begin{pmatrix} 1 & 0 & 1 & 5 \\ 0 & 1 & 1 & 3 \\ 0 & 0 & 1 & 2 \end{pmatrix} \xrightarrow[R_2-R_3]{R_1-R_3} \begin{pmatrix} 1 & 0 & 0 & 3 \\ 0 & 1 & 0 & 1 \\ 0 & 0 & 1 & 2 \end{pmatrix}.$

(2) まず，第3行を $\dfrac{1}{2}$ 倍してから，第3列を掃き出す．

$$\begin{pmatrix} 1 & 0 & 2 & 2 \\ 0 & 1 & 4 & 5 \\ 0 & 0 & 2 & 1 \end{pmatrix} \xrightarrow{R_3 \times \frac{1}{2}} \begin{pmatrix} 1 & 0 & 2 & 2 \\ 0 & 1 & 4 & 5 \\ 0 & 0 & 1 & \frac{1}{2} \end{pmatrix}$$

$$\xrightarrow[R_2-4R_3]{R_1-2R_3} \begin{pmatrix} 1 & 0 & 0 & 1 \\ 0 & 1 & 0 & 3 \\ 0 & 0 & 1 & \frac{1}{2} \end{pmatrix}.$$

■

問 2.5 $\begin{pmatrix} 1 & 0 & 1 & 2 \\ 0 & 1 & 1 & 1 \\ 0 & 0 & -3 & -3 \end{pmatrix}$ に行変形をくり返して，$\begin{pmatrix} 1 & 0 & 0 & * \\ 0 & 1 & 0 & * \\ 0 & 0 & 1 & * \end{pmatrix}$ の形にせよ．

ここで，基本例題 2.1 の解答を読み直して，全体の流れをつかんでほしい．

Point

- (1, 1) 成分を 1 にしてから，(1, 1) 成分を中心として第 1 列を掃き出す．
- 第 1 列を変えないようにして，(2, 2) 成分を 1 にしてから，(2, 2) 成分を中心として第 2 列を掃き出す．
- 第 1 列と第 2 列を変えないようにして，(3, 3) 成分を 1 にしてから第 3 列を掃き出す．
- 以下同様．

このような方法を**掃き出し法**とよぶ．いわば「行列の掃き掃除」である．

確認 例題 2.7

掃き出し法によって，次の連立 1 次方程式を解け．

$$\begin{cases} x_1 + x_2 + 2x_3 = 1 \\ 2x_1 + x_2 = 0 \\ 2x_1 + x_2 + x_3 = 0 \end{cases}$$

【解答】 拡大係数行列に行基本変形をくり返しほどこす．

$$\begin{pmatrix} 1 & 1 & 2 & 1 \\ 2 & 1 & 0 & 0 \\ 2 & 1 & 1 & 0 \end{pmatrix} \xrightarrow[R_3-2R_1]{R_2-2R_1} \begin{pmatrix} 1 & 1 & 2 & 1 \\ 0 & -1 & -4 & -2 \\ 0 & -1 & -3 & -2 \end{pmatrix}$$

$$\xrightarrow{R_2\times(-1)} \begin{pmatrix} 1 & 1 & 2 & 1 \\ 0 & 1 & 4 & 2 \\ 0 & -1 & -3 & -2 \end{pmatrix} \xrightarrow[R_3+R_2]{R_1-R_2} \begin{pmatrix} 1 & 0 & -2 & -1 \\ 0 & 1 & 4 & 2 \\ 0 & 0 & 1 & 0 \end{pmatrix}$$

$$\xrightarrow[R_2-4R_3]{R_1+2R_3} \begin{pmatrix} 1 & 0 & 0 & -1 \\ 0 & 1 & 0 & 2 \\ 0 & 0 & 1 & 0 \end{pmatrix}. \quad \text{よって} \begin{cases} x_1 = -1 \\ x_2 = 2 \\ x_3 = 0 \end{cases} \text{が解である．}$$

■

問 2.6　掃き出し法によって次の連立1次方程式を解け．

$$\begin{cases} x_1 + x_2 + 2x_3 = 0 \\ 2x_1 + x_2 \qquad = 1 \\ 2x_1 + x_2 + \ x_3 = 0 \end{cases}$$

ちょっと寄り道　次の「変形」は正しくないので，注意しよう．

$$\begin{pmatrix} 1 & 2 & 1 \\ 2 & 1 & 1 \end{pmatrix} \xrightarrow[R_1 - R_2]{R_2 - R_1} \begin{pmatrix} -1 & 1 & 0 \\ 1 & -1 & 0 \end{pmatrix} \quad ?$$

実際，2つの変形を順番にほどこすと

$$\begin{pmatrix} 1 & 2 & 1 \\ 2 & 1 & 1 \end{pmatrix} \xrightarrow{R_2 - R_1} \begin{pmatrix} 1 & 2 & 1 \\ 1 & -1 & 0 \end{pmatrix} \xrightarrow{R_1 - R_2} \begin{pmatrix} 0 & 3 & 1 \\ 1 & -1 & 0 \end{pmatrix}$$

となり，こちらが正しい．**「第2行から第1行を引く」という操作をした途端に，第2行が変わってしまう**ことに注意が必要である．

2.5　逆行列の計算

導入　例題 2.4

$$A = \begin{pmatrix} 1 & 1 & 2 \\ 2 & 1 & 0 \\ 2 & 1 & 1 \end{pmatrix}$$

の逆行列を求めたい．太郎君は次のように考えた．

「$X = \begin{pmatrix} x_{11} & x_{12} & x_{13} \\ x_{21} & x_{22} & x_{23} \\ x_{31} & x_{32} & x_{33} \end{pmatrix} = A^{-1}$ とすると，$AX = E_3$ が成り立つ．

この関係式は9本の式からなるが，x_{11}，x_{21}，x_{31} だけの式が3本あるので，それを1つの独立した連立1次方程式とみる．同様に，x_{12}，x_{22}，x_{32} だけに関する式，x_{13}，x_{23}，x_{33} だけに関する式が3本ずつあるので，結局，3種類の連立1次方程式を解けばよい．」

(1)　太郎君の考えた3種類の連立1次方程式を書け．

(2)　太郎君の考えにしたがって X を求めよ．

【解答】　(1) $\begin{pmatrix} 1 & 1 & 2 \\ 2 & 1 & 0 \\ 2 & 1 & 1 \end{pmatrix} \begin{pmatrix} x_{11} & x_{12} & x_{13} \\ x_{21} & x_{22} & x_{23} \\ x_{31} & x_{32} & x_{33} \end{pmatrix} = \begin{pmatrix} 1 & 0 & 0 \\ 0 & 1 & 0 \\ 0 & 0 & 1 \end{pmatrix}$

の両辺の第1列同士を比べると

$$\begin{cases} x_{11} + x_{21} + 2x_{31} = 1 \\ 2x_{11} + x_{21} \qquad\quad = 0 \\ 2x_{11} + x_{21} + \ \ x_{31} = 0 \end{cases}$$

が得られる．同様に，第2列同士，第3列同士を比べると，次が得られる．

$$\begin{cases} x_{12} + x_{22} + 2x_{32} = 0 \\ 2x_{12} + x_{22} \qquad\quad = 1 \\ 2x_{12} + x_{22} + \ \ x_{32} = 0 \end{cases} \qquad \begin{cases} x_{13} + x_{23} + 2x_{33} = 0 \\ 2x_{13} + x_{23} \qquad\quad = 0 \\ 2x_{13} + x_{23} + \ \ x_{33} = 1 \end{cases}$$

(2)　はじめの2つの方程式は確認例題 2.7，問 2.6 ですでに解いており，

$$x_{11} = -1, \quad x_{21} = 2, \quad x_{31} = 0;$$
$$x_{12} = -1, \quad x_{22} = 3, \quad x_{32} = -1$$

が解である．そこで，3番目の連立1次方程式を解くと，解は

$$x_{13} = 2, \quad x_{23} = -4, \quad x_{33} = 1$$

である．よって，$A^{-1} = X = \begin{pmatrix} -1 & -1 & 2 \\ 2 & 3 & -4 \\ 0 & -1 & 1 \end{pmatrix}$.　■

導入 例題 2.5

導入例題 2.4 の解答を読んだ次郎君は次のように考えた．

「3種類の方程式を解くといっても，**すべて同じ行基本変形を用いる**ので，次のようにいっぺんにできる（真ん中に仕切り線を入れてある）．

$$\left(\begin{array}{ccc|ccc} 1 & 1 & 2 & 1 & 0 & 0 \\ 2 & 1 & 0 & 0 & 1 & 0 \\ 2 & 1 & 1 & 0 & 0 & 1 \end{array}\right) \xrightarrow[R_3-2R_1]{R_2-2R_1} \left(\begin{array}{ccc|ccc} 1 & 1 & 2 & 1 & 0 & 0 \\ 0 & -1 & -4 & -2 & 1 & 0 \\ 0 & -1 & -3 & -2 & 0 & 1 \end{array}\right)$$

$$\xrightarrow{R_2\times(-1)} \left(\begin{array}{ccc|ccc} 1 & 1 & 2 & 1 & 0 & 0 \\ 0 & 1 & 4 & 2 & -1 & 0 \\ 0 & -1 & -3 & -2 & 0 & 1 \end{array}\right)$$

$$\xrightarrow[R_3+R_2]{R_1-R_2} \left(\begin{array}{ccc|ccc} 1 & 0 & -2 & -1 & 1 & 0 \\ 0 & 1 & 4 & 2 & -1 & 0 \\ 0 & 0 & 1 & 0 & -1 & 1 \end{array}\right)$$

$$\xrightarrow[R_2-4R_3]{R_1+2R_3} \left(\begin{array}{ccc|ccc} 1 & 0 & 0 & -1 & -1 & 2 \\ 0 & 1 & 0 & 2 & 3 & -4 \\ 0 & 0 & 1 & 0 & -1 & 1 \end{array}\right).$$

このようにすれば，最後の行列の仕切り線の右側に出てくる行列が X になる！」

次郎君の計算がなぜ正しいのかを説明せよ．

【解答】 上の変形において，左側の3列と第4列だけに着目し，第5列と第6列の部分を隠すと，X の第1列の成分 x_{11}, x_{21}, x_{31} を求める計算になっている．第4列と第6列を隠せば，X の第2列の成分を求める計算となり，第4列と第5列を隠せば，X の第3列の成分を求める計算となる．そのため，この方法で X が求められる． ■

一般に，A の逆行列は次のように求められる．

- A の右に単位行列を並べて，横に長い行列を作る．
- その横長の行列全体に対して行基本変形をくり返す．
- 左側の部分が単位行列になったとき，右側に A^{-1} があらわれる！

確認 例題 2.8

上で説明した方法により，$\begin{pmatrix} 1 & 0 & 2 \\ 2 & 1 & 5 \\ 1 & 1 & 4 \end{pmatrix}$ の逆行列を求めよ．

【解答】

$$\left(\begin{array}{ccc|ccc} 1 & 0 & 2 & 1 & 0 & 0 \\ 2 & 1 & 5 & 0 & 1 & 0 \\ 1 & 1 & 4 & 0 & 0 & 1 \end{array}\right) \xrightarrow[R_3-R_1]{R_2-2R_1} \left(\begin{array}{ccc|ccc} 1 & 0 & 2 & 1 & 0 & 0 \\ 0 & 1 & 1 & -2 & 1 & 0 \\ 0 & 1 & 2 & -1 & 0 & 1 \end{array}\right)$$

$$\xrightarrow{R_3-R_2} \left(\begin{array}{ccc|ccc} 1 & 0 & 2 & 1 & 0 & 0 \\ 0 & 1 & 1 & -2 & 1 & 0 \\ 0 & 0 & 1 & 1 & -1 & 1 \end{array}\right) \xrightarrow[R_2-R_3]{R_1-2R_3} \left(\begin{array}{ccc|ccc} 1 & 0 & 0 & -1 & 2 & -2 \\ 0 & 1 & 0 & -3 & 2 & -1 \\ 0 & 0 & 1 & 1 & -1 & 1 \end{array}\right)$$

より，求める逆行列は $\begin{pmatrix} -1 & 2 & -2 \\ -3 & 2 & -1 \\ 1 & -1 & 1 \end{pmatrix}$ である． ■

問 2.7　次の行列の逆行列を求めよ．

(1) $\begin{pmatrix} 1 & 0 & -2 \\ 1 & 1 & -2 \\ 0 & -3 & 1 \end{pmatrix}$　　(2) $\begin{pmatrix} 0 & 1 & -1 \\ 1 & -1 & 1 \\ -2 & 1 & 0 \end{pmatrix}$

ちょっと寄り道　$AX = E$（単位行列）であるとき，$XA = E$ も成り立つかどうか，心配する向きもあろうが，実は，$AX = E$ が成り立てば，A は正則行列であって，$X = A^{-1}$ であり，$XA = E$ も成り立つ（第 4 章の演習問題 4.5 参照）．

2.6　より一般の連立 1 次方程式を考える

連立 1 次方程式を考える際，拡大係数行列に行基本変形をくり返しても，係数行列の部分を単位行列にすることができない場合がある．

導入 例題 2.6

掃き出し法によって，次の連立 1 次方程式を解くことを考える．

$$(A) : \begin{cases} x_1 + 2x_2 + \ \ x_3 = 4 \\ x_1 + 2x_2 + 2x_3 = 5 \\ 2x_1 + 4x_2 + 5x_3 = 11 \end{cases}$$

太郎君は，拡大係数行列の $(1, 1)$ 成分を中心として第 1 列を掃き出したが，

$(2,2)$ 成分も $(3,2)$ 成分も 0 となり，次に第 2 列を掃き出せなくなってしまった．

$$\begin{pmatrix} 1 & 2 & 1 & 4 \\ 1 & 2 & 2 & 5 \\ 2 & 4 & 5 & 11 \end{pmatrix} \xrightarrow[R_3-2R_1]{R_2-R_1} \begin{pmatrix} 1 & 2 & 1 & 4 \\ 0 & 0 & 1 & 1 \\ 0 & 0 & 3 & 3 \end{pmatrix}$$

それを見た次郎君は，「第 2 列はそのままにして，第 3 列に移って，これまでの方法を適用しよう」と言って，$(2,3)$ 成分を中心として第 3 列を掃き出した．

$$\begin{pmatrix} 1 & 2 & 1 & 4 \\ 0 & 0 & 1 & 1 \\ 0 & 0 & 3 & 3 \end{pmatrix} \xrightarrow[R_3-3R_2]{R_1-R_2} \begin{pmatrix} 1 & 2 & 0 & 3 \\ 0 & 0 & 1 & 1 \\ 0 & 0 & 0 & 0 \end{pmatrix}$$

次郎君は，「最後の行列に対応する連立 1 次方程式を見れば，解は簡単に求まるし，行列の第 3 行の成分が 0 であることの意味もわかる」と言った．

(1)　最後の行列に対応する連立 1 次方程式を書き，さらに，最後の行列の第 3 行の成分がすべて 0 であることの意味を説明せよ．

(2)　連立 1 次方程式 (A) の解を求めよ．

【解答】 (1)　対応する連立 1 次方程式は

$$\begin{cases} x_1 + 2x_2 = 3 \\ x_3 = 1 \\ 0 = 0 \end{cases}$$

である．第 3 行に対応する式は「$0 = 0$」である．これは，**3 本の式があっても，実質的には 2 本にまとめられる**ことを意味する．

(2)　x_2 の値は自由に選べる．$x_2 = \alpha$ とすると，$x_1 = 3 - 2\alpha$ となるので

$$x_1 = 3 - 2\alpha, \quad (\alpha \text{ は任意定数})$$
$$x_2 = \alpha,$$
$$x_3 = 1$$

が連立 1 次方程式 (A) の一般解として得られる．■

導入例題 2.6 では，拡大係数行列の第 1 列を掃き出した後の行列が

$$\begin{pmatrix} 1 & * & * & * \\ 0 & 0 & * & * \\ 0 & 0 & * & * \end{pmatrix}$$ $\Leftarrow (2,2)$ **成分も** $(3,2)$ **成分も** 0 **！　「困った…」**

の形になった．こうなると，「第 1 列を変えずに第 2 列を掃き出す」ことができないので，第 2 列をスキップして，第 3 列を掃き出したのである．

$$\begin{pmatrix} 1 & * & 0 & * \\ 0 & 0 & 1 & * \\ 0 & 0 & 0 & * \end{pmatrix}$$ $\Leftarrow$ **方針転換！　第 3 列を掃き出した！**

Point　ある列が掃き出せなかったら，右隣の列に移って，そこを掃き出せ！

基本 例題 2.2

次の連立 1 次方程式を解け．

$$\begin{cases} 2x_1 - 4x_2 + x_3 + \ x_4 = 2 \\ \ x_1 - 2x_2 + x_3 \qquad\ \ = 0 \\ \ x_1 - 2x_2 - x_3 + 2x_4 = 4 \\ 2x_1 - 4x_2 - x_3 + 3x_4 = 6 \end{cases}$$

【解答】　拡大係数行列に次のように行基本変形をほどこす．

$$\begin{pmatrix} 2 & -4 & 1 & 1 & 2 \\ 1 & -2 & 1 & 0 & 0 \\ 1 & -2 & -1 & 2 & 4 \\ 2 & -4 & -1 & 3 & 6 \end{pmatrix} \xrightarrow{R_1 \leftrightarrow R_2} \begin{pmatrix} 1 & -2 & 1 & 0 & 0 \\ 2 & -4 & 1 & 1 & 2 \\ 1 & -2 & -1 & 2 & 4 \\ 2 & -4 & -1 & 3 & 6 \end{pmatrix}$$

$$\xrightarrow[\substack{R_3 - R_1 \\ R_4 - 2R_1}]{R_2 - 2R_1} \begin{pmatrix} 1 & -2 & 1 & 0 & 0 \\ 0 & 0 & -1 & 1 & 2 \\ 0 & 0 & -2 & 2 & 4 \\ 0 & 0 & -3 & 3 & 6 \end{pmatrix}$$ $\Leftarrow$ **第 2 列をとばして第 3 列へ！**

$$\xrightarrow{R_2\times(-1)}\begin{pmatrix}1 & -2 & 1 & 0 & 0\\ 0 & 0 & 1 & -1 & -2\\ 0 & 0 & -2 & 2 & 4\\ 0 & 0 & -3 & 3 & 6\end{pmatrix}\xrightarrow[\substack{R_3+2R_2\\ R_4+3R_2}]{R_1-R_2}\begin{pmatrix}1 & -2 & 0 & 1 & 2\\ 0 & 0 & 1 & -1 & -2\\ 0 & 0 & 0 & 0 & 0\\ 0 & 0 & 0 & 0 & 0\end{pmatrix}.$$

最後に得られた行列に対応する連立1次方程式は

$$\begin{cases}x_1-2x_2+x_4=2\\ x_3-x_4=-2\\ 0=0\\ 0=0\end{cases}$$

⇐ **第3式と第4式は省いてもよい**

である．これより

$$\begin{cases}x_1=2+2x_2-x_4\\ x_3=-2+x_4\end{cases}$$

が得られる．ここで，**拡大係数行列の第1列と第3列を掃き出したことに対応して，x_1 と x_3 を左辺においた**．このとき，x_2, x_4 **がどんな値であっても，それに応じて x_1 と x_3 を定めることができる**ので

$$x_2=\alpha,\quad x_4=\beta\quad(\alpha,\beta\text{ は任意定数})$$

とおけば，$x_1=2+2\alpha-\beta$, $x_3=-2+\beta$ となる．結局，一般解は

$$x_1=2+2\alpha-\beta,\quad x_2=\alpha,\quad x_3=-2+\beta,\quad x_4=\beta\quad(\alpha,\beta\text{ は任意定数})$$

と表すことができる． ■

注意： 一般解を表示する仕方は，もちろんたくさんある．

今度は次の導入例題を考えてみよう．

導入 例題 2.7

連立1次方程式

$$\begin{cases}x_1 \qquad\quad +2x_3+\ x_4=3\\ \qquad\ x_2-\ x_3+\ x_4=-2\\ 3x_1+x_2+5x_3+4x_4=8\end{cases}$$

を解くために，太郎君は，拡大係数行列を次のように変形した．

$$\begin{pmatrix} 1 & 0 & 2 & 1 & 3 \\ 0 & 1 & -1 & 1 & -2 \\ 3 & 1 & 5 & 4 & 8 \end{pmatrix} \xrightarrow{R_3-3R_1} \begin{pmatrix} 1 & 0 & 2 & 1 & 3 \\ 0 & 1 & -1 & 1 & -2 \\ 0 & 1 & -1 & 1 & -1 \end{pmatrix}$$

$$\xrightarrow{R_3-R_2} \begin{pmatrix} 1 & 0 & 2 & 1 & 3 \\ 0 & 1 & -1 & 1 & -2 \\ 0 & 0 & 0 & 0 & 1 \end{pmatrix}$$

しばらく悩んだあと，太郎君はいった．「この方程式は解がない！」

太郎君は，なぜこのように結論づけたのか？

【解答】　変形の最後にあらわれた行列に対応する連立１次方程式は

$$\begin{cases} x_1 + 2x_3 + x_4 = 3 \\ x_2 - x_3 + x_4 = -2 \\ 0 = 1 \end{cases}$$

である．「$0 = 1$」という不合理な式を含むので，x_1 から x_4 がどんな値であっても，この方程式をみたさない．よって，解がない．■

ちょっと寄り道　方程式を「解く」とは，**解の集合を決定する**ことであるので，「解がない」というのも，立派な結論である．

確認　例題 2.9

次の連立１次方程式を解け．

(1) $$\begin{cases} x_1 - x_2 - x_3 + 2x_4 = 3 \\ 2x_1 - 2x_2 - x_3 + 3x_4 = 4 \\ x_1 - x_2 + x_3 + x_4 = 2 \end{cases}$$

(2) $$\begin{cases} x_1 + x_2 - 2x_3 = 3 \\ -x_1 - x_2 + 3x_3 = -4 \\ 2x_1 + 2x_2 - 3x_3 = 7 \end{cases}$$

【解答】 (1)　拡大係数行列に行基本変形をほどこすと

$$\begin{pmatrix} 1 & -1 & -1 & 2 & 3 \\ 2 & -2 & -1 & 3 & 4 \\ 1 & -1 & 1 & 1 & 2 \end{pmatrix} \xrightarrow[R_3-R_1]{R_2-2R_1} \begin{pmatrix} 1 & -1 & -1 & 2 & 3 \\ 0 & 0 & 1 & -1 & -2 \\ 0 & 0 & 2 & -1 & -1 \end{pmatrix}$$

$$\xrightarrow[R_3-2R_2]{R_1+R_2} \begin{pmatrix} 1 & -1 & 0 & 1 & 1 \\ 0 & 0 & 1 & -1 & -2 \\ 0 & 0 & 0 & 1 & 3 \end{pmatrix} \xrightarrow[R_2+R_3]{R_1-R_3} \begin{pmatrix} 1 & -1 & 0 & 0 & -2 \\ 0 & 0 & 1 & 0 & 1 \\ 0 & 0 & 0 & 1 & 3 \end{pmatrix}$$

となる．第1列，第3列，第4列を掃き出しているので，対応する未知数 x_1, x_3, x_4 を左辺に残して，残りを右辺に移項した形の方程式を書けば

$$\begin{cases} x_1 = -2 + x_2 \\ x_3 = 1 \\ x_4 = 3 \end{cases}$$

が得られる．$x_2 = \alpha$ とおくことにより，一般解は

$$x_1 = -2 + \alpha, \quad x_2 = \alpha, \quad x_3 = 1, \quad x_4 = 3 \quad (\alpha \text{ は任意定数}).$$

(2)　拡大係数行列に次のような行基本変形をほどこす．

$$\begin{pmatrix} 1 & 1 & -2 & 3 \\ -1 & -1 & 3 & -4 \\ 2 & 2 & -3 & 7 \end{pmatrix} \xrightarrow[R_3-2R_1]{R_2+R_1} \begin{pmatrix} 1 & 1 & -2 & 3 \\ 0 & 0 & 1 & -1 \\ 0 & 0 & 1 & 1 \end{pmatrix}$$

$$\xrightarrow[R_3-R_2]{R_1+2R_2} \begin{pmatrix} 1 & 1 & 0 & 1 \\ 0 & 0 & 1 & -1 \\ 0 & 0 & 0 & 2 \end{pmatrix}$$

第3行に対応する式は「$0 = 2$」．この方程式には**解がない**． ■

問 2.8　次の連立1次方程式を解け．

(1) $$\begin{cases} x_1 - 2x_2 + 2x_3 \phantom{{}+x_4} + 2x_5 = 4 \\ 2x_1 - 4x_2 + 4x_3 + x_4 + 6x_5 = 6 \end{cases}$$

(2) $$\begin{cases} x_1 + x_2 \phantom{{}-2x_3} = 3 \\ 2x_1 + 3x_2 - x_3 = 7 \\ -x_1 + x_2 - 2x_3 = 1 \end{cases}$$

第 2 章　演習問題

2.1　行列 $A = \begin{pmatrix} a_{11} & a_{12} & a_{13} & a_{14} \\ a_{21} & a_{22} & a_{23} & a_{24} \\ a_{31} & a_{32} & a_{33} & a_{34} \end{pmatrix}$ に次の行列を左からかけると，得られる行列は，A にある行基本変形をほどしたものと一致する．どのような行基本変形であるのか答えよ．

(1)　$P = \begin{pmatrix} 0 & 1 & 0 \\ 1 & 0 & 0 \\ 0 & 0 & 1 \end{pmatrix}$　　(2)　$Q = \begin{pmatrix} c & 0 & 0 \\ 0 & 1 & 0 \\ 0 & 0 & 1 \end{pmatrix}$　($c \neq 0$)

(3)　$R = \begin{pmatrix} 1 & 0 & 0 \\ 0 & 1 & 0 \\ c & 0 & 1 \end{pmatrix}$　(c は定数)

2.2　次の行列の逆行列を求めよ（c は定数）．

(1)　$\begin{pmatrix} 1 & c & 0 \\ 0 & 1 & c \\ 0 & 0 & 1 \end{pmatrix}$　　(2)　$\begin{pmatrix} 1 & c & 0 & 0 \\ 0 & 1 & c & 0 \\ 0 & 0 & 1 & c \\ 0 & 0 & 0 & 1 \end{pmatrix}$

2.3　x_1, x_2, x_3, x_4 を未知数とする連立 1 次方程式

$$\begin{cases} x_1 - x_2 + x_3 + 2x_4 = 5 \\ 2x_1 - x_2 - x_3 + 3x_4 = 9 \\ x_1 \qquad\quad - 2x_3 + 2x_4 = 7 \\ -x_1 + 3x_2 - 7x_3 - 3x_4 = a \end{cases}$$

が解を持つように a を定め，そのときの解を求めよ．

2.4　$34p + 15q = 1$ をみたす整数 p, q の例を 1 組求めるために，太郎君は次のような行列の基本変形をおこなった．

$$\begin{pmatrix} 1 & 0 & 34 \\ 0 & 1 & 15 \end{pmatrix} \xrightarrow{R_1 - 2R_2} \begin{pmatrix} 1 & -2 & 4 \\ 0 & 1 & 15 \end{pmatrix} \xrightarrow{R_2 - 3R_1} \begin{pmatrix} 1 & -2 & 4 \\ -3 & 7 & 3 \end{pmatrix}$$

$$\xrightarrow{R_1 - R_2} \begin{pmatrix} 4 & -9 & 1 \\ -3 & 7 & 3 \end{pmatrix}.$$

最後に得られた行列の第 1 行に着目して，太郎君は $p = 4$, $q = -9$ が 1 つの例であると結論づけた．実際，$34 \times 4 + 15 \times (-9) = 1$ である．太郎君はどのような根拠でこのような結論を出したのか，説明せよ．

第3章 空間の次元と行列の階数

次元とは何だろう？　素朴に考えれば，直線は1次元，平面は2次元であると考えられる．ここでは，「まっすぐな図形」の「次元」について，行列や連立1次方程式と関連づけて考えてみたい．

3.1 次元について素朴に考える

導入 例題 3.1

xyz 空間において，$z=0$ で定義される平面を V とする．「V は何次元か？」という漠然とした問いに対して，太郎君は次のように考えた．

【太郎君の考察】「平面 V 上に3点 $\mathrm{O}=(0,0,0)$, $\mathrm{A}=(1,0,0)$, $\mathrm{B}=(0,1,0)$ をとる．このとき，$\overrightarrow{\mathrm{OA}}$ と $\overrightarrow{\mathrm{OB}}$ とは別の方向を向いている．また，平面 V 上の任意の点 P の座標は $(p,q,0)$ という形に表されるので

$$\overrightarrow{\mathrm{OP}}=p\overrightarrow{\mathrm{OA}}+q\overrightarrow{\mathrm{OB}}$$

をみたす．V 上の任意の点 P に対して，ベクトル $\overrightarrow{\mathrm{OP}}$ が2つのベクトル $\overrightarrow{\mathrm{OA}}$ と $\overrightarrow{\mathrm{OB}}$ をもとにして作られる．だから V は2次元である．」

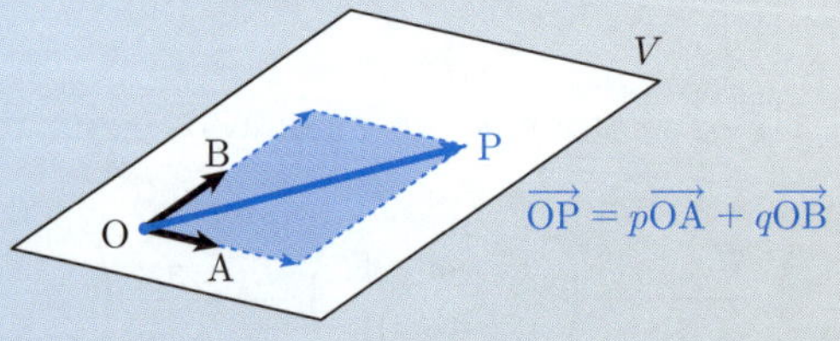

太郎君の考察の問題点を指摘せよ．

【解答】 問題点その1：**「$\overrightarrow{\mathrm{OP}}$ が $\overrightarrow{\mathrm{OA}}$ と $\overrightarrow{\mathrm{OB}}$ をもとにして作られる」ということの意味**がはっきりしない．

問題点その2：**「$\overrightarrow{\mathrm{OA}}$ と $\overrightarrow{\mathrm{OB}}$ が別の方向を向く」ことの意味**がはっきりしな

い．たとえば，V 上にさらに点 $\mathrm{C} = (-1, -1, 0)$ をとると，$\overrightarrow{\mathrm{OA}}, \overrightarrow{\mathrm{OB}}, \overrightarrow{\mathrm{OC}}$ は「別の方向を向いている」が，V が 3 次元であるとはいえない． ■

導入 例題 3.2

xyz 空間において，次の式で定義される図形を V' とする．

$$\begin{cases} x + 2y + z = 0, \\ 2x + 5y + z = 0. \end{cases}$$

V' の次元について，次郎君は次のように考えた．

【次郎君の考察】「上の式を連立 1 次方程式とみると，V' は解の集合であるが，一般解が任意定数を 1 つ含むので，V' は 1 次元である．」

(1) 実際に上の連立 1 次方程式を解け．

(2) 次郎君の考察の問題点を指摘せよ．

【解答】 (1) 拡大係数行列に次のような行基本変形をほどこす．

$$\begin{pmatrix} 1 & 2 & 1 & 0 \\ 2 & 5 & 1 & 0 \end{pmatrix} \xrightarrow{R_2 - 2R_1} \begin{pmatrix} 1 & 2 & 1 & 0 \\ 0 & 1 & -1 & 0 \end{pmatrix} \xrightarrow{R_1 - 2R_2} \begin{pmatrix} 1 & 0 & 3 & 0 \\ 0 & 1 & -1 & 0 \end{pmatrix}.$$

一般解は $x = -3\alpha$, $y = \alpha$, $z = \alpha$（α は任意定数）．

(2) 連立 1 次方程式の一般解の表し方は 1 通りではないので，「任意定数の個数」の意味がはっきりしない． ■

3.2 $\mathbb{R}^n$ の線形部分空間

導入例題 3.1 や導入例題 3.2 での問題点を少しずつクリアしていこう．

空間や平面内の点 P に対して，原点 O を始点とし，P を終点とするベクトル $\overrightarrow{\mathrm{OP}}$ を対応させると，点とベクトルとが 1 対 1 に対応する．

一般に，n 次元ベクトル全体の集合を $\mathbb{R}^n$ と表す．上に述べたように，それは「点」の集まり，すなわち空間であると考えられる．このとき，$\mathbb{R}^n$ の部分集合は，空間内の図形とみなせる．

ちょっと寄り道 集合 $\mathbb{R}^n$ を「空間」とよぶことに抵抗があるかもしれないが，ここで「空間」という言葉を使うのは，「**なんとなく幾何学的に考えてみたい」という気分の表れである**と，気楽に考えていただきたい．

さて，導入例題 3.1 の V は**原点を通る平面**であった．また，導入例題 3.2 の V' は**原点を通る直線**である．実際，V' は

$$\begin{pmatrix} x \\ y \\ z \end{pmatrix} = t \begin{pmatrix} -3 \\ 1 \\ 1 \end{pmatrix} \quad (t\text{ は媒介変数（パラメータ）})$$

と表される（任意定数 α を t と書き直して，直線のパラメータとみなした）．よって，V も V' も**原点を通るまっすぐな図形**である．

また，上の V, V' は，どちらも $A\boldsymbol{x} = \boldsymbol{0}$ **（A は行列）という形の式で定まる図形**である．実際，それぞれの定義式は

$$\begin{pmatrix} 0 & 0 & 1 \end{pmatrix} \begin{pmatrix} x \\ y \\ z \end{pmatrix} = 0 \quad (\Leftrightarrow \quad z = 0), \qquad \begin{pmatrix} 1 & 2 & 1 \\ 2 & 5 & 1 \end{pmatrix} \begin{pmatrix} x \\ y \\ z \end{pmatrix} = \begin{pmatrix} 0 \\ 0 \end{pmatrix}$$

と書き直せる（各自確かめよ）．ここで，$\begin{pmatrix} 0 & 0 & 1 \end{pmatrix}$ は $(1,3)$ 型行列とみる．

一般に，(m,n) 型行列 A に対して，次のような**集合** V を考えよう：

$$V = \{\, \boldsymbol{x} \in \mathbb{R}^n \mid A\boldsymbol{x} = \boldsymbol{0} \,\}. \tag{3.1}$$

注意：集合を表すには，中カッコの中を区切り，**左側に集合の元（要素）の候補**を書き，**右側にその元がその集合に属する条件**を書く．式 (3.1) は，A をかけたら $\boldsymbol{0}$ になるような n 次元ベクトルの集合を表す．

導入 例題 3.3

式 (3.1) の集合 V は，次の 3 つの性質をみたすことを示せ．

(1) $\boldsymbol{0} \in V$.

(2) $\boldsymbol{x}, \boldsymbol{y} \in V$ ならば，$\boldsymbol{x} + \boldsymbol{y} \in V$ である．

(3) c を実数とし，$\boldsymbol{x} \in V$ とするとき，$c\boldsymbol{x} \in V$ である．

【解答】 (1) $A \cdot \boldsymbol{0} = \boldsymbol{0}$ より，$\boldsymbol{0} \in V$ である．

(2) $\boldsymbol{x}, \boldsymbol{y} \in V$ とすると，$A\boldsymbol{x} = \boldsymbol{0}$, $A\boldsymbol{y} = \boldsymbol{0}$ である．このとき

$$A(\boldsymbol{x} + \boldsymbol{y}) = A\boldsymbol{x} + A\boldsymbol{y} = \boldsymbol{0} + \boldsymbol{0} = \boldsymbol{0}$$

が成り立つ．$A(\boldsymbol{x} + \boldsymbol{y}) = \boldsymbol{0}$ であるので，$\boldsymbol{x} + \boldsymbol{y} \in V$ が示される．

(3) c を実数とし，$\boldsymbol{x} \in V$ とすると，$A\boldsymbol{x} = \boldsymbol{0}$ である．このとき

$$A(c\boldsymbol{x}) = cA\boldsymbol{x} = c \cdot \boldsymbol{0} = \boldsymbol{0}$$

であるので，$c\boldsymbol{x} \in V$ が示される． ■

ここで，次のような定義をしよう．

定義 3.1 $\mathbb{R}^n$ の部分集合 V が次の 3 つの条件すべてをみたすとき，V は $\mathbb{R}^n$ の**線形部分空間**（**部分ベクトル空間**）であるという．

(1) $\boldsymbol{0} \in V$.

(2) $\boldsymbol{x}, \boldsymbol{y} \in V$ ならば，$\boldsymbol{x} + \boldsymbol{y} \in V$ である．

(3) c を実数とし，$\boldsymbol{x} \in V$ とするとき，$c\boldsymbol{x} \in V$ である．

注意： 上の条件 (2), (3) は，V が 2 種類の演算（加法とスカラー乗法）に関して**閉じている**ことを表す．

確認 例題 3.1

次の集合が $\mathbb{R}^2$ の線形部分空間かどうか判定せよ．

(1) $V_1 = \left\{ \begin{pmatrix} x_1 \\ x_2 \end{pmatrix} \in \mathbb{R}^2 \,\middle|\, x_1 = 1 \right\}$.

(2) $V_2 = \left\{ \begin{pmatrix} x_1 \\ x_2 \end{pmatrix} \in \mathbb{R}^2 \,\middle|\, x_1 = 3x_2 \right\}$.

(3) $V_3 = \left\{ \begin{pmatrix} x_1 \\ x_2 \end{pmatrix} \in \mathbb{R}^2 \,\middle|\, x_2 = (x_1)^2 \right\}$.

【解答】 (1) $\boldsymbol{0} \notin V_1$ であるので，V_1 は $\mathbb{R}^2$ の**線形部分空間ではない**．

(2) V_2 は $\mathbb{R}^2$ の**線形部分空間である**．実際，$\boldsymbol{0} \in V_2$ である．

また，$\boldsymbol{x} = \begin{pmatrix} x_1 \\ x_2 \end{pmatrix}$, $\boldsymbol{y} = \begin{pmatrix} y_1 \\ y_2 \end{pmatrix} \in V_2$ とすると，$x_1 = 3x_2$, $y_1 = 3y_2$ が

成り立つ．そこで，$\boldsymbol{x}+\boldsymbol{y}=\begin{pmatrix} x_1+y_1 \\ x_2+y_2 \end{pmatrix}$ を考えると

$$x_1+y_1=3x_2+3y_2=3(x_2+y_2)$$

が成り立つので，$\boldsymbol{x}+\boldsymbol{y}\in V_2$ である．

さらに，c を実数とすると，$c\boldsymbol{x}=\begin{pmatrix} cx_1 \\ cx_2 \end{pmatrix}$ であるが

$$cx_1=c(3x_2)=3(cx_2)$$

が成り立つので，$c\boldsymbol{x}\in V_2$ である．

(3)　V_3 は $\mathbb{R}^2$ の**線形部分空間ではない**．実際，$\boldsymbol{x}=\begin{pmatrix} 1 \\ 1 \end{pmatrix}$ とすると，$\boldsymbol{x}\in V_3$ であるが，$2\boldsymbol{x}\notin V_3$ である．

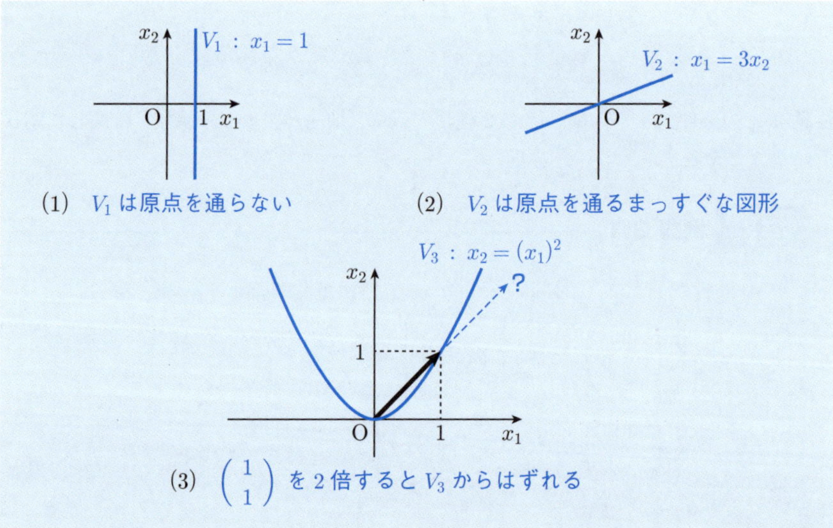

■

$\mathbb{R}^n$ の線形部分空間が「原点を通るまっすぐな図形」であるというイメージが湧いてきただろうか？　たとえば，確認例題 3.1 (3) の V_3 のような「曲がった図形」は $\mathbb{R}^n$ の線形部分空間でない．一方，原点を通る平面などは，定義 3.1 の条件をみたす．

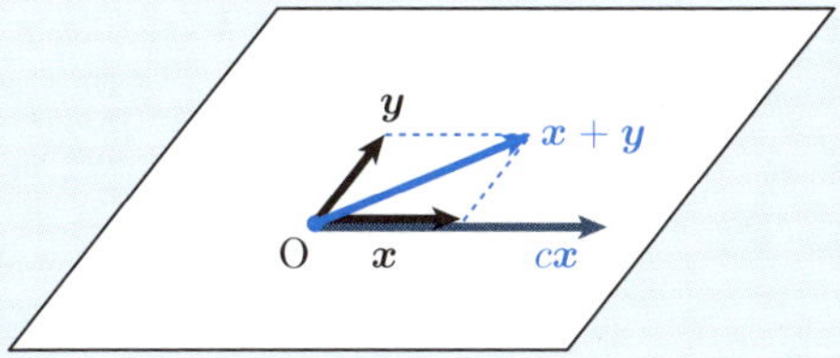

原点を通る平面

導入例題 3.3 により，式 (3.1) で定まる集合 V は $\mathbb{R}^n$ の線形部分空間である．実は，**$\mathbb{R}^n$ の線形部分空間は必ず式 (3.1) の形に表せる**ことが知られている．

問 3.1　確認例題 3.1 (2) の V_2 は，ある行列 A を用いて

$$V_2 = \{\, \boldsymbol{x} \in \mathbb{R}^2 \mid A\boldsymbol{x} = \boldsymbol{0} \,\}$$

と表される．行列 A として，どのようなものを選べばよいか．

Point

- $\mathbb{R}^n$ の線形部分空間とよばれるものを定義した．
- $\mathbb{R}^n$ の線形部分空間は，加法とスカラー乗法に関して閉じている．
- イメージとしては，それは「原点を通るまっすぐな図形」である．
- 実際には，$\mathbb{R}^n$ の線形部分空間は $\{\, \boldsymbol{x} \in \mathbb{R}^n \mid A\boldsymbol{x} = \boldsymbol{0} \,\}$ という形に表せる．

3.3　線形結合（1 次結合）

導入例題 3.1 の解答で指摘した「問題点その 1」について考えよう．

定義 3.2　$\boldsymbol{x}_1, \boldsymbol{x}_2, \ldots, \boldsymbol{x}_k$ は n 次元ベクトルとする．

$$c_1\boldsymbol{x}_1 + c_2\boldsymbol{x}_2 + \cdots + c_k\boldsymbol{x}_k \quad (c_1, c_2, \ldots, c_k \text{ は実数})$$

という形のベクトルを，$\boldsymbol{x}_1, \boldsymbol{x}_2, \ldots, \boldsymbol{x}_k$ の**線形結合**，あるいは **1 次結合**とよぶ．

ちょっと寄り道　「線形○○」と「1次○○」は同じ意味であることが多い．「線形」は，「まっすぐな」という意味である．たとえば，$\mathbb{R}^n$ の線形部分空間は，図形としては「まっすぐ」であり，その定義式は1次式である．

$c_1\boldsymbol{x}_1 + \cdots + c_k\boldsymbol{x}_k$ は，形式的には $\boldsymbol{x}_1, \ldots, \boldsymbol{x}_k$ の1次式であるので，「1次結合」とよばれ，また，「線形結合」ともよばれるのである．

確認 例題 3.2

$$\boldsymbol{x}_1 = \begin{pmatrix} 2 \\ 1 \\ 3 \end{pmatrix}, \quad \boldsymbol{x}_2 = \begin{pmatrix} 0 \\ 1 \\ 1 \end{pmatrix}$$

とする．次のベクトルが $\boldsymbol{x}_1$ と $\boldsymbol{x}_2$ の線形結合として表すことができるかどうかを判定せよ．

(1)　$\boldsymbol{a} = \begin{pmatrix} 4 \\ -4 \\ 0 \end{pmatrix}$　　(2)　$\boldsymbol{b} = \begin{pmatrix} 1 \\ 1 \\ 3 \end{pmatrix}$

【解答】　(1)　$\begin{pmatrix} 4 \\ -4 \\ 0 \end{pmatrix} = \alpha \begin{pmatrix} 2 \\ 1 \\ 3 \end{pmatrix} + \beta \begin{pmatrix} 0 \\ 1 \\ 1 \end{pmatrix}$

をみたす α, β があるかどうかを考える．この式を書き直すと

$$2\alpha = 4, \quad \alpha + \beta = -4, \quad 3\alpha + \beta = 0$$

となるが，$\alpha = 2, \beta = -6$ とすればこの3つの式が成り立つので

$$\boldsymbol{a} = 2\boldsymbol{x}_1 - 6\boldsymbol{x}_2$$

が成り立ち，**$\boldsymbol{a}$ は $\boldsymbol{x}_1$ と $\boldsymbol{x}_2$ の線形結合として表される．**

(2)　実数 α, β が

$$\begin{pmatrix} 1 \\ 1 \\ 3 \end{pmatrix} = \alpha \begin{pmatrix} 2 \\ 1 \\ 3 \end{pmatrix} + \beta \begin{pmatrix} 0 \\ 1 \\ 1 \end{pmatrix}$$

をみたすとすると

$$\begin{aligned}2\alpha &= 1,\\ \alpha+\beta &= 1,\\ 3\alpha+\beta &= 3\end{aligned}$$

となる．第 1 式より $\alpha=\dfrac{1}{2}$ が得られ，これを第 2 式に代入すれば $\beta=\dfrac{1}{2}$ が得られる．これらの値を第 3 式に代入すると

$$3\times\frac{1}{2}+\frac{1}{2}=2\neq 3$$

となり，第 3 式が成立しないので，$\boldsymbol{b}=\alpha\boldsymbol{x}_1+\beta\boldsymbol{x}_2$ をみたす α,β は存在せず，**$\boldsymbol{b}$ を $\boldsymbol{x}_1$ と $\boldsymbol{x}_2$ の線形結合として表すことはできない**．■

問 3.2　$\boldsymbol{x}_1=\begin{pmatrix}2\\1\end{pmatrix},\ \boldsymbol{x}_2=\begin{pmatrix}1\\1\end{pmatrix},\ \boldsymbol{x}_3=\begin{pmatrix}1\\2\end{pmatrix},\ \boldsymbol{a}=\begin{pmatrix}1\\0\end{pmatrix}$
とする．$\boldsymbol{a}$ は $\boldsymbol{x}_1,\boldsymbol{x}_2,\boldsymbol{x}_3$ の線形結合として表されることを示し，さらにその表し方は 1 通りでないことを示せ．

導入例題 3.1 において，「**$\overrightarrow{\mathrm{OP}}$ が $\overrightarrow{\mathrm{OA}}$ と $\overrightarrow{\mathrm{OB}}$ をもとにして作られる**」ということの意味を問題にしたが，それは，「**$\overrightarrow{\mathrm{OP}}$ が $\overrightarrow{\mathrm{OA}}$ と $\overrightarrow{\mathrm{OB}}$ の線形結合（1 次結合）として表される**」といいかえれば，はっきりする．

基本 例題 3.1

ベクトル $\boldsymbol{z}$ はベクトル $\boldsymbol{y}_1,\boldsymbol{y}_2$ の線形結合として表され，$\boldsymbol{y}_1$ と $\boldsymbol{y}_2$ はベクトル $\boldsymbol{x}_1,\boldsymbol{x}_2$ の線形結合として表されるとする．このとき，$\boldsymbol{z}$ は $\boldsymbol{x}_1,\boldsymbol{x}_2$ の線形結合として表されることを示せ．

【解答】　仮定より

$$\begin{cases}\boldsymbol{z}\ =p\boldsymbol{y}_1+q\boldsymbol{y}_2 & \cdots(1)\\ \boldsymbol{y}_1=a\boldsymbol{x}_1+b\boldsymbol{x}_2 & \cdots(2)\\ \boldsymbol{y}_2=c\boldsymbol{x}_1+d\boldsymbol{x}_2 & \cdots(3)\end{cases}$$

(p,q,a,b,c,d は実数）と表される．式 (2), (3) を (1) に代入すれば

$$\begin{aligned}\boldsymbol{z}&=p(a\boldsymbol{x}_1+b\boldsymbol{x}_2)+q(c\boldsymbol{x}_1+d\boldsymbol{x}_2)\\ &=(pa+qc)\boldsymbol{x}_1+(pb+qd)\boldsymbol{x}_2\end{aligned}$$

となり，$\boldsymbol{z}$ は $\boldsymbol{x}_1,\boldsymbol{x}_2$ の線形結合として表された．■

3.4 空間を生成する（張る）ベクトル

導入 例題 3.4

$$e_1 = \begin{pmatrix} 1 \\ 0 \\ 0 \end{pmatrix}, e_2 = \begin{pmatrix} 0 \\ 1 \\ 0 \end{pmatrix}, e_3 = \begin{pmatrix} 0 \\ 0 \\ 1 \end{pmatrix}$$ とする．

(1) 任意の3次元ベクトル

$$\boldsymbol{x} = \begin{pmatrix} x_1 \\ x_2 \\ x_3 \end{pmatrix}$$

は $\boldsymbol{e}_1, \boldsymbol{e}_2, \boldsymbol{e}_3$ の線形結合として表されることを示せ．

(2) $\boldsymbol{x}$ が $\boldsymbol{e}_1, \boldsymbol{e}_2$ の線形結合として表されるための条件は何か．

【解答】 (1) 次の式より，$\boldsymbol{x}$ は $\boldsymbol{e}_1, \boldsymbol{e}_2, \boldsymbol{e}_3$ の線形結合として表される．

$$\begin{aligned} \begin{pmatrix} x_1 \\ x_2 \\ x_3 \end{pmatrix} &= x_1 \begin{pmatrix} 1 \\ 0 \\ 0 \end{pmatrix} + x_2 \begin{pmatrix} 0 \\ 1 \\ 0 \end{pmatrix} + x_3 \begin{pmatrix} 0 \\ 0 \\ 1 \end{pmatrix} \\ &= x_1\boldsymbol{e}_1 + x_2\boldsymbol{e}_2 + x_3\boldsymbol{e}_3. \end{aligned}$$

(2) $\alpha\boldsymbol{e}_1 + \beta\boldsymbol{e}_2 = \begin{pmatrix} \alpha \\ \beta \\ 0 \end{pmatrix}$ であるので，$\boldsymbol{x} = \begin{pmatrix} x_1 \\ x_2 \\ x_3 \end{pmatrix}$ が $\boldsymbol{e}_1, \boldsymbol{e}_2$ の線形結合として表されるため条件は「$x_3 = 0$」となることである． ■

導入例題 3.4 によれば，$\mathbb{R}^3$ の任意のベクトルは，$\boldsymbol{e}_1, \boldsymbol{e}_2, \boldsymbol{e}_3$ の線形結合として表される．しかし，$\boldsymbol{e}_1, \boldsymbol{e}_2$ の線形結合としては表せないものもある．

$$V = \left\{ \begin{pmatrix} x_1 \\ x_2 \\ x_3 \end{pmatrix} \in \mathbb{R}^3 \;\middle|\; x_3 = 0 \right\} \tag{3.2}$$

とおくと，V は $\mathbb{R}^3$ の線形部分空間であり（各自確認せよ），V の任意のベクトルは $\boldsymbol{e}_1, \boldsymbol{e}_2$ の線形結合として表される．

定義 3.3 V は $\mathbb{R}^n$ の線形部分空間とし，$\boldsymbol{a}_1, \boldsymbol{a}_2, \ldots, \boldsymbol{a}_k \in V$ とする．V の任意のベクトルが $\boldsymbol{a}_1, \boldsymbol{a}_2, \ldots, \boldsymbol{a}_k$ の線形結合として表されるとき，V は $\boldsymbol{a}_1, \boldsymbol{a}_2, \ldots, \boldsymbol{a}_k$ で**生成される**（**張られる**）という．また，$\boldsymbol{a}_1, \boldsymbol{a}_2, \ldots, \boldsymbol{a}_k$ が V を**生成する**（**張る**）ともいう．

この定義を用いると，$\mathbb{R}^3$ は $\boldsymbol{e}_1, \boldsymbol{e}_2, \boldsymbol{e}_3$ で生成される（張られる）が，$\boldsymbol{e}_1, \boldsymbol{e}_2$ では生成されない（張られない）．さらに，式 (3.2) の V は $\boldsymbol{e}_1, \boldsymbol{e}_2$ で生成される（張られる），ということになる．

ちょっと寄り道 V がいくつかのベクトルで「生成される」というのは，それらのベクトルによって V が「生み出される」イメージである．

一方，下の図では，2 個のベクトルによって平面 V が「張られて」いるが，それはちょうど，骨組みの間にテントの布が「張られる」ような感じである．

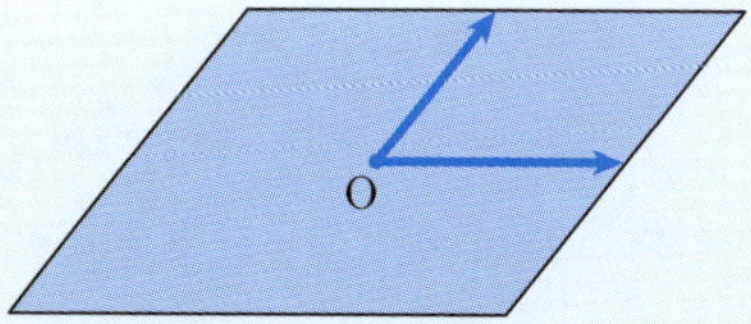

平面 V は 2 個のベクトルで張られる

次に，$\mathbb{R}^n$ の線形部分空間 $V = \{ \boldsymbol{x} \in \mathbb{R}^n \mid A\boldsymbol{x} = \boldsymbol{0} \}$ を生成する（張る）ベクトルを見つける方法を，次の基本例題によって会得しよう．

基本 例題 3.2

$$A = \begin{pmatrix} 1 & 0 & -2 & 1 \\ -1 & 1 & -1 & -2 \\ 3 & -1 & -3 & 4 \end{pmatrix}$$

とする．$\mathbb{R}^4$ の線形部分空間 $V = \{ \boldsymbol{x} \in \mathbb{R}^4 \mid A\boldsymbol{x} = \boldsymbol{0} \}$ を生成するベクトルの組を 1 組求めよ．

【解答】

$$\boldsymbol{x} = \begin{pmatrix} x_1 \\ x_2 \\ x_3 \\ x_4 \end{pmatrix}$$

に関する連立1次方程式 $A\boldsymbol{x} = \boldsymbol{0}$ を解く．拡大基本行列の変形を行うと

$$\begin{pmatrix} 1 & 0 & -2 & 1 & 0 \\ -1 & 1 & -1 & -2 & 0 \\ 3 & -1 & -3 & 4 & 0 \end{pmatrix} \xrightarrow[R_3-3R_1]{R_2+R_1} \begin{pmatrix} 1 & 0 & -2 & 1 & 0 \\ 0 & 1 & -3 & -1 & 0 \\ 0 & -1 & 3 & 1 & 0 \end{pmatrix}$$

$$\xrightarrow{R_3+R_2} \begin{pmatrix} 1 & 0 & -2 & 1 & 0 \\ 0 & 1 & -3 & -1 & 0 \\ 0 & 0 & 0 & 0 & 0 \end{pmatrix}$$

となるので，連立1次方程式 $A\boldsymbol{x} = \boldsymbol{0}$ は

$$\begin{cases} x_1 - 2x_3 + x_4 = 0 \\ x_2 - 3x_3 - x_4 = 0 \end{cases}$$

と同値である．ここで，α, β を任意定数として $x_3 = \alpha,\ x_4 = \beta$ とおけば

$$x_1 = 2\alpha - \beta, \quad x_2 = 3\alpha + \beta, \quad x_3 = \alpha, \quad x_4 = \beta$$

が得られ，これがこの方程式の一般解となる．書き直せば

$$\begin{pmatrix} x_1 \\ x_2 \\ x_3 \\ x_4 \end{pmatrix} = \begin{pmatrix} 2\alpha - \beta \\ 3\alpha + \beta \\ \alpha \\ \beta \end{pmatrix} = \alpha \begin{pmatrix} 2 \\ 3 \\ 1 \\ 0 \end{pmatrix} + \beta \begin{pmatrix} -1 \\ 1 \\ 0 \\ 1 \end{pmatrix}$$

となる．ここで

$$\boldsymbol{a}_1 = \begin{pmatrix} 2 \\ 3 \\ 1 \\ 0 \end{pmatrix}, \quad \boldsymbol{a}_2 = \begin{pmatrix} -1 \\ 1 \\ 0 \\ 1 \end{pmatrix}$$

とおくと，方程式 $A\boldsymbol{x} = \boldsymbol{0}$ の解はすべて $\boldsymbol{a}_1$ と $\boldsymbol{a}_2$ の線形結合であるが，**V は方程式 $A\boldsymbol{x} = \boldsymbol{0}$ の解全体の集合にほかならない**ので，V の任意のベクトルは $\boldsymbol{a}_1$ と $\boldsymbol{a}_2$ の線形結合である．よって，$\boldsymbol{a}_1, \boldsymbol{a}_2$ は V を生成する．■

定数項のない連立 1 次方程式 $A\boldsymbol{x}=\boldsymbol{0}$ を**斉次連立 1 次方程式**（せいじ）とよぶ．この場合，係数行列は A であることに注意しよう．

上の基本例題 3.2 では，斉次連立 1 次方程式 $A\boldsymbol{x}=\boldsymbol{0}$ を解くのに，拡大係数行列の変形を考えたが，実は，定数項がすべて 0 であるので，その部分は省いてよい．したがって，次のように，**係数行列 A の変形を考えればよい**．

$$\begin{pmatrix} 1 & 0 & -2 & 1 \\ -1 & 1 & -1 & -2 \\ 3 & -1 & -3 & 4 \end{pmatrix} \xrightarrow[R_3-3R_1]{R_2+R_1} \begin{pmatrix} 1 & 0 & -2 & 1 \\ 0 & 1 & -3 & -1 \\ 0 & -1 & 3 & 1 \end{pmatrix}$$

$$\xrightarrow{R_3+R_2} \begin{pmatrix} 1 & 0 & -2 & 1 \\ 0 & 1 & -3 & -1 \\ 0 & 0 & 0 & 0 \end{pmatrix}.$$

Point

- $\mathbb{R}^n$ の線形部分空間

$$V=\{\boldsymbol{x}\in\mathbb{R}^n \mid A\boldsymbol{x}=\boldsymbol{0}\}$$

は，斉次連立 1 次方程式 $A\boldsymbol{x}=\boldsymbol{0}$ の解全体の集合とみることができる．
- 任意定数を用いて $A\boldsymbol{x}=\boldsymbol{0}$ の一般解を表すことにより，V を生成する（張る）ベクトルの組を求めることができる．
- 方程式 $A\boldsymbol{x}=\boldsymbol{0}$ を解くには，係数行列 A の変形を考えればよい．

確認 例題 3.3

$$V=\{\boldsymbol{x}\in\mathbb{R}^3 \mid A\boldsymbol{x}=\boldsymbol{0}\}$$

を生成するベクトルの組を 1 組求めよ．ただし

$$A=\begin{pmatrix} 1 & -1 & 2 \\ -1 & 1 & -1 \\ 1 & -1 & 3 \end{pmatrix}$$

【解答】 斉次連立 1 次方程式 $A\boldsymbol{x}=\boldsymbol{0}$ の係数行列 A を変形すると

$$\begin{pmatrix} 1 & -1 & 2 \\ -1 & 1 & -1 \\ 1 & -1 & 3 \end{pmatrix} \xrightarrow[R_3-R_1]{R_2+R_1} \begin{pmatrix} 1 & -1 & 2 \\ 0 & 0 & 1 \\ 0 & 0 & 1 \end{pmatrix} \xrightarrow[R_3-R_2]{R_1-2R_2} \begin{pmatrix} 1 & -1 & 0 \\ 0 & 0 & 1 \\ 0 & 0 & 0 \end{pmatrix}$$

となるので，$A\boldsymbol{x} = \boldsymbol{0}$ は

$$\begin{cases} x_1 - x_2 = 0 \\ x_3 = 0 \end{cases}$$

と同値である．そこで，$x_2 = \alpha$（任意定数）とおくことにより，一般解は

$$\boldsymbol{x} = \begin{pmatrix} \alpha \\ \alpha \\ 0 \end{pmatrix} = \alpha \begin{pmatrix} 1 \\ 1 \\ 0 \end{pmatrix}$$

で与えられる．よって，1個のベクトル $\begin{pmatrix} 1 \\ 1 \\ 0 \end{pmatrix}$ が V を生成する． ■

問 3.3
$$V = \left\{ \begin{pmatrix} x_1 \\ x_2 \\ x_3 \end{pmatrix} \middle| \; x_1 + 2x_2 - 3x_3 = 0 \right\}$$
を生成するベクトルの組を1組求めよ．

3.5 線形独立（1次独立），線形従属（1次従属）

導入 例題 3.5

(1) n 次元ベクトル $\boldsymbol{x}, \boldsymbol{a}, \boldsymbol{b}, \boldsymbol{c}$ は次の2つの条件（ア），（イ）をみたすとする．

（ア） $\boldsymbol{x}$ は $\boldsymbol{a}, \boldsymbol{b}, \boldsymbol{c}$ の線形結合として表される．

（イ） $\boldsymbol{c}$ は $\boldsymbol{a}, \boldsymbol{b}$ の線形結合として表される．

このとき，$\boldsymbol{x}$ は $\boldsymbol{a}, \boldsymbol{b}$ の線形結合として表されることを示せ．

(2) $\mathbb{R}^n$ の線形部分空間 V は3つのベクトル $\boldsymbol{a}, \boldsymbol{b}, \boldsymbol{c}$ で生成され，さらに $\boldsymbol{c}$ は $\boldsymbol{a}, \boldsymbol{b}$ の線形結合として表されるとする．このとき，V は2つのベクトル $\boldsymbol{a}, \boldsymbol{b}$ で生成されることを示せ．

【解答】　(1)　条件（ア），（イ）より

$$\boldsymbol{x} = \alpha\boldsymbol{a} + \beta\boldsymbol{b} + \gamma\boldsymbol{c} \quad (\alpha,\ \beta,\ \gamma \text{ は実数}) \tag{3.3}$$

$$\boldsymbol{c} = p\boldsymbol{a} + q\boldsymbol{b} \quad (p,\ q \text{ は実数}) \tag{3.4}$$

と表される．式 (3.4) を式 (3.3) に代入すれば

$$\begin{aligned}\boldsymbol{x} &= \alpha\boldsymbol{a} + \beta\boldsymbol{b} + \gamma(p\boldsymbol{a} + q\boldsymbol{b}) \\ &= (\alpha + \gamma p)\boldsymbol{a} + (\beta + \gamma q)\boldsymbol{b}\end{aligned}$$

となるので，$\boldsymbol{x}$ は $\boldsymbol{a}, \boldsymbol{b}$ の線形結合として表される．

(2)　V の任意のベクトル $\boldsymbol{x}$ は $\boldsymbol{a}, \boldsymbol{b}, \boldsymbol{c}$ の線形結合として表される．$\boldsymbol{c}$ が $\boldsymbol{a}, \boldsymbol{b}$ の線形結合として表されるので，小問 (1) より，$\boldsymbol{x}$ は $\boldsymbol{a}, \boldsymbol{b}$ の線形結合として表される．よって，V は $\boldsymbol{a}, \boldsymbol{b}$ で生成される．■

ここで，導入例題 3.1 の状況にもどってみよう．xyz 空間において，$z = 0$ で定義された平面を V とし

$$\mathrm{O} = (0, 0, 0), \quad \mathrm{A} = (1, 0, 0),$$

$$\mathrm{B} = (0, 1, 0), \quad \mathrm{C} = (-1, -1, 0)$$

とすると，これらは V 上の点である．ここで

$$\boldsymbol{a} = \overrightarrow{\mathrm{OA}}, \quad \boldsymbol{b} = \overrightarrow{\mathrm{OB}}, \quad \boldsymbol{c} = \overrightarrow{\mathrm{OC}}$$

とおく．このとき，平面 V 上の任意の点 $\mathrm{P} = (p, q, 0)$ に対して，$\overrightarrow{\mathrm{OP}}$ は $\boldsymbol{a}, \boldsymbol{b}, \boldsymbol{c}$ の線形結合として表すことができる．実際

$$\begin{aligned}\overrightarrow{\mathrm{OP}} &= p\boldsymbol{a} + q\boldsymbol{b} + 0 \cdot \boldsymbol{c} \\ &= 2p\boldsymbol{a} + (p + q)\boldsymbol{b} + p\boldsymbol{c}\end{aligned}$$

などが成り立つ．よって，V は $\boldsymbol{a}, \boldsymbol{b}, \boldsymbol{c}$ で生成されるが

$$\boldsymbol{c} = -\boldsymbol{a} - \boldsymbol{b}$$

より，$\boldsymbol{c}$ は $\boldsymbol{a}, \boldsymbol{b}$ の線形結合として表されるので，導入例題 3.5 (2) より，V は $\boldsymbol{a}, \boldsymbol{b}$ だけで生成される．**V を生成するのにベクトル 3 つは要らないので，「V が 3 次元である」とはいわない**と考えられる．

導入 例題 3.6

$$\boldsymbol{a} = \begin{pmatrix} 1 \\ 1 \\ 1 \end{pmatrix}, \quad \boldsymbol{b} = \begin{pmatrix} 2 \\ 1 \\ 3 \end{pmatrix}, \quad \boldsymbol{c} = \begin{pmatrix} -1 \\ -1 \\ -1 \end{pmatrix}$$

とし，$\mathbb{R}^3$ の線形部分空間 V はこの3つのベクトルで生成されているとする．

(1) V は $\boldsymbol{a}, \boldsymbol{b}$ で生成されるか？

(2) V は $\boldsymbol{b}, \boldsymbol{c}$ で生成されるか？

(3) V は $\boldsymbol{a}, \boldsymbol{c}$ で生成されるか？

【解答】 (1)　$\boldsymbol{c} = -\boldsymbol{a} = (-1)\cdot\boldsymbol{a} + 0\cdot\boldsymbol{b}$ であるので，$\boldsymbol{c}$ は $\boldsymbol{a}, \boldsymbol{b}$ の線形結合として表される．よって，導入例題 3.5 (2) より，**V は $\boldsymbol{a}, \boldsymbol{b}$ で生成される**．

(2)　$\boldsymbol{a} = 0\cdot\boldsymbol{b} + (-1)\cdot\boldsymbol{c}$ であるので，$\boldsymbol{a}$ は $\boldsymbol{b}, \boldsymbol{c}$ の線形結合として表される．よって，導入例題 3.5 (2) より，**V は $\boldsymbol{b}, \boldsymbol{c}$ で生成される**．

(3)　$\boldsymbol{b} = p\boldsymbol{a} + q\boldsymbol{c}$ をみたす p, q があるかどうかを考える．この式は

$$\begin{pmatrix} 2 \\ 1 \\ 3 \end{pmatrix} = p\begin{pmatrix} 1 \\ 1 \\ 1 \end{pmatrix} + q\begin{pmatrix} -1 \\ -1 \\ -1 \end{pmatrix} = \begin{pmatrix} p-q \\ p-q \\ p-q \end{pmatrix}$$

と書き直せるが，これをみたす p, q は存在しないので（各自確認せよ），$\boldsymbol{b}$ は $\boldsymbol{a}, \boldsymbol{c}$ の線形結合として表せない．$\boldsymbol{b} \in V$ であるにもかかわらず，$\boldsymbol{b}$ は $\boldsymbol{a}, \boldsymbol{c}$ の線形結合として表せないので，**V は $\boldsymbol{a}, \boldsymbol{c}$ で生成されない**．■

Point　V を生成するベクトルのうち，**あるベクトルが他のものの線形結合として表されるならば，そのベクトルは V を生成するのに不必要である**．

そこで，次のような定義をしよう．

定義 3.4　n 次元ベクトル $\boldsymbol{a}_1, \boldsymbol{a}_2, \ldots, \boldsymbol{a}_k$ が**線形従属（1次従属）**であるとは，ある1つのベクトルが他のベクトルの線形結合として表されることをいう．

たとえば，導入例題 3.6 の3つのベクトル $\boldsymbol{a}, \boldsymbol{b}, \boldsymbol{c}$ については，$\boldsymbol{c}$ が残りの $\boldsymbol{a}$,

$\boldsymbol{b}$ の線形結合として表されるので，これらは線形従属である．

ただし，**定義 3.4 は少々使い勝手が悪い**．たとえば3つのベクトル $\boldsymbol{a}, \boldsymbol{b}, \boldsymbol{c}$ が線形従属であることを示すにあたっては

- $\boldsymbol{c}$ は $\boldsymbol{a}, \boldsymbol{b}$ の線形結合として表されるか？
- $\boldsymbol{a}$ は $\boldsymbol{b}, \boldsymbol{c}$ の線形結合として表されるか？
- $\boldsymbol{b}$ は $\boldsymbol{a}, \boldsymbol{c}$ の線形結合として表されるか？

という3つのことがらをチェックしなければならないからである．

導入 例題 3.7

n 次元ベクトル $\boldsymbol{a}, \boldsymbol{b}, \boldsymbol{c}$ について，次の2つの条件 (1), (2) は互いに同値であることを示せ．

(1) $\boldsymbol{a}, \boldsymbol{b}, \boldsymbol{c}$ のうち，どれか1つが残りのベクトルの線形結合として表される．

(2) 次の条件 (a), (b) を同時にみたす実数 p, q, r が存在する．

(a) p, q, r のうち，少なくともどれか1つは0でない（つまり，「$p = q = r = 0$」ではない）．

(b) $p\boldsymbol{a} + q\boldsymbol{b} + r\boldsymbol{c} = \boldsymbol{0}$ が成り立つ．

【解答】 まず，条件 (1) を仮定して，条件 (2) を導く．たとえば $\boldsymbol{c} = \alpha\boldsymbol{a} + \beta\boldsymbol{b}$ **が成り立つならば**

$$\alpha\boldsymbol{a} + \beta\boldsymbol{b} + (-1)\cdot\boldsymbol{c} = \boldsymbol{0}$$

となるので，$p = \alpha, q = \beta, r = -1$ **とすればよい**．$\boldsymbol{a}$ が $\boldsymbol{b}, \boldsymbol{c}$ の線形結合となるときや，$\boldsymbol{b}$ が $\boldsymbol{a}, \boldsymbol{c}$ の線形結合となるときも同様である．

次に，条件 (2) を仮定して，条件 (1) を導く．条件 (a), (b) をみたす p, q, r が存在するとしよう．条件 (a) より，p, q, r のうち，どれかは0でない．たとえば $p \neq 0$ **ならば**，条件 (b) より

$$\boldsymbol{a} = \left(-\frac{q}{p}\right)\boldsymbol{b} + \left(-\frac{r}{p}\right)\boldsymbol{c}$$

となるので，$\boldsymbol{a}$ が $\boldsymbol{b}, \boldsymbol{c}$ の線形結合として表される．同様に，$q \neq 0$ ならば，$\boldsymbol{b}$ が $\boldsymbol{a}, \boldsymbol{c}$ の線形結合として表される．$r \neq 0$ ならば，$\boldsymbol{c}$ が $\boldsymbol{a}, \boldsymbol{b}$ の線形結合として表される． ■

そこで，定義 3.4 は，次のように書き直すことができる．定義 3.4 と定義 3.5 同値であるので，どちらを使ってもかまわない．

定義 3.5　n 次元ベクトル $\boldsymbol{a}_1, \boldsymbol{a}_2, \ldots, \boldsymbol{a}_k$ が**線形従属（1 次従属）**であるとは，次の条件 (a)，(b) を同時にみたす実数 $c_1, c_2, \ldots, c_k$ が存在することをいう．

(a)　$c_1, c_2, \ldots, c_k$ のうち，少なくともどれか 1 つは 0 でない．

(b)　$c_1\boldsymbol{a}_1 + c_2\boldsymbol{a}_2 + \cdots + c_k\boldsymbol{a}_k = \boldsymbol{0}$ が成り立つ．

確認 例題 3.4

(1)　導入例題 3.6 の 3 つのベクトル

$$\boldsymbol{a} = \begin{pmatrix} 1 \\ 1 \\ 1 \end{pmatrix}, \quad \boldsymbol{b} = \begin{pmatrix} 2 \\ 1 \\ 3 \end{pmatrix}, \quad \boldsymbol{c} = \begin{pmatrix} -1 \\ -1 \\ -1 \end{pmatrix}$$

が線形従属であることを定義 3.5 により示せ．

(2)　3 つのベクトル

$$\boldsymbol{a}_1 = \begin{pmatrix} 1 \\ 1 \\ 2 \end{pmatrix}, \quad \boldsymbol{a}_2 = \begin{pmatrix} 1 \\ 2 \\ 1 \end{pmatrix}, \quad \boldsymbol{a}_3 = \begin{pmatrix} 1 \\ 2 \\ 0 \end{pmatrix}$$

が線形従属であるかどうかを定義 3.5 によって判定せよ．

【解答】　(1)　$x\boldsymbol{a} + y\boldsymbol{b} + z\boldsymbol{c} = \boldsymbol{0}$ を x, y, z についての方程式とみると

$$\begin{cases} x + 2y - z = 0 \\ x + y - z = 0 \\ x + 3y - z = 0 \end{cases}$$

となる．この方程式を解くと，一般解は

$$x = \alpha, \quad y = 0, \quad z = \alpha \quad (\alpha \text{ は任意定数})$$

となる（各自確かめよ）．

これは，**$x\boldsymbol{a} + y\boldsymbol{b} + z\boldsymbol{c} = \boldsymbol{0}$ をみたす x, y, z が $x = y = z = 0$ 以外にもある**ことを意味する．たとえば，$\alpha = 1$ に対応する解を考えれば

$$1 \cdot \boldsymbol{a} + 0 \cdot \boldsymbol{b} + 1 \cdot \boldsymbol{c} = \boldsymbol{0}$$

が成り立つ．よって $\boldsymbol{a}$, $\boldsymbol{b}$, $\boldsymbol{c}$ は線形従属である．

(2)　$x_1\boldsymbol{a}_1 + x_2\boldsymbol{a}_2 + x_3\boldsymbol{a}_3 = \boldsymbol{0}$ を連立 1 次方程式と考えて整理すると

$$\begin{cases} x_1 + x_2 + x_3 = 0 \\ x_1 + 2x_2 + 2x_3 = 0 \\ 2x_1 + x_2 = 0 \end{cases}$$

が得られるが，この方程式の解は

$$x_1 = x_2 = x_3 = 0$$

だけである（各自確かめよ）．これは，$x_1\boldsymbol{a}_1 + x_2\boldsymbol{a}_2 + x_3\boldsymbol{a}_3 = \boldsymbol{0}$ **をみたす** x_1, x_2, x_3 **が** $x_1 = x_2 = x_3 = 0$ **だけである**ことを意味するので，$\boldsymbol{a}_1$, $\boldsymbol{a}_2$, $\boldsymbol{a}_3$ は**線形従属でない**．■

ここで，もう 1 つ定義を述べよう．

定義 3.6　n 次元ベクトル $\boldsymbol{a}_1, \boldsymbol{a}_2, \ldots, \boldsymbol{a}_k$ が線形従属（1 次従属）でないとき，これらは**線形独立（1 次独立）**であるという．

Point　定義 3.4，定義 3.5 の否定を考えることにより次のことがわかる．

$\boldsymbol{a}_1, \boldsymbol{a}_2, \ldots, \boldsymbol{a}_k$ が線形独立

⇔　どのベクトルも他のベクトルの線形結合としては表せない．

⇔　$c_1\boldsymbol{a}_1 + c_2\boldsymbol{a}_2 + \cdots + c_k\boldsymbol{a}_k = \boldsymbol{0}$ をみたす実数 $c_1, c_2, \ldots, c_k$ は $c_1 = c_2 = \cdots = c_k = 0$ だけである．

たとえば，確認例題 3.4 (2) の 3 つのベクトル $\boldsymbol{a}_1$, $\boldsymbol{a}_2$, $\boldsymbol{a}_3$ は線形独立である．

問 3.4　次のベクトルの組が線形独立か線形従属かを判定せよ．

(1)　$\boldsymbol{a}_1 = \begin{pmatrix} 1 \\ 1 \end{pmatrix}, \quad \boldsymbol{a}_2 = \begin{pmatrix} 1 \\ 2 \end{pmatrix}.$

(2)　$\boldsymbol{b}_1 = \begin{pmatrix} 1 \\ 0 \\ 2 \end{pmatrix}, \quad \boldsymbol{b}_2 = \begin{pmatrix} 2 \\ 1 \\ 1 \end{pmatrix}, \quad \boldsymbol{b}_3 = \begin{pmatrix} 3 \\ 2 \\ 0 \end{pmatrix}.$

Point 方程式 $x_1\boldsymbol{a}_1 + x_2\boldsymbol{a}_2 + \cdots + x_k\boldsymbol{a}_k = \boldsymbol{0}$ を解いてみて：

- 解が $x_1 = x_2 = \cdots = x_k = 0$ だけである $\Rightarrow \boldsymbol{a}_1, \ldots, \boldsymbol{a}_k$ は線形独立，
- $x_1 = x_2 = \cdots = x_k = 0$ 以外にも解がある $\Rightarrow \boldsymbol{a}_1, \ldots, \boldsymbol{a}_k$ は線形従属．

3.6 基底と次元

そろそろ，「次元」とは何か，ということを考えはじめよう．

$\mathbb{R}^n$ の線形部分空間 V が k 個のベクトル $\boldsymbol{a}_1, \boldsymbol{a}_2, \ldots, \boldsymbol{a}_k$ で生成されているとする．もし，これらが線形従属ならば，どれか1つのベクトルが他のベクトルの線形結合として表される．たとえば $\boldsymbol{a}_k$ が $\boldsymbol{a}_1, \ldots, \boldsymbol{a}_{k-1}$ の線形結合ならば，V を生成するのに $\boldsymbol{a}_k$ は「余分」である．つまり，$\boldsymbol{a}_k$ を除いた $(k-1)$ 個のベクトル $\boldsymbol{a}_1, \ldots, \boldsymbol{a}_{k-1}$ によって V は生成される（導入例題 3.5 参照）．さらに，もし $\boldsymbol{a}_1, \ldots, \boldsymbol{a}_{k-1}$ が線形従属ならば，さらにどれか余分なベクトルを取り除いた $(k-2)$ 個のベクトルによって V は生成される．

このような操作を続けていくと，最終的には，**余分なものがない状態**になる．そのとき，それらのベクトルは**線形独立**になっているはずである！

定義 3.7 V は $\mathbb{R}^n$ の線形部分空間とする．V に属するベクトル $\boldsymbol{b}_1, \boldsymbol{b}_2, \ldots, \boldsymbol{b}_m$ が V の**基底**であるとは，次の2つの条件が同時に成り立つことをいう．

(1) $\boldsymbol{b}_1, \boldsymbol{b}_2, \ldots, \boldsymbol{b}_m$ は線形独立である．

(2) V は $\boldsymbol{b}_1, \boldsymbol{b}_2, \ldots, \boldsymbol{b}_m$ で生成される．

導入例題 3.1 では，「**$\overrightarrow{\mathrm{OA}}$ と $\overrightarrow{\mathrm{OB}}$ が別の方向を向いている**」という言葉を問題にしたが，ここは，「**$\overrightarrow{\mathrm{OA}}$ と $\overrightarrow{\mathrm{OB}}$ が線形独立である**」といえば，はっきりする．

$\boldsymbol{b}_1, \boldsymbol{b}_2, \ldots, \boldsymbol{b}_m$ が V の基底であるとき，どのベクトルも他のベクトルの線形結合にはならないので，どれか1つでも取り除いてしまうと，もはや V を生成しない．**どの1つのベクトルも，いわば，かけがえのない存在である**．

基本 例題 3.3

$$\boldsymbol{e}_1 = \begin{pmatrix} 1 \\ 0 \end{pmatrix}, \quad \boldsymbol{e}_2 = \begin{pmatrix} 0 \\ 1 \end{pmatrix}, \quad \boldsymbol{a}_1 = \begin{pmatrix} 1 \\ 1 \end{pmatrix}, \quad \boldsymbol{a}_2 = \begin{pmatrix} 1 \\ -1 \end{pmatrix}$$

とする．

(1)　$\boldsymbol{e}_1, \boldsymbol{e}_2$ は $\mathbb{R}^2$ の基底であることを示せ．

(2)　$\boldsymbol{a}_1, \boldsymbol{a}_2$ は $\mathbb{R}^2$ の基底であることを示せ．

【解答】　(1)　実数 c_1, c_2 が $c_1\boldsymbol{e}_1 + c_2\boldsymbol{e}_2 = \boldsymbol{0}$ をみたすとする．左辺は $\begin{pmatrix} c_1 \\ c_2 \end{pmatrix}$ であるが，これが $\boldsymbol{0}$ であるので，$c_1 = c_2 = 0$．よって，**$\boldsymbol{e}_1, \boldsymbol{e}_2$ は線形独立**．

また，$\mathbb{R}^2$ に属する任意のベクトル $\begin{pmatrix} p \\ q \end{pmatrix}$ は

$$\begin{pmatrix} p \\ q \end{pmatrix} = p\begin{pmatrix} 1 \\ 0 \end{pmatrix} + q\begin{pmatrix} 0 \\ 1 \end{pmatrix} = p\boldsymbol{e}_1 + q\boldsymbol{e}_2$$

より，$\boldsymbol{e}_1, \boldsymbol{e}_2$ の線形結合として表されるので，**$\mathbb{R}^2$ は $\boldsymbol{e}_1, \boldsymbol{e}_2$ で生成される**．

以上のことより，$\boldsymbol{e}_1, \boldsymbol{e}_2$ が $\mathbb{R}^2$ の基底であることが示される．

(2)　$x_1\boldsymbol{a}_1 + x_2\boldsymbol{a}_2 = \boldsymbol{0}$ を連立 1 次方程式とみて解く．すなわち

$$\begin{cases} x_1 + x_2 = 0 \\ x_1 - x_2 = 0 \end{cases}$$

を解くと，解は $x_1 = x_2 = 0$ だけである．よって **$\boldsymbol{a}_1, \boldsymbol{a}_2$ は線形独立である**．

また，$\mathbb{R}^2$ に属する任意のベクトル $\begin{pmatrix} p \\ q \end{pmatrix}$ に対して

$$\begin{pmatrix} p \\ q \end{pmatrix} = \frac{p+q}{2}\begin{pmatrix} 1 \\ 1 \end{pmatrix} + \frac{p-q}{2}\begin{pmatrix} 1 \\ -1 \end{pmatrix} = \frac{p+q}{2}\boldsymbol{a}_1 + \frac{p-q}{2}\boldsymbol{a}_2$$

が成り立つので，**$\mathbb{R}^2$ は $\boldsymbol{a}_1, \boldsymbol{a}_2$ で生成される**．

以上のことより，$\boldsymbol{a}_1, \boldsymbol{a}_2$ が $\mathbb{R}^2$ の基底であることが示される．■

このように，基底の選び方はたくさんあるが，一般に，次の定理が成り立つ．

定理 3.1　$\mathbb{R}^n$ の線形部分空間 V は必ず基底を持つ．V の基底を構成するベクトルの個数は，基底の選び方によらず一定である．

基本例題 3.3 の 2 通りの基底は，どちらも 2 つのベクトルからなっていた．また，$\mathbb{R}^n$ のある線形部分空間が，たとえば 3 個のベクトルからなる基底を持つならば，ほかのどんな基底も必ず 3 個のベクトルからなる．

さて，次元とは何だろうか？　その答えを述べよう．

定義 3.8　$\mathbb{R}^n$ の線形部分空間 V の基底を構成するベクトルの個数を V の**次元**（dimension）といい，記号 $\dim V$ で表す．$V = \{\mathbf{0}\}$ のときは，$\dim V = 0$ と考える．$\dim V = m$ のとき，「V は m 次元である」という．

基本例題 3.3 によれば，$\mathbb{R}^2$ は 2 個のベクトルからなる基底を持つので，$\dim \mathbb{R}^2 = 2$ である．

確認 例題 3.5

$$\boldsymbol{e}_1 = \begin{pmatrix} 1 \\ 0 \\ 0 \end{pmatrix}, \quad \boldsymbol{e}_2 = \begin{pmatrix} 0 \\ 1 \\ 0 \end{pmatrix}, \quad \boldsymbol{e}_3 = \begin{pmatrix} 0 \\ 0 \\ 1 \end{pmatrix}$$

とする．この 3 つのベクトルは $\mathbb{R}^3$ の基底であることを示せ．

【解答】　$c_1\boldsymbol{e}_1 + c_2\boldsymbol{e}_2 + c_3\boldsymbol{e}_3 = \mathbf{0}$ が成り立つのは $c_1 = c_2 = c_3 = 0$ の場合だけであるので，$\boldsymbol{e}_1, \boldsymbol{e}_2, \boldsymbol{e}_3$ **は線形独立である**．また，導入例題 3.4 (1) によれば，$\mathbb{R}^3$ の任意のベクトルは $\boldsymbol{e}_1, \boldsymbol{e}_2, \boldsymbol{e}_3$ の線形結合として表されるので，$\mathbb{R}^3$ **は** $\boldsymbol{e}_1, \boldsymbol{e}_2, \boldsymbol{e}_3$ **で生成される**．よって，$\boldsymbol{e}_1, \boldsymbol{e}_2, \boldsymbol{e}_3$ は $\mathbb{R}^3$ の基底である．■

確認例題 3.5 より $\dim \mathbb{R}^3 = 3$ である．基本例題 3.3 の $\boldsymbol{e}_1, \boldsymbol{e}_2$ や，確認例題 3.5 の $\boldsymbol{e}_1, \boldsymbol{e}_2, \boldsymbol{e}_3$ のようなベクトルを**基本ベクトル**とよぶ．一般に，$\mathbb{R}^n$ は n 個の基本ベクトルからなる基底

$$\boldsymbol{e}_1 = \begin{pmatrix} 1 \\ 0 \\ \vdots \\ 0 \end{pmatrix}, \quad \boldsymbol{e}_2 = \begin{pmatrix} 0 \\ 1 \\ \vdots \\ 0 \end{pmatrix}, \ldots, \quad \boldsymbol{e}_n = \begin{pmatrix} 0 \\ 0 \\ \vdots \\ 1 \end{pmatrix}$$

を持つので，$\dim \mathbb{R}^n = n$ である．この基底を**自然基底**（**標準基底**）とよぶ．

3.7 $\mathbb{R}^n$ の線形部分空間の次元を求める

$\mathbb{R}^n$ の線形部分空間 V は，ある行列 A を用いて

$$V = \{ \boldsymbol{x} \in \mathbb{R}^n \mid A\boldsymbol{x} = \boldsymbol{0} \}$$

と表される．ここでは，V の基底や次元を求めよう．

基本 例題 3.4

$$A = \begin{pmatrix} 1 & 0 & -2 & 1 \\ -1 & 1 & -1 & -2 \\ 3 & -1 & -3 & 4 \end{pmatrix}$$

とする．$\mathbb{R}^4$ の線形部分空間

$$V = \{ \boldsymbol{x} \in \mathbb{R}^4 \mid A\boldsymbol{x} = \boldsymbol{0} \}$$

の基底を 1 組求め，V の次元を求めよ．

【解答】 基本例題 3.2 と同じ空間 V を問題にしている．基本例題 3.2 では，斉次連立 1 次方程式 $A\boldsymbol{x} = \boldsymbol{0}$ の一般解が

$$\boldsymbol{x} = \alpha \boldsymbol{a}_1 + \beta \boldsymbol{a}_2 \quad \left(\alpha, \beta \text{ は任意定数，} \boldsymbol{a}_1 = \begin{pmatrix} 2 \\ 3 \\ 1 \\ 0 \end{pmatrix}, \boldsymbol{a}_2 = \begin{pmatrix} -1 \\ 1 \\ 0 \\ 1 \end{pmatrix}\right)$$

と表されることから，V が $\boldsymbol{a}_1, \boldsymbol{a}_2$ で生成されることを示した．

実は，この $\boldsymbol{a}_1, \boldsymbol{a}_2$ は線形独立である．実際，実数 c_1, c_2 が

$$c_1\boldsymbol{a}_1 + c_2\boldsymbol{a}_2 = \boldsymbol{0}$$

をみたすと仮定する．この式の**第3成分と第4成分に着目する**と，左辺の第3成分は $c_1 \cdot 1 + c_2 \cdot 0 = c_1$，第4成分は $c_1 \cdot 0 + c_2 \cdot 1 = c_2$ であり，これらがどちらも0であるので，$c_1 = c_2 = 0$ である．よって，$\boldsymbol{a}_1, \boldsymbol{a}_2$ は線形独立である．

$\boldsymbol{a}_1, \boldsymbol{a}_2$ は線形独立であって，しかも V を生成しているので，V の基底となる．よって $\dim V = 2$ である． ■

確認 例題 3.6

確認例題 3.3 の空間 V の基底を1組求め，V の次元を求めよ．

【解答】

$$\boldsymbol{a} = \begin{pmatrix} 1 \\ 1 \\ 0 \end{pmatrix}$$

とおけば，V は $\boldsymbol{a}$ で生成される．実数 c が $c\boldsymbol{a} = \boldsymbol{0}$ をみたすならば，$c = 0$ であるので，1個のベクトル $\boldsymbol{a}$ は線形独立である．よって，$\boldsymbol{a}$ は V の基底であり，$\dim V = 1$ である． ■

問 3.5 問 3.3 の空間 V の基底を1組求め，V の次元を求めよ．

基本例題 3.4 においても，確認例題 3.6 においても，すでに基本例題 3.2 や確認例題 3.3 で求めておいた V を生成するベクトルの組がそのまま V の基底となっている．**これは偶然なのか？**——次の節で，もう少しくわしく考えよう．

3.8 階段行列

基本例題 3.4 の解答では，2つのベクトル $\boldsymbol{a}_1, \boldsymbol{a}_2$ が**線形独立**であることを示すのに，ベクトルの第3成分と第4成分に着目した．$\boldsymbol{a}_1, \boldsymbol{a}_2$ が

$$\boldsymbol{a}_1 = \begin{pmatrix} * \\ * \\ 1 \\ 0 \end{pmatrix}, \quad \boldsymbol{a}_2 = \begin{pmatrix} * \\ * \\ 0 \\ 1 \end{pmatrix}$$

という形であることがカギであった．ここで，「$*$」の部分は「伏せ字」にし，大事なところだけが見えるようにした．

確認 例題 3.7

3つのベクトル

$$\boldsymbol{b}_1 = \begin{pmatrix} * \\ 1 \\ * \\ 0 \\ * \\ 0 \end{pmatrix}, \quad \boldsymbol{b}_2 = \begin{pmatrix} * \\ 0 \\ * \\ 1 \\ * \\ 0 \end{pmatrix}, \quad \boldsymbol{b}_3 = \begin{pmatrix} * \\ 0 \\ * \\ 0 \\ * \\ 1 \end{pmatrix}$$

は線形独立であることを示せ．ただし，「$*$」の部分は何であってもよい．

【解答】 実数 c_1, c_2, c_3 が $c_1\boldsymbol{b}_1 + c_2\boldsymbol{b}_2 + c_3\boldsymbol{b}_3 = \boldsymbol{0}$ をみたすと仮定する．この式の左辺を計算すると

$$c_1 \begin{pmatrix} * \\ 1 \\ * \\ 0 \\ * \\ 0 \end{pmatrix} + c_2 \begin{pmatrix} * \\ 0 \\ * \\ 1 \\ * \\ 0 \end{pmatrix} + c_3 \begin{pmatrix} * \\ 0 \\ * \\ 0 \\ * \\ 1 \end{pmatrix} = \begin{pmatrix} * \\ c_1 \\ * \\ c_2 \\ * \\ c_3 \end{pmatrix}$$

となり，これが零ベクトルに等しいので，$c_1 = c_2 = c_3 = 0$ でなければならない．よって，$\boldsymbol{b}_1, \boldsymbol{b}_2, \boldsymbol{b}_3$ は線形独立である． ■

基本例題 3.4 の話にもどろう．なぜ，**$\boldsymbol{a}_1, \boldsymbol{a}_2$ のような形のベクトルが出てきたのか**を，基本例題 3.2 にさかのぼって考える．

基本例題 3.2 の直後の解説をふり返ろう．斉次連立 1 次方程式 $A\boldsymbol{x} = \boldsymbol{0}$ を解くには，係数行列 A に基本変形をほどこせばよかった．そして，最終的に得られた行列は

$$\begin{pmatrix} 1 & 0 & -2 & 1 \\ 0 & 1 & -3 & -1 \\ 0 & 0 & 0 & 0 \end{pmatrix}$$

であった．この行列を B とおくと

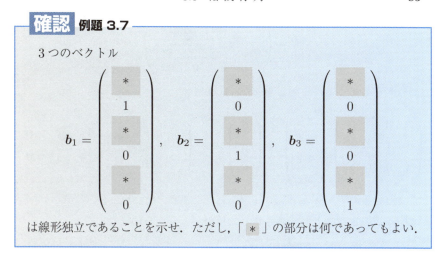

$$B = \begin{pmatrix} 1 & 0 & * & * \\ 0 & 1 & * & * \\ 0 & 0 & 0 & 0 \end{pmatrix}$$

という形をしている．このとき，$B\boldsymbol{x} = \boldsymbol{0}$ は

$$\begin{pmatrix} 1 & 0 & * & * \\ 0 & 1 & * & * \\ 0 & 0 & 0 & 0 \end{pmatrix}\begin{pmatrix} x_1 \\ x_2 \\ x_3 \\ x_4 \end{pmatrix} = \begin{pmatrix} 0 \\ 0 \\ 0 \end{pmatrix} \Leftrightarrow \begin{cases} x_1 + * \cdot x_3 + * \cdot x_4 = 0 \\ x_2 + * \cdot x_3 + * \cdot x_4 = 0 \end{cases}$$

と書き直せるので，$x_3 = \alpha$, $x_4 = \beta$（α, β は任意定数）とおくことができ，x_1, x_2 は α, β の 1 次式として表される．したがって，一般解として

$$\begin{pmatrix} x_1 \\ x_2 \\ x_3 \\ x_4 \end{pmatrix} = \begin{pmatrix} * \cdot \alpha + * \cdot \beta \\ * \cdot \alpha + * \cdot \beta \\ \alpha \\ \beta \end{pmatrix} = \alpha \begin{pmatrix} * \\ * \\ 1 \\ 0 \end{pmatrix} + \beta \begin{pmatrix} * \\ * \\ 0 \\ 1 \end{pmatrix}$$

$$= \alpha \boldsymbol{a}_1 + \beta \boldsymbol{a}_2$$

という形のものが得られたのであった（$*$ に入るものは，その都度異なる）．

確認 例題 3.8

斉次連立 1 次方程式

$$A\boldsymbol{x} = \boldsymbol{0} \quad (A \text{ は } (4,6) \text{ 型行列，} \boldsymbol{x} \text{ は 6 次元ベクトル})$$

を解くために，係数行列 A に行基本変形をほどこしたところ

$$B = \begin{pmatrix} 1 & * & 0 & * & 0 & * \\ 0 & 0 & 1 & * & 0 & * \\ 0 & 0 & 0 & 0 & 1 & * \\ 0 & 0 & 0 & 0 & 0 & 0 \end{pmatrix}$$

という形の行列が得られたとする．このとき，線形独立ないくつかのベクトルの線形結合として一般解を表せ．

【解答】 方程式 $B\boldsymbol{x} = \boldsymbol{0}$ を書き直すと

$$\begin{cases} x_1 + \boxed{* \cdot x_2} + \boxed{* \cdot x_4} + \boxed{* \cdot x_6} = 0 \\ x_3 + \boxed{* \cdot x_4} + \boxed{* \cdot x_6} = 0 \\ x_5 + \boxed{* \cdot x_6} = 0 \end{cases}$$

となるが，x_2, x_4, x_6 のあらわれる部分を右辺に移項することにより，**x_1, x_3, x_5 を x_2, x_4, x_6 の 1 次式として表すことができる**.

$$x_2 = \alpha,$$

$$x_4 = \beta,$$

$$x_6 = \gamma$$

（α, β, γ は任意定数）とおけば，一般解は

$$\begin{pmatrix} x_1 \\ x_2 \\ x_3 \\ x_4 \\ x_5 \\ x_6 \end{pmatrix} = \begin{pmatrix} ** \\ \alpha \\ ** \\ \beta \\ ** \\ \gamma \end{pmatrix} = \alpha \begin{pmatrix} * \\ 1 \\ * \\ 0 \\ * \\ 0 \end{pmatrix} + \beta \begin{pmatrix} * \\ 0 \\ * \\ 1 \\ * \\ 0 \end{pmatrix} + \gamma \begin{pmatrix} * \\ 0 \\ * \\ 0 \\ * \\ 1 \end{pmatrix}$$

となる（$**$ の部分は，α, β, γ の 1 次式である）.

この式の右辺は，確認例題 3.7 の $\boldsymbol{b}_1, \boldsymbol{b}_2, \boldsymbol{b}_3$ と同じ形のベクトルの線形結合になっている．これらが線形独立であることはすでに示した. ■

ここでひとつ定義をしよう.

定義 3.9 次の 3 つの性質（ア），（イ），（ウ）をみたす行列を**階段行列**とよぶ.

（ア） 各行は，左端から 0 がいくつか連続して並んだあと，そのすぐ右の成分が 1 となる．ただし，0 がまったく並ばず，左端に成分 1 がくることもある．また，行のすべての成分が 0 となって，1 がまったくあらわれない場合もある.

（イ） 行が下にいくにつれて，左端から連続して並ぶ 0 の数が増えていく.

（ウ） 左端から並んだ 0 のすぐ右の成分 1 に着目すると，その上下の成分はすべて 0 である.

一見，ややこしい定義のように見えるが，そうでもない.

確認 例題 3.9

確認例題 3.8 の行列 B が階段行列であることを確認せよ．

【解答】

$$\begin{pmatrix} 1 & * & 0 & * & 0 & * \\ 0 & 0 & 1 & * & 0 & * \\ 0 & 0 & 0 & 0 & 1 & * \\ 0 & 0 & 0 & 0 & 0 & 0 \end{pmatrix} \begin{array}{l} \Leftarrow \text{左端に } 1 \\ \Leftarrow 0 \text{ が } 2 \text{ 個並んだ次に } 1 \\ \Leftarrow 0 \text{ が } 4 \text{ 個並んだ次に } 1 \\ \Leftarrow \text{すべての成分が } 0 \end{array}$$

上の観察から，（ア）と（イ）が成り立つ．さらに，第1列，第3列，第5列の**成分 1 の上下がすべて 0 である**ので，（ウ）も成り立つ． ■

左端から 0 が並んだ部分が階段に似た形なので「階段行列」とよぶのである．

問 3.6 基本例題 3.2 の直後の解説に出てくる行列 $\begin{pmatrix} 1 & 0 & -2 & 1 \\ 0 & 1 & -3 & -1 \\ 0 & 0 & 0 & 0 \end{pmatrix}$ が階段行列であることを確認せよ．

いままでの話を組み合わせると，次のことがわかる．

Point $V = \{ \boldsymbol{x} \in \mathbb{R}^n \mid A\boldsymbol{x} = \boldsymbol{0} \}$ の基底は次のようにして求められる．

- 係数行列 A に行基本変形をほどこして階段行列 B を作る．
- 階段行列 B をもとにして，前に説明したやり方によって，V を生成するベクトル $\boldsymbol{a}_1, \ldots, \boldsymbol{a}_k$ を作ると，それらは線形独立である．
- したがって，それらがそのまま V の基底になる．

3.9 行列の階数

連立1次方程式をはなれて，一般に，**行列に行基本変形をくり返して，階段行列を作る**ことを考えよう．これは，第2章で学んだ掃き出し法の応用であるので，そのポイントを復習してから，問題を解いてみよう．

Point

- 行変形を利用して，左から順に列を掃き出していく．
- ある列が掃き出せなかったら，右隣の列に移って，そこを掃き出す．

確認 例題 3.10

次の行列に行基本変形をくり返して，階段行列にせよ．

(1) $\begin{pmatrix} 1 & 1 & 0 & 1 \\ 2 & 2 & 1 & 4 \\ 3 & 3 & 1 & 5 \end{pmatrix}$　(2) $\begin{pmatrix} 1 & 1 & 0 & 1 \\ 2 & 2 & 1 & 4 \\ 3 & 3 & 1 & 6 \end{pmatrix}$

【解答】 (1)

$$\begin{pmatrix} 1 & 1 & 0 & 1 \\ 2 & 2 & 1 & 4 \\ 3 & 3 & 1 & 5 \end{pmatrix} \xrightarrow[R_3-3R_1]{R_2-2R_1} \begin{pmatrix} 1 & 1 & 0 & 1 \\ 0 & 0 & 1 & 2 \\ 0 & 0 & 1 & 2 \end{pmatrix}$$ ⇐ 第 1 列の掃き出し

$$\xrightarrow{R_3-R_2} \begin{pmatrix} 1 & 1 & 0 & 1 \\ 0 & 0 & 1 & 2 \\ 0 & 0 & 0 & 0 \end{pmatrix}$$ ⇐ 第 2 列をとばして第 3 列を掃き出した．

(2)

$$\begin{pmatrix} 1 & 1 & 0 & 1 \\ 2 & 2 & 1 & 4 \\ 3 & 3 & 1 & 6 \end{pmatrix} \xrightarrow[R_3-3R_1]{R_2-2R_1} \begin{pmatrix} 1 & 1 & 0 & 1 \\ 0 & 0 & 1 & 2 \\ 0 & 0 & 1 & 3 \end{pmatrix} \xrightarrow{R_3-R_2} \begin{pmatrix} 1 & 1 & 0 & 1 \\ 0 & 0 & 1 & 2 \\ 0 & 0 & 0 & 1 \end{pmatrix}$$

$$\xrightarrow[R_2-2R_3]{R_1-R_3} \begin{pmatrix} 1 & 1 & 0 & 0 \\ 0 & 0 & 1 & 0 \\ 0 & 0 & 0 & 1 \end{pmatrix}$$ ⇐ 第 1 列，第 3 列，第 4 列を掃き出した． ■

確認例題 3.10 (1) の解答の階段行列を見ると，第 3 行は成分がすべて 0 である．0 でない成分を含む行は，第 1 行と第 2 行の 2 つである．(2) の解答の階段行列は，3 つの行すべてが 0 でない成分を含む．

一般に，次の定理が成り立つ．

定理 3.2 (1) 任意の行列 A は，行基本変形をくり返しほどこすことによって，階段行列に変形することができる．

(2) 得られた階段行列において，0 でない成分を含む行の個数は，行基本変形のとり方によらず，一定である．

定義 3.10 行列 A に行基本変形をほどこして得られた階段行列において，**0 でない成分を含む行の個数**を A の**階数** (rank) とよび，記号 $\mathrm{rank}(A)$ で表す．

確認例題 3.10 (1) の行列の階数は 2 であり，(2) の行列の階数は 3 である．

問 3.7 次の行列 A の階数 $\mathrm{rank}(A)$ を求めよ．

(1) $A = \begin{pmatrix} 1 & 2 & 1 \\ 2 & 4 & 3 \\ 1 & 2 & 3 \end{pmatrix}$

(2) $A = \begin{pmatrix} 0 & 2 & -2 & 2 & 2 \\ 0 & 3 & -3 & 4 & 2 \\ 0 & 3 & -3 & 3 & 3 \end{pmatrix}$

3.10 空間の次元と行列の階数

(m, n) 型行列 A に対して，$\mathbb{R}^n$ の線形部分空間

$$V = \{\, \boldsymbol{x} \in \mathbb{R}^n \mid A\boldsymbol{x} = \boldsymbol{0} \,\}$$

が定まるが，$\dim V$ と $\mathrm{rank}(A)$ の関係については，次の定理が成り立つ．

定理 3.3 A は (m, n) 型行列とし，$\mathrm{rank}(A) = r$ とする．このとき，$\mathbb{R}^n$ の線形部分空間

$$V = \{\, \boldsymbol{x} \in \mathbb{R}^n \mid A\boldsymbol{x} = \boldsymbol{0} \,\}$$

は $(n - r)$ 次元である．

次の確認例題を解きつつ，定理 3.3 が成り立つ理由を考えよう．

確認 例題 3.11

$$A = \begin{pmatrix} 1 & 2 & -1 & 0 & 3 \\ 2 & 4 & -2 & 2 & 0 \\ 1 & 2 & -1 & 2 & -3 \end{pmatrix}, \quad V = \left\{ \boldsymbol{x} \in \mathbb{R}^5 \mid A\boldsymbol{x} = \boldsymbol{0} \right\}$$

とする．

(1) A に行基本変形をほどこして階段行列を作り，A の階数を求めよ．

(2) V の基底を 1 組求めよ．

(3) 定理 3.3 の内容がこの場合に正しいことを確かめよ．

【解答】 (1)

$$\begin{pmatrix} 1 & 2 & -1 & 0 & 3 \\ 2 & 4 & -2 & 2 & 0 \\ 1 & 2 & -1 & 2 & -3 \end{pmatrix} \xrightarrow[R_3-R_1]{R_2-2R_1} \begin{pmatrix} 1 & 2 & -1 & 0 & 3 \\ 0 & 0 & 0 & 2 & -6 \\ 0 & 0 & 0 & 2 & -6 \end{pmatrix}$$

$$\xrightarrow{R_2\times\frac{1}{2}} \begin{pmatrix} 1 & 2 & -1 & 0 & 3 \\ 0 & 0 & 0 & 1 & -3 \\ 0 & 0 & 0 & 2 & -6 \end{pmatrix} \xrightarrow{R_3-2R_2} \begin{pmatrix} 1 & 2 & -1 & 0 & 3 \\ 0 & 0 & 0 & 1 & -3 \\ 0 & 0 & 0 & 0 & 0 \end{pmatrix}$$

となるので，$\mathrm{rank}(A) = 2$ である．

(2)

$$\boldsymbol{x} = \begin{pmatrix} x_1 \\ x_2 \\ x_3 \\ x_4 \\ x_5 \end{pmatrix}$$

とおいて，$A\boldsymbol{x} = \boldsymbol{0}$ を 5 個の未知数 x_1, x_2, x_3, x_4, x_5 に関する連立 1 次方程式とみると，小問 (1) の変形により，この方程式は

$$\begin{cases} x_1 + 2x_2 - x_3 + 3x_5 = 0 \\ x_4 - 3x_5 = 0 \end{cases} \tag{3.5}$$

と同値である．そこで，$x_2 = \alpha, x_3 = \beta, x_5 = \gamma$（$\alpha, \beta, \gamma$ は任意定数）とおけば，$x_1 = -2\alpha + \beta - 3\gamma, x_4 = 3\gamma$ となるので，一般解は

$$\begin{pmatrix} x_1 \\ x_2 \\ x_3 \\ x_4 \\ x_5 \end{pmatrix} = \begin{pmatrix} -2\alpha+\beta-3\gamma \\ \alpha \\ \beta \\ 3\gamma \\ \gamma \end{pmatrix} = \alpha \begin{pmatrix} -2 \\ 1 \\ 0 \\ 0 \\ 0 \end{pmatrix} + \beta \begin{pmatrix} 1 \\ 0 \\ 1 \\ 0 \\ 0 \end{pmatrix} + \gamma \begin{pmatrix} -3 \\ 0 \\ 0 \\ 3 \\ 1 \end{pmatrix}$$

と表される．そこで

$$\boldsymbol{a}_1 = \begin{pmatrix} -2 \\ 1 \\ 0 \\ 0 \\ 0 \end{pmatrix}, \quad \boldsymbol{a}_2 = \begin{pmatrix} 1 \\ 0 \\ 1 \\ 0 \\ 0 \end{pmatrix}, \quad \boldsymbol{a}_3 = \begin{pmatrix} -3 \\ 0 \\ 0 \\ 3 \\ 1 \end{pmatrix}$$

とおくと，V はこれら 3 つのベクトルで生成される．さらに，これらは線形独立である．よって，**$\boldsymbol{a}_1, \boldsymbol{a}_2, \boldsymbol{a}_3$ は V の基底である**．

(3) いまの場合，$n=5$, $\mathrm{rank}(A)=2$, $\dim V=3$ である．確かに

$$\dim V = 3 = 5-2 = n - \mathrm{rank}(A)$$

が成り立っている． ■

確認例題 3.11 の解答をふり返ろう．定理 3.3 における m, n, r は，いまの場合，$m=3$, $n=5$, $r=2$ である．方程式 (3.5) に式が 2 本出てきているが，これは，$r=\mathrm{rank}(A)=2$ であることに対応している．この方程式の一般解が 3 個の任意定数を含むので $\dim V=3$ となったが，$3=5-2=n-r$ であることが見てとれるだろう．

このことを一般的に考えれば，定理 3.3 が示される．各自よく考えてほしい．

問 3.8 問 3.7 (1) の行列 A に対して，$V = \left\{ \boldsymbol{x} \in \mathbb{R}^3 \mid A\boldsymbol{x} = \boldsymbol{0} \right\}$ とおく．V の基底を 1 組求め，定理 3.3 の内容がこの場合に正しいことを確かめよ．

ちょっと寄り道 (m,n) 型行列 A の階数が r のとき，方程式 $A\boldsymbol{x}=\boldsymbol{0}$ の係数行列を変形して階段行列 B を作ると，B には 0 以外の成分を含む行が r 個ある．その r 個の行に対応して，意味のある式が r 本導かれる．**方程式 $A\boldsymbol{x}=\boldsymbol{0}$ には形式的には m 本の式があるが，実質的な効力は r 本分だ**というわけである．

（斉次連立 1 次方程式の実質的な式の本数）＝（係数行列の階数）

いま，**式が実質的に1本増えるごとに，一般解に含まれる任意定数の個数が1つ減る**と考えると，係数行列の階数が r ならば，未知数の個数 n から r を引いた $n-r$ が任意定数の個数であることになり，直観的にも納得できるだろう．

最後に，もう1つ大事な定理を述べよう．

定理 3.4　A は n 次正方行列とする．このとき，A が正則であることは，$\mathrm{rank}(A)=n$ であることと同値である．

証明は述べないが，理解を助けるために，第2章で学んだ逆行列の計算法をここで思い出しておこう．A の右に単位行列 E_n を並べた行列に行基本変形をほどこし，左側が単位行列 E_n になったとき，右側に A^{-1} があらわれた．

$$(A|E_n)\to\cdots\to(E_n|A^{-1}).$$

A が単位行列 E_n に変形できるとき，$\mathrm{rank}(A)=n$ であるが，そのとき，A は逆行列を持つ．

第3章　演習問題

3.1　V_1, V_2 が $\mathbb{R}^n$ の線形部分空間であるとき，これらの共通部分 $V_1\cap V_2$ も $\mathbb{R}^n$ の線形部分空間であることを示せ．

3.2　$\boldsymbol{a}_1, \boldsymbol{a}_2, \boldsymbol{a}_3 \in \mathbb{R}^n$ とする．これら3つのベクトルの線形結合 として表されるベクトル全体の集合を V とするとき，V は $\mathbb{R}^n$ の線形部分空間であることを示せ．

3.3　3つのベクトル $\boldsymbol{x}_1, \boldsymbol{x}_2, \boldsymbol{x}_3$ は線形独立とし，ベクトル $\boldsymbol{y}$ は $\boldsymbol{x}_1, \boldsymbol{x}_2, \boldsymbol{x}_3$ の線形結合として表されるとする．このとき，$\boldsymbol{y}$ を $\boldsymbol{x}_1, \boldsymbol{x}_2, \boldsymbol{x}_3$ の線形結合として表す表し方は一意的である（ただ1通りである）ことを示せ．つまり，実数 $c_1, c_2, c_3, c_1', c_2', c_3'$ が次式をみたすならば，$c_1=c_1', c_2=c_2', c_3=c_3'$ であることを示せ．

$$\boldsymbol{y}=c_1\boldsymbol{x}_1+c_2\boldsymbol{x}_2+c_3\boldsymbol{x}_3=c_1'\boldsymbol{x}_1+c_2'\boldsymbol{x}_2+c_3'\boldsymbol{x}_3.$$

3.4　$\boldsymbol{a}_1, \boldsymbol{a}_2, \boldsymbol{a}_3 \in \mathbb{R}^n$ とする．$\boldsymbol{a}_1, \boldsymbol{a}_2$ は線形独立であり，さらに，$\boldsymbol{a}_3$ は $\boldsymbol{a}_1$ と $\boldsymbol{a}_2$ の線形結合として表すことができないと仮定する．このとき，3つのベクトル $\boldsymbol{a}_1, \boldsymbol{a}_2, \boldsymbol{a}_3$ は線形独立であることを示せ．

3.5　t は実数とし，$A_t=\begin{pmatrix}1 & 2 & 3\\ t & t+1 & t+2\end{pmatrix}$ とする．さらに

$$V_t=\left\{\boldsymbol{x}\in\mathbb{R}^3 \;\middle|\; A_t\boldsymbol{x}=\boldsymbol{0}\right\}$$

とする．このとき，$\dim V_t$ を求めよ．

第4章 行列式

図形に正方行列を作用させたとき，図形の面積や体積がどう変化するかを表す指標として，「行列式」というものがある．この章では行列式のさまざまな性質やその計算法を学ぶ．

4.1　2次の行列式の幾何学的な意味

行列式とよばれるものについて，これから順を追って述べるが，まず，その幾何学的な意味を説明しよう．

A は 2 次の正方行列とする．直観的にいえば，**図形に行列 A を作用させたときの面積の拡大率**を A の**行列式**という．ただし，**図形が裏返った場合は，その行列式は (面積の拡大率) $\times (-1)$** と定める．

以下しばらく，感覚的な説明が続くので，やや厳密さに欠ける場合があることをあらかじめお断りしておく．

平行四辺形 OPQR において，$\overrightarrow{\mathrm{OP}} = \boldsymbol{a}$, $\overrightarrow{\mathrm{OR}} = \boldsymbol{b}$ であるとき，この平行四辺形を**ベクトル $\boldsymbol{a}$, $\boldsymbol{b}$ の作る平行四辺形**とよぶことにする．長方形や正方形も平行四辺形に含める．また，2 つの辺が重なってつぶれてしまったものも，便宜上，「平行四辺形」として取り扱う．

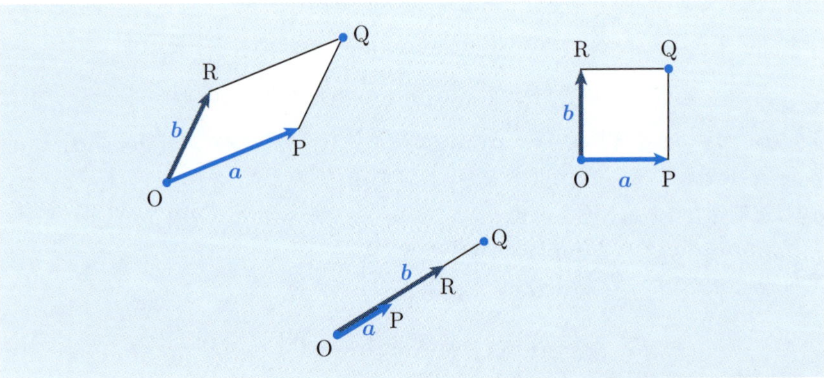

導入 例題 4.1

2 つの基本ベクトル $\boldsymbol{e}_1 = \begin{pmatrix} 1 \\ 0 \end{pmatrix}, \boldsymbol{e}_2 = \begin{pmatrix} 0 \\ 1 \end{pmatrix}$ の作る平行四辺形（この場合は正方形）に対して，次の行列を作用させたとき，面積は何倍になるか？　また，図形が裏返しになるかどうかも判定し，その行列式を求めよ．

(1) $\begin{pmatrix} 2 & 0 \\ 0 & 3 \end{pmatrix}$　(2) $\begin{pmatrix} 0 & 1 \\ 1 & 0 \end{pmatrix}$

(3) $\begin{pmatrix} 2 & 3 \\ 0 & 0 \end{pmatrix}$　(4) $\begin{pmatrix} \cos\alpha & -\sin\alpha \\ \sin\alpha & \cos\alpha \end{pmatrix}$

【解答】 (1) $\begin{pmatrix} 2 & 0 \\ 0 & 3 \end{pmatrix}\begin{pmatrix} 1 \\ 0 \end{pmatrix} = \begin{pmatrix} 2 \\ 0 \end{pmatrix}, \begin{pmatrix} 2 & 0 \\ 0 & 3 \end{pmatrix}\begin{pmatrix} 0 \\ 1 \end{pmatrix} = \begin{pmatrix} 0 \\ 3 \end{pmatrix}$

であるので，作用後の平行四辺形は，2 辺の長さが 2, 3 の長方形である．もとの正方形（面積 1）からみると，**面積は 6 倍**になる．図形は**裏返らない**．したがって，行列式は 6 である．

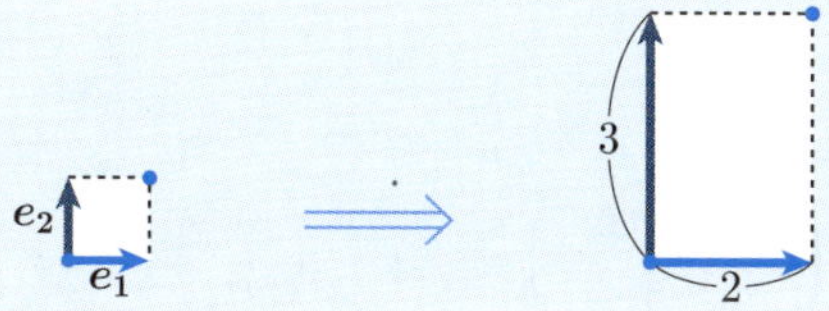

(2) $\begin{pmatrix} 0 & 1 \\ 1 & 0 \end{pmatrix}\begin{pmatrix} 1 \\ 0 \end{pmatrix} = \begin{pmatrix} 0 \\ 1 \end{pmatrix}, \begin{pmatrix} 0 & 1 \\ 1 & 0 \end{pmatrix}\begin{pmatrix} 0 \\ 1 \end{pmatrix} = \begin{pmatrix} 1 \\ 0 \end{pmatrix}$

である．行列の作用により $\boldsymbol{e}_1$ と $\boldsymbol{e}_2$ が入れかわる．**面積は変わらず，図形が裏返る**ので，行列式は -1．

(3) $\boldsymbol{e}_1, \boldsymbol{e}_2$ に行列を作用させると，それぞれ $\begin{pmatrix} 2 \\ 0 \end{pmatrix}$, $\begin{pmatrix} 3 \\ 0 \end{pmatrix}$ になる．「平行四辺形」はつぶれてしまい，**面積は 0 倍**になる．よって行列式は 0.

(4) 回転行列（第 1 章参照）を作用させても，図形が回転するだけであるので，**面積は変わらない**し，**図形も裏返らない**．よって，行列式は 1.

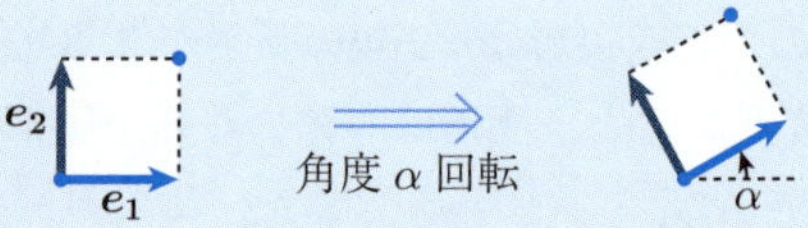

■

いま

$$A = \begin{pmatrix} a_{11} & a_{12} \\ a_{21} & a_{22} \end{pmatrix}, \quad \boldsymbol{e}_1 = \begin{pmatrix} 1 \\ 0 \end{pmatrix}, \quad \boldsymbol{e}_2 = \begin{pmatrix} 0 \\ 1 \end{pmatrix}$$

とし，A の第 1 列ベクトルを $\boldsymbol{a}_1$，第 2 列ベクトルを $\boldsymbol{a}_2$ とすると

$$A\boldsymbol{e}_1 = \boldsymbol{a}_1,$$
$$A\boldsymbol{e}_2 = \boldsymbol{a}_2$$

が成り立つ．実際

$$\begin{pmatrix} a_{11} & a_{12} \\ a_{21} & a_{22} \end{pmatrix} \begin{pmatrix} 1 \\ 0 \end{pmatrix} = \begin{pmatrix} a_{11} \\ a_{21} \end{pmatrix}$$

より第 1 式が確かめられる．第 2 式も同様に確かめられる（A の第 1 列，第 2 列を「ベクトル」とみる場合は，「第 1 列ベクトル」，「第 2 列ベクトル」という）．

したがって，$\boldsymbol{e}_1, \boldsymbol{e}_2$ の作る面積 1 の正方形に行列 A を作用させると，新しくできる図形は，A の列ベクトル $\boldsymbol{a}_1, \boldsymbol{a}_2$ の作る平行四辺形である．この平行四辺形の面積を S とすると，A を作用させたことによって，図形の面積は S 倍になったことになる．

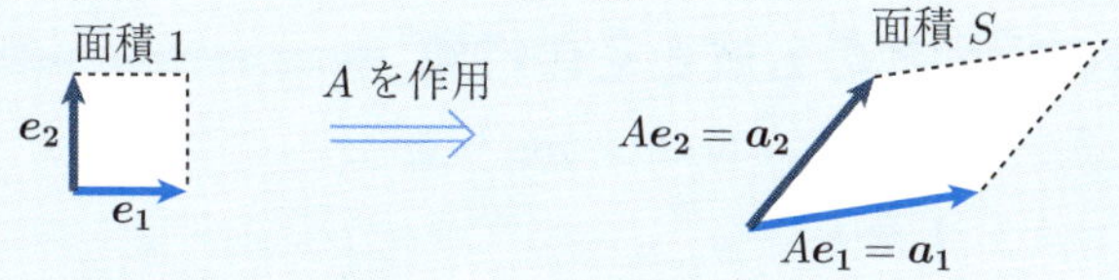

図形が裏返ったかどうかを考えれば，次の式が成り立つことがわかる．

$$(A\text{ の行列式}) = \begin{cases} S & (\boldsymbol{a}_1, \boldsymbol{a}_2 \text{ が図 1 のような状態のとき}) \\ -S & (\boldsymbol{a}_1, \boldsymbol{a}_2 \text{ が図 2 のような状態のとき}) \end{cases}$$

(図 1)　　(図 2)

A の行列式は，次のような記号で表される（$\boldsymbol{a}_1, \boldsymbol{a}_2$ は A の列ベクトル）．

$$\det A, \quad |A|, \quad \begin{vmatrix} a_{11} & a_{12} \\ a_{21} & a_{22} \end{vmatrix}, \quad \det(\boldsymbol{a}_1, \boldsymbol{a}_2).$$

どの記号も同じ意味である．ここで，det は「determinant」(「行列式」の英語) の略である．たとえば，導入例題 4.1 (1), (2) の行列の行列式は

$$\begin{vmatrix} 2 & 0 \\ 0 & 3 \end{vmatrix} = 6, \quad \begin{vmatrix} 0 & 1 \\ 1 & 0 \end{vmatrix} = -1$$

などと表せる．2 次の正方行列の行列式は，簡単に，**2 次の行列式**ともいう．

ちょっと寄り道　「行列」と「行列式」は，はっきり区別しよう！　「行列」を「人間」にたとえるなら，「行列式」はその「体重」のようなものである．体重は，人間の特性のある一面を表す量であるが，人間そのものではない．それと同様に，**行列式 $\det A$ は行列 A の特性のある一面を表す数（スカラー量）であって，行列そのものではない！**

4.2　2次の行列式の公式とその性質

2次の行列式については，次の公式が成り立つ．

公式

$$\begin{vmatrix} a_{11} & a_{12} \\ a_{21} & a_{22} \end{vmatrix} = a_{11}a_{22} - a_{21}a_{12}. \tag{4.1}$$

覚え方については後述するが，まず，この公式を使ってみよう．

確認 例題 4.1

公式 (4.1) を用いて，次の行列式を求めよ．

(1) $\begin{vmatrix} 2 & 3 \\ 4 & 5 \end{vmatrix}$

(2) $\begin{vmatrix} \cos\alpha & -\sin\alpha \\ \sin\alpha & \cos\alpha \end{vmatrix}$

【解答】 (1)　$2 \times 5 - 4 \times 3 = -2$.

(2)　$$\cos\alpha \times \cos\alpha - \sin\alpha \times (-\sin\alpha) = \cos^2\alpha + \sin^2\alpha = 1.$$ ■

問 4.1　次の行列式を求めよ．

(1) $\begin{vmatrix} -1 & 2 \\ 2 & 5 \end{vmatrix}$　(2) $\begin{vmatrix} 4 & 3 \\ 3 & 2 \end{vmatrix}$　(3) $\begin{vmatrix} 3 & -2 \\ 4 & -5 \end{vmatrix}$

さて，公式 (4.1) はなぜ成り立つのだろうか？　まず，行列式の一般的な性質を調べてから，それを用いて，公式 (4.1) を導くことにしよう．

導入 例題 4.2

2 次の行列式について，次の（ア），（イ）が成り立つことを示せ．

（ア）　$\det(\boldsymbol{a}, \boldsymbol{b}+\boldsymbol{b}') = \det(\boldsymbol{a}, \boldsymbol{b}) + \det(\boldsymbol{a}, \boldsymbol{b}')$　$(\boldsymbol{a}, \boldsymbol{b}, \boldsymbol{b}' \in \mathbb{R}^2)$.

（イ）　$\det(\boldsymbol{a}, c\boldsymbol{b}) = c\det(\boldsymbol{a}, \boldsymbol{b})$　($\boldsymbol{a}, \boldsymbol{b} \in \mathbb{R}^2$, c は実数).

ヒント：下の図のように，ベクトル $\boldsymbol{a}$ に沿って X 軸をとり，それに直交するように Y 軸をとって，$\det(\boldsymbol{a}, \boldsymbol{b}) = (\boldsymbol{a}$ の X 座標$) \times (\boldsymbol{b}$ の Y 座標$)$ を示せ．

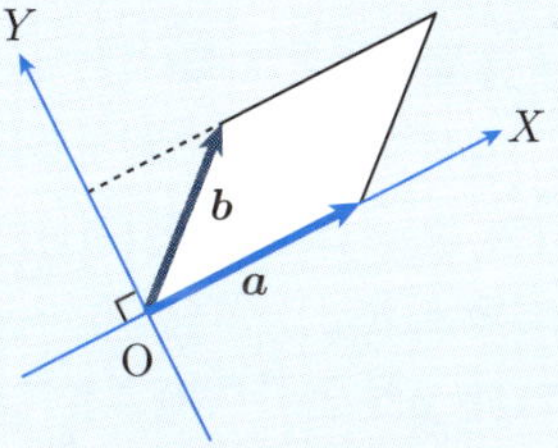

【解答】　ベクトル $\boldsymbol{a}, \boldsymbol{b}$ の作る平行四辺形において，$\boldsymbol{a}$ に対応する辺を「底辺」と考えると，**「底辺の長さ」は a の X 座標と一致し，「高さ」はベクトル b の Y 座標であるの**で，その面積を考えれば，$\boldsymbol{b}$ の Y 座標が負の場合も含めて

$$\det(\boldsymbol{a}, \boldsymbol{b}) = (\boldsymbol{a} \text{ の } X \text{ 座標}) \times (\boldsymbol{b} \text{ の } Y \text{ 座標})$$

が成り立つ（詳細な検討は読者にゆだねる）．

いま，$\boldsymbol{a}$ の X 座標を a_X とし，$\boldsymbol{b}, \boldsymbol{b}'$ の Y 座標をそれぞれ b_Y, b'_Y とすると，$\boldsymbol{b}+\boldsymbol{b}'$ の Y 座標は $b_Y + b'_Y$，$c\boldsymbol{b}$ の Y 座標は cb_Y であるので

$$\begin{aligned}\det(\boldsymbol{a}, \boldsymbol{b}+\boldsymbol{b}') &= a_X(b_Y + b'_Y)\\ &= a_X b_Y + a_X b'_Y\\ &= \det(\boldsymbol{a}, \boldsymbol{b}) + \det(\boldsymbol{a}, \boldsymbol{b}'),\end{aligned}$$

$$\begin{aligned}\det(\boldsymbol{a}, c\boldsymbol{b}) &= a_X(cb_Y)\\ &= c(a_X b_Y) = c\det(\boldsymbol{a}, \boldsymbol{b})\end{aligned}$$

が成り立つ．■

一般に，2 次の行列式は次の性質をみたす．

(1) $\det(\boldsymbol{a}+\boldsymbol{a}', \boldsymbol{b}) = \det(\boldsymbol{a}, \boldsymbol{b}) + \det(\boldsymbol{a}', \boldsymbol{b})$.

(2) $\det(c\boldsymbol{a}, \boldsymbol{b}) = c\det(\boldsymbol{a}, \boldsymbol{b})$.

(3) $\det(\boldsymbol{a}, \boldsymbol{b}+\boldsymbol{b}') = \det(\boldsymbol{a}, \boldsymbol{b}) + \det(\boldsymbol{a}, \boldsymbol{b}')$.

(4) $\det(\boldsymbol{a}, c\boldsymbol{b}) = c\det(\boldsymbol{a}, \boldsymbol{b})$.

(5) $\det(\boldsymbol{b}, \boldsymbol{a}) = -\det(\boldsymbol{a}, \boldsymbol{b})$.

(6) $\det(\boldsymbol{a}, \boldsymbol{a}) = 0$.

性質 (1) から (4) までを**多重線形性**とよぶ．特に，性質 (1)，(2) を**第 1 列に関する線形性**とよび，性質 (3)，(4) を**第 2 列に関する線形性**とよぶ．また，(5) と (6) を**交代性**とよぶ．性質 (5) は，ベクトルを入れかえると図形が裏返ることに対応し，性質 (6) は，平行四辺形が「つぶれる」場合に対応する．

これらの性質を別の形に書き表すと，次のようになる．

(1) $$\begin{vmatrix} a_{11}+a'_{11} & a_{12} \\ a_{21}+a'_{21} & a_{22} \end{vmatrix} = \begin{vmatrix} a_{11} & a_{12} \\ a_{21} & a_{22} \end{vmatrix} + \begin{vmatrix} a'_{11} & a_{12} \\ a'_{21} & a_{22} \end{vmatrix}.$$

(2) $$\begin{vmatrix} ca_{11} & a_{12} \\ ca_{21} & a_{22} \end{vmatrix} = c\begin{vmatrix} a_{11} & a_{12} \\ a_{21} & a_{22} \end{vmatrix}.$$

(3) $$\begin{vmatrix} a_{11} & a_{12}+a'_{12} \\ a_{21} & a_{22}+a'_{22} \end{vmatrix} = \begin{vmatrix} a_{11} & a_{12} \\ a_{21} & a_{22} \end{vmatrix} + \begin{vmatrix} a_{11} & a'_{12} \\ a_{21} & a'_{22} \end{vmatrix}.$$

(4) $$\begin{vmatrix} a_{11} & ca_{12} \\ a_{21} & ca_{22} \end{vmatrix} = c\begin{vmatrix} a_{11} & a_{12} \\ a_{21} & a_{22} \end{vmatrix}.$$

(5) $$\begin{vmatrix} a_{12} & a_{11} \\ a_{22} & a_{21} \end{vmatrix} = -\begin{vmatrix} a_{11} & a_{12} \\ a_{21} & a_{22} \end{vmatrix}.$$

(6) $$\begin{vmatrix} a_{11} & a_{11} \\ a_{21} & a_{21} \end{vmatrix} = 0.$$

次の導入例題を解くと，2 次の行列式の公式にたどり着く．

導入 例題 4.3

次の式が成り立つことを順を追って示せ.

(1) $\begin{vmatrix} a_{11} & a_{12} \\ a_{21} & a_{22} \end{vmatrix} = \begin{vmatrix} a_{11} & a_{12} \\ 0 & a_{22} \end{vmatrix} + \begin{vmatrix} 0 & a_{12} \\ a_{21} & a_{22} \end{vmatrix}$.

(2) $\begin{vmatrix} a_{11} & a_{12} \\ 0 & a_{22} \end{vmatrix} = \begin{vmatrix} a_{11} & a_{12} \\ 0 & 0 \end{vmatrix} + \begin{vmatrix} a_{11} & 0 \\ 0 & a_{22} \end{vmatrix}$.

(3) $\begin{vmatrix} 0 & a_{12} \\ a_{21} & a_{22} \end{vmatrix} = \begin{vmatrix} 0 & a_{12} \\ a_{21} & 0 \end{vmatrix} + \begin{vmatrix} 0 & 0 \\ a_{21} & a_{22} \end{vmatrix}$.

(4) $\begin{vmatrix} 0 & a_{12} \\ a_{21} & 0 \end{vmatrix} = -\begin{vmatrix} a_{12} & 0 \\ 0 & a_{21} \end{vmatrix}$.

(5) $\begin{vmatrix} a_{11} & a_{12} \\ a_{21} & a_{22} \end{vmatrix} = a_{11}a_{22} - a_{21}a_{12}$.

【解答】 (1)
$$\begin{pmatrix} a_{11} \\ a_{21} \end{pmatrix} = \begin{pmatrix} a_{11} \\ 0 \end{pmatrix} + \begin{pmatrix} 0 \\ a_{21} \end{pmatrix}$$
に注意して，**第1列に関する線形性**（前述の性質 (1)）を用いればよい.

(2)
$$\begin{pmatrix} a_{12} \\ a_{22} \end{pmatrix} = \begin{pmatrix} a_{12} \\ 0 \end{pmatrix} + \begin{pmatrix} 0 \\ a_{22} \end{pmatrix}$$
に注意して，**第2列に関する線形性**（性質 (3)）を用いればよい.

(3) 小問 (2) と同様に示される.

(4) **交代性**を適用すればよい（性質 (5)：第1列と第2列を入れかえる).

(5) 一般に $\begin{vmatrix} a & 0 \\ 0 & b \end{vmatrix} = ab$ が成り立つ．実際, xy 平面において, 行列 $\begin{pmatrix} a & 0 \\ 0 & b \end{pmatrix}$ を作用させると，図形は x 軸方向に a 倍され，y 軸方向に b 倍されるので，面積は ab 倍になる（符号の正負の考察は読者にゆだねる)．よって
$$\begin{vmatrix} a_{11} & 0 \\ 0 & a_{22} \end{vmatrix} = a_{11}a_{22}, \quad \begin{vmatrix} 0 & a_{12} \\ a_{21} & 0 \end{vmatrix} = -\begin{vmatrix} a_{12} & 0 \\ 0 & a_{21} \end{vmatrix} = -a_{12}a_{21}$$
が成り立つ．また，第1列，第2列に関する線形性と交代性を用いれば

$$\begin{vmatrix} a_{11} & a_{12} \\ 0 & 0 \end{vmatrix} = a_{11}\begin{vmatrix} 1 & a_{12} \\ 0 & 0 \end{vmatrix} = a_{11}a_{12}\begin{vmatrix} 1 & 1 \\ 0 & 0 \end{vmatrix} = 0$$

であることがわかる．同様に

$$\begin{vmatrix} 0 & 0 \\ a_{21} & a_{22} \end{vmatrix} = a_{21}a_{22}\begin{vmatrix} 0 & 0 \\ 1 & 1 \end{vmatrix} = 0$$

である．以上のことをあわせれば

$$\begin{aligned} \begin{vmatrix} a_{11} & a_{12} \\ a_{21} & a_{22} \end{vmatrix} &= \begin{vmatrix} a_{11} & a_{12} \\ 0 & 0 \end{vmatrix} + \begin{vmatrix} a_{11} & 0 \\ 0 & a_{22} \end{vmatrix} + \begin{vmatrix} 0 & a_{12} \\ a_{21} & 0 \end{vmatrix} + \begin{vmatrix} 0 & 0 \\ a_{21} & a_{22} \end{vmatrix} \\ &= a_{11}a_{22} - a_{21}a_{12} \end{aligned}$$

が得られる． ■

次の基本例題も行列式の大事な性質を示している．

基本 例題 4.1

2 次正方行列 A に対して，$\det A = \det({}^tA)$ が成り立つこと，つまり，転置しても行列式の値が変わらないことを示せ．

【解答】 $A = \begin{pmatrix} a_{11} & a_{12} \\ a_{21} & a_{22} \end{pmatrix}$ とするとき，${}^tA = \begin{pmatrix} a_{11} & a_{21} \\ a_{12} & a_{22} \end{pmatrix}$ であるので

$$\det({}^tA) = a_{11}a_{22} - a_{12}a_{21} = a_{11}a_{22} - a_{21}a_{12} = \det A$$

が成り立つ． ■

Point 2 次正方行列 A の行列式 $\det A$ について，まとめておこう．

- A を作用させたときの図形の面積の拡大率が $\det A$ である．ただし，図形が裏返ったら行列式は負の数となる．
- $\det(\boldsymbol{a}, \boldsymbol{b})$ は，$\boldsymbol{a}$ と $\boldsymbol{b}$ の作る平行四辺形の面積に符号をつけたものである．
- 行列式には，多重線形性と交代性という性質がある．
- 公式：$\begin{vmatrix} a_{11} & a_{12} \\ a_{21} & a_{22} \end{vmatrix} = a_{11}a_{22} - a_{21}a_{12}$.
- 2 次の行列式は，転置しても値が変わらない．

4.3　3 次の行列式

3 次の正方行列

$$A = \begin{pmatrix} a_{11} & a_{12} & a_{13} \\ a_{21} & a_{22} & a_{23} \\ a_{31} & a_{32} & a_{33} \end{pmatrix}$$

の行列式も考えることができる．それは，図形（この場合は立体）に **A を作用させたときの図形の体積の拡大率**である．ここでも，**図形が裏返った場合は，行列式は負の数**と考える．

A の行列式を

$$\det A, \quad |A|, \quad \begin{vmatrix} a_{11} & a_{12} & a_{13} \\ a_{21} & a_{22} & a_{23} \\ a_{31} & a_{32} & a_{33} \end{vmatrix}, \quad \det(\boldsymbol{a}_1, \boldsymbol{a}_2, \boldsymbol{a}_3)$$

などと表す．ただし，$\boldsymbol{a}_1, \boldsymbol{a}_2, \boldsymbol{a}_3$ は A の 3 つの列ベクトルである．

基本ベクトル

$$\boldsymbol{e}_1 = \begin{pmatrix} 1 \\ 0 \\ 0 \end{pmatrix}, \quad \boldsymbol{e}_2 = \begin{pmatrix} 0 \\ 1 \\ 0 \end{pmatrix}, \quad \boldsymbol{e}_3 = \begin{pmatrix} 0 \\ 0 \\ 1 \end{pmatrix}$$

の作る立方体に行列 A を作用させると

$$A\boldsymbol{e}_1 = \boldsymbol{a}_1, \quad A\boldsymbol{e}_2 = \boldsymbol{a}_2, \quad A\boldsymbol{e}_3 = \boldsymbol{a}_3$$

であり，体積の拡大率は，$\boldsymbol{a}_1, \boldsymbol{a}_2, \boldsymbol{a}_3$ の作る**平行六面体**（直方体が「ひしゃげた」形：6 つの面がすべて平行四辺形である立体）の体積と一致する．

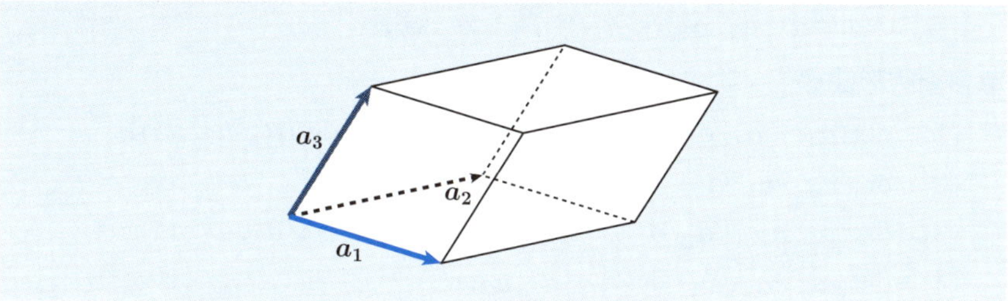

この平行六面体の体積を V とするとき，行列式 $\det A = \det(\boldsymbol{a}_1, \boldsymbol{a}_2, \boldsymbol{a}_3)$ は

$$\det(\boldsymbol{a}_1, \boldsymbol{a}_2, \boldsymbol{a}_3) = \begin{cases} V & (\boldsymbol{a}_1,\ \boldsymbol{a}_2,\ \boldsymbol{a}_3 \text{ が右手系をなすとき}) \\ -V & (\boldsymbol{a}_1,\ \boldsymbol{a}_2,\ \boldsymbol{a}_3 \text{ が左手系をなすとき}) \end{cases}$$

と定められる．ここで，通常の3次元空間の xyz 座標は，右手の親指に x 軸，人差し指に y 軸，中指に z 軸を対応させると，3つの指をちょうど座標の向きに合わせることができる．このような3つの向きの関係を**右手系**といい，この関係が「裏返し」になったものを**左手系**という．

導入 例題 4.4

3次の行列式 $\det(\boldsymbol{a}_1, \boldsymbol{a}_2, \boldsymbol{a}_3)$ について，次の性質が成り立つことを示せ．

ヒント：導入例題 4.2 と似たような考察をしてみよ．

(1) $\det(\boldsymbol{a}_1 + \boldsymbol{a}'_1, \boldsymbol{a}_2, \boldsymbol{a}_3) = \det(\boldsymbol{a}_1, \boldsymbol{a}_2, \boldsymbol{a}_3) + \det(\boldsymbol{a}'_1, \boldsymbol{a}_2, \boldsymbol{a}_3)$.

(2) $\det(c\boldsymbol{a}_1, \boldsymbol{a}_2, \boldsymbol{a}_3) = c\det(\boldsymbol{a}_1, \boldsymbol{a}_2, \boldsymbol{a}_3)$.

【解答】 **ベクトル $\boldsymbol{a}_2,\ \boldsymbol{a}_3$ の作る平行四辺形を底面**と考え，**底面と直交する向きに X 軸**をとる．このとき，**$\boldsymbol{a}_2,\ \boldsymbol{a}_3$ が同一ならば，$\det(\boldsymbol{a}_1, \boldsymbol{a}_2, \boldsymbol{a}_3)$ は $\boldsymbol{a}_1$ の X 座標に比例する**．このことより，(1), (2) の式がしたがう（詳細な検討は読者にゆだねる）． ■

一般に，$\det(\boldsymbol{a}_1, \boldsymbol{a}_2, \boldsymbol{a}_3)$ は次の性質をみたす．

● 多重線形性 ●

(1) $\det(\boldsymbol{a}_1 + \boldsymbol{a}'_1, \boldsymbol{a}_2, \boldsymbol{a}_3) = \det(\boldsymbol{a}_1, \boldsymbol{a}_2, \boldsymbol{a}_3) + \det(\boldsymbol{a}'_1, \boldsymbol{a}_2, \boldsymbol{a}_3)$.

(2) $\det(c\boldsymbol{a}_1, \boldsymbol{a}_2, \boldsymbol{a}_3) = c\det(\boldsymbol{a}_1, \boldsymbol{a}_2, \boldsymbol{a}_3)$.

(3) $\det(\boldsymbol{a}_1, \boldsymbol{a}_2 + \boldsymbol{a}'_2, \boldsymbol{a}_3) = \det(\boldsymbol{a}_1, \boldsymbol{a}_2, \boldsymbol{a}_3) + \det(\boldsymbol{a}_1, \boldsymbol{a}'_2, \boldsymbol{a}_3)$.

(4) $\det(\boldsymbol{a}_1, c\boldsymbol{a}_2, \boldsymbol{a}_3) = c\det(\boldsymbol{a}_1, \boldsymbol{a}_2, \boldsymbol{a}_3)$.

(5) $\det(\boldsymbol{a}_1, \boldsymbol{a}_2, \boldsymbol{a}_3 + \boldsymbol{a}'_3) = \det(\boldsymbol{a}_1, \boldsymbol{a}_2, \boldsymbol{a}_3) + \det(\boldsymbol{a}_1, \boldsymbol{a}_2, \boldsymbol{a}'_3)$.

(6) $\det(\boldsymbol{a}_1, \boldsymbol{a}_2, c\boldsymbol{a}_3) = c\det(\boldsymbol{a}_1, \boldsymbol{a}_2, \boldsymbol{a}_3)$.

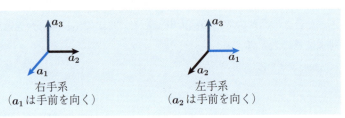

●**交代性**●

(7)　$\det(\boldsymbol{a}_2, \boldsymbol{a}_1, \boldsymbol{a}_3) = -\det(\boldsymbol{a}_1, \boldsymbol{a}_2, \boldsymbol{a}_3)$.

(8)　$\det(\boldsymbol{a}_3, \boldsymbol{a}_2, \boldsymbol{a}_1) = -\det(\boldsymbol{a}_1, \boldsymbol{a}_2, \boldsymbol{a}_3)$.

(9)　$\det(\boldsymbol{a}_1, \boldsymbol{a}_3, \boldsymbol{a}_2) = -\det(\boldsymbol{a}_1, \boldsymbol{a}_2, \boldsymbol{a}_3)$.

(10)　$\det(\boldsymbol{a}, \boldsymbol{a}, \boldsymbol{b}) = \det(\boldsymbol{a}, \boldsymbol{b}, \boldsymbol{a}) = \det(\boldsymbol{b}, \boldsymbol{a}, \boldsymbol{a}) = 0$.

性質 (7) から (9) は,「3つのベクトルのうち2つを入れかえると図形が裏返る」ことに対応する．性質 (10) は，図形が「つぶれる」場合に対応する．

さらに次も成り立つ．

(11)　$\det(\boldsymbol{e}_1, \boldsymbol{e}_2, \boldsymbol{e}_3) = 1$　($\boldsymbol{e}_1$, $\boldsymbol{e}_2$, $\boldsymbol{e}_3$ は基本ベクトル).

これらの性質を組み合わせれば，3次の行列式が計算できる．

導入 例題 4.5

多重線形性や交代性を用いて，次の行列式を求めよ．

$$\begin{vmatrix} 0 & 1 & 0 \\ 2 & 1 & 0 \\ 0 & 0 & 3 \end{vmatrix}$$

【解答】　$\boldsymbol{e}_1$, $\boldsymbol{e}_2$, $\boldsymbol{e}_3$ を基本ベクトルとするとき，求める行列式は

$$\begin{aligned} \det(2\boldsymbol{e}_2, \boldsymbol{e}_1 + \boldsymbol{e}_2, 3\boldsymbol{e}_3) &= \det(2\boldsymbol{e}_2, \boldsymbol{e}_1, 3\boldsymbol{e}_3) + \det(2\boldsymbol{e}_2, \boldsymbol{e}_2, 3\boldsymbol{e}_3) \\ &= 2 \times 3 \det(\boldsymbol{e}_2, \boldsymbol{e}_1, \boldsymbol{e}_3) + 2 \times 3 \det(\boldsymbol{e}_2, \boldsymbol{e}_2, \boldsymbol{e}_3) \\ &= 2 \times 3 \times \bigl(-\det(\boldsymbol{e}_1, \boldsymbol{e}_2, \boldsymbol{e}_3)\bigr) + 2 \times 3 \times 0 \\ &= -6. \end{aligned}$$

■

一般には，上のような計算はかなり複雑になって，実用的でない．しかし，多重線形性と交代性によって，次の公式が導かれる（証明は省略する）．

公式

$$\begin{vmatrix} a_{11} & a_{12} & a_{13} \\ a_{21} & a_{22} & a_{23} \\ a_{31} & a_{32} & a_{33} \end{vmatrix} = a_{11}a_{22}a_{33} + a_{21}a_{32}a_{13} + a_{31}a_{12}a_{23} - a_{11}a_{32}a_{23} - a_{21}a_{12}a_{33} - a_{31}a_{22}a_{13} \tag{4.2}$$

2次と3次の行列式の公式(4.1)と(4.2)は，次のような覚え方がある．これは，**たすきがけの規則**，あるいは**サラスの規則**とよばれる．

●2次の行列式●

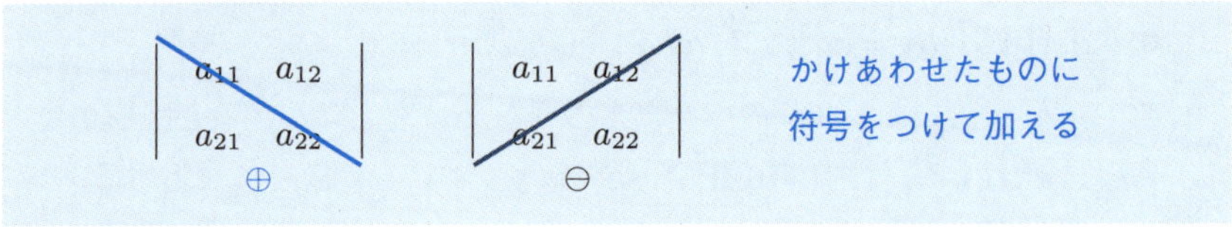

●3次の行列式●

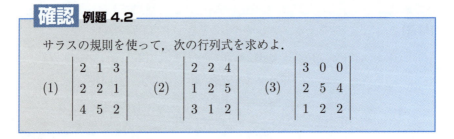

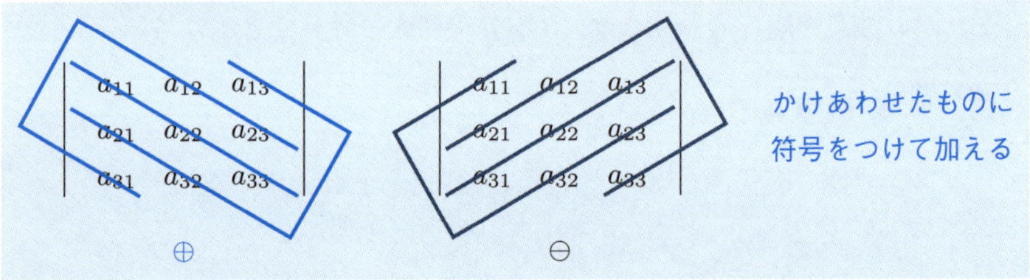

注意： 4次以上の行列式には，このような「規則」は適用できない．

確認 例題 4.2

サラスの規則を使って，次の行列式を求めよ．

(1) $\begin{vmatrix} 2 & 1 & 3 \\ 2 & 2 & 1 \\ 4 & 5 & 2 \end{vmatrix}$ (2) $\begin{vmatrix} 2 & 2 & 4 \\ 1 & 2 & 5 \\ 3 & 1 & 2 \end{vmatrix}$ (3) $\begin{vmatrix} 3 & 0 & 0 \\ 2 & 5 & 4 \\ 1 & 2 & 2 \end{vmatrix}$

【解答】 (1)

$$2\times2\times2+2\times5\times3+4\times1\times1-2\times5\times1-2\times1\times2-4\times2\times3=4.$$

(2)

$$2\times2\times2+1\times1\times4+3\times2\times5-2\times1\times5-1\times2\times2-3\times2\times4=4.$$

(3)

$$3\times5\times2+2\times2\times0+1\times0\times4-3\times2\times4-2\times0\times2-1\times5\times0=6.$$

■

問 4.2　サラスの規則を使って，次の行列式を求めよ．

(1) $\begin{vmatrix} 3 & 1 & -5 \\ 2 & 0 & 2 \\ 1 & 1 & 3 \end{vmatrix}$　(2) $\begin{vmatrix} 3 & 2 & 1 \\ 1 & 0 & 1 \\ -5 & 2 & 3 \end{vmatrix}$　(3) $\begin{vmatrix} 3 & 2 & 1 \\ 0 & 5 & 2 \\ 0 & 4 & 2 \end{vmatrix}$

さて，確認例題 4.2 の (1) と (2)，問 4.2 の (1) と (2) を比べると，これらは互いに転置した形であり，その値は等しい．一般に，3 次の行列式について

$$\det({}^t\!A) = \det A$$

が成り立つ．つまり，**3 次の行列式は，転置しても値が変わらない**．

注意： 転置しても行列式は変わらないので，行列式の**列に関して成り立つ性質は，行に関しても成り立つ**．たとえば，次のような式をはじめとして，一般に，**行に関する多重線形性や交代性**が成り立つ．

$$\begin{vmatrix} a_{11}+a'_{11} & a_{12}+a'_{12} & a_{13}+a'_{13} \\ a_{21} & a_{22} & a_{23} \\ a_{31} & a_{32} & a_{33} \end{vmatrix} = \begin{vmatrix} a_{11} & a_{12} & a_{13} \\ a_{21} & a_{22} & a_{23} \\ a_{31} & a_{32} & a_{33} \end{vmatrix} + \begin{vmatrix} a'_{11} & a'_{12} & a'_{13} \\ a_{21} & a_{22} & a_{23} \\ a_{31} & a_{32} & a_{33} \end{vmatrix}$$

さらに，確認例題 4.2 (3) や問 4.2 (3) のような形の行列式について考えよう．

導入 例題 4.6

$\left(\begin{array}{c|cc} 3 & 0 & 0 \\ \hline 2 & 5 & 4 \\ 1 & 2 & 2 \end{array}\right)$ のように区画に分けると，右上の区画の成分がすべて 0 である．このとき，$\begin{vmatrix} 3 & 0 & 0 \\ 2 & 5 & 4 \\ 1 & 2 & 2 \end{vmatrix} = 3\begin{vmatrix} 5 & 4 \\ 2 & 2 \end{vmatrix}$ である．

(1)　上の式を確かめよ．

(2)　一般に $\begin{vmatrix} a_{11} & 0 & 0 \\ a_{21} & a_{22} & a_{23} \\ a_{31} & a_{32} & a_{33} \end{vmatrix} = a_{11}\begin{vmatrix} a_{22} & a_{23} \\ a_{32} & a_{33} \end{vmatrix}$ が成り立つことを示せ．

【解答】 (1)　左辺の値は 6 である（確認例題 4.2 (3) 参照）．一方

$$\begin{aligned}\begin{vmatrix} 5 & 4 \\ 2 & 2 \end{vmatrix} &= 5 \times 2 - 2 \times 4 \\ &= 2\end{aligned}$$

であるので，確かに

$$6 = 3 \times 2$$

が成り立つ．

(2)

$$\begin{aligned}（左辺）&= a_{11}a_{22}a_{33} + a_{21}a_{32} \times 0 + a_{31} \times 0 \times a_{23} \\ &\qquad - a_{11}a_{32}a_{23} - a_{21} \times 0 \times a_{33} - a_{31}a_{22} \times 0 \\ &= a_{11}(a_{22}a_{33} - a_{32}a_{23}) \\ &= （右辺）.\end{aligned}$$

■

問 4.3　次の式が成り立つことを計算によって確かめよ．

$$\begin{vmatrix} a_{11} & a_{12} & a_{13} \\ 0 & a_{22} & a_{23} \\ 0 & a_{32} & a_{33} \end{vmatrix} = a_{11} \begin{vmatrix} a_{22} & a_{23} \\ a_{32} & a_{33} \end{vmatrix}.$$

いままでのポイントをまとめておこう．

Point

- 3 次正方行列 A の行列式 $\det A$ は，A を作用させたときの図形の体積の拡大率に符号をつけたものである．
- $\det(\boldsymbol{a}_1, \boldsymbol{a}_2, \boldsymbol{a}_3)$ は 3 つのベクトル $\boldsymbol{a}_1$, $\boldsymbol{a}_2$, $\boldsymbol{a}_3$ で作られる平行六面体の体積に符号をつけたものである．
- 3 次の行列式も多重線形性と交代性を持つ．
- 2 次と 3 次の行列式には，「たすきがけの規則」あるいは「サラスの規則」とよばれる覚え方がある．
- 3 次の行列式も，転置によって値が変わらない．
- 導入例題 4.6 では，特別な形の 3 次の行列式について考えた．

4.4　n 次の行列式

4 次以上の行列式も考えることができる．n 次正方行列

$$A = \begin{pmatrix} a_{11} & a_{12} & \cdots & a_{1n} \\ a_{21} & a_{22} & \cdots & a_{2n} \\ \vdots & \vdots & \ddots & \vdots \\ a_{n1} & a_{n2} & \cdots & a_{nn} \end{pmatrix}$$

に対して A の行列式とよばれる実数が定まる．A の行列式は

$$|A|, \quad \begin{vmatrix} a_{11} & a_{12} & \cdots & a_{1n} \\ a_{21} & a_{22} & \cdots & a_{2n} \\ \vdots & \vdots & \ddots & \vdots \\ a_{n1} & a_{n2} & \cdots & a_{nn} \end{vmatrix}, \quad \det A, \quad \det(\boldsymbol{a}_1, \boldsymbol{a}_2, \ldots, \boldsymbol{a}_n)$$

などの記号を用いて表す．ここで，$\boldsymbol{a}_1, \boldsymbol{a}_2, \ldots, \boldsymbol{a}_n$ は，それぞれ A の第 1 列ベクトル，第 2 列ベクトル，$\cdots$，第 n 列ベクトルを表す．

行列式の正確な定義は少しむずかしいので，ここでは取り扱わないが，それを知らなくても，次に述べる基本的性質を知っていれば，行列式を計算することができるので，実用上，それほど困らない（定義は付録を参照）．

2 次や 3 次の場合と同様に，n 次の行列式も次の性質を持つ．

●行列式の基本的性質●

(1)　$\det({}^t A) = \det A$ である．つまり，行列式は転置しても変わらない．したがって，行列式の列について成り立つ性質は行についても成り立ち，行について成り立つ性質は列についても成り立つ．

(2)　行列式は列についての多重線形性を持つ．つまり

$$\det(\boldsymbol{a}_1, \ldots, \boldsymbol{a}_{i-1}, \boldsymbol{a}_i + \boldsymbol{a}_i', \boldsymbol{a}_{i+1}, \ldots, \boldsymbol{a}_n)$$
$$= \det(\boldsymbol{a}_1, \ldots, \boldsymbol{a}_i, \ldots, \boldsymbol{a}_n) + \det(\boldsymbol{a}_1, \ldots, \boldsymbol{a}_i', \ldots, \boldsymbol{a}_n),$$
$$\det(\boldsymbol{a}_1, \ldots, \boldsymbol{a}_{i-1}, c\boldsymbol{a}_i, \boldsymbol{a}_{i+1}, \ldots, \boldsymbol{a}_n)$$
$$= c\det(\boldsymbol{a}_1, \ldots, \boldsymbol{a}_{i-1}, \boldsymbol{a}_i, \boldsymbol{a}_{i+1}, \ldots, \boldsymbol{a}_n)$$

が各 i（$i = 1, 2, \ldots, n$）について成り立つ．

(2′)　行列式は，行についても多重線形性を持つ．

(3) 行列式は，列について交代性を持つ．つまり，2つの列を交換すると，行列式は (-1) 倍になる．また，2つの同じ列を含む行列式は0である．

(3′) 行列式は，行について交代性を持つ．つまり，2つの行を交換すると，行列式は (-1) 倍になる．また，2つの同じ行を含む行列式は0である．

(4) $$\begin{vmatrix} a_{11} & 0 & \cdots & 0 \\ a_{21} & a_{22} & \cdots & a_{2n} \\ \vdots & \vdots & \ddots & \vdots \\ a_{n1} & a_{n2} & \cdots & a_{nn} \end{vmatrix} = a_{11} \begin{vmatrix} a_{22} & \cdots & a_{2n} \\ \vdots & \ddots & \vdots \\ a_{n2} & \cdots & a_{nn} \end{vmatrix}.$$

(4′) $$\begin{vmatrix} a_{11} & a_{12} & \cdots & a_{1n} \\ 0 & a_{22} & \cdots & a_{2n} \\ \vdots & \vdots & \ddots & \vdots \\ 0 & a_{n2} & \cdots & a_{nn} \end{vmatrix} = a_{11} \begin{vmatrix} a_{22} & \cdots & a_{2n} \\ \vdots & \ddots & \vdots \\ a_{n2} & \cdots & a_{nn} \end{vmatrix}.$$

(5) $\det(E_n) = 1$.

以上の基本的性質から，さらにいくつかの性質が導かれる．

基本 例題 4.2

次の行列式を求めよ．

(1) $\begin{vmatrix} 2 & 0 & 0 & 0 \\ 0 & 3 & 0 & 0 \\ 0 & 0 & 2 & 0 \\ 0 & 0 & 0 & 4 \end{vmatrix}$　　(2) $\begin{vmatrix} 2 & 1 & 5 & 4 \\ 0 & 3 & 3 & 6 \\ 0 & 0 & 2 & 7 \\ 0 & 0 & 0 & 4 \end{vmatrix}$

【解答】 (1) 行列式の基本的性質 (4)（または (4′)）をくり返し用いる．

$$\begin{vmatrix} 2 & 0 & 0 & 0 \\ 0 & 3 & 0 & 0 \\ 0 & 0 & 2 & 0 \\ 0 & 0 & 0 & 4 \end{vmatrix} = 2 \begin{vmatrix} 3 & 0 & 0 \\ 0 & 2 & 0 \\ 0 & 0 & 4 \end{vmatrix} = 2 \times 3 \begin{vmatrix} 2 & 0 \\ 0 & 4 \end{vmatrix}$$

$$= 2 \times 3 \times 2 \times 4 = 48.$$

(2) 行列式の基本的性質 (4′) をくり返し用いる．

$$\begin{vmatrix} 2 & 1 & 5 & 4 \\ 0 & 3 & 3 & 6 \\ 0 & 0 & 2 & 7 \\ 0 & 0 & 0 & 4 \end{vmatrix} = 2 \begin{vmatrix} 3 & 3 & 6 \\ 0 & 2 & 7 \\ 0 & 0 & 4 \end{vmatrix} = 2 \times 3 \begin{vmatrix} 2 & 7 \\ 0 & 4 \end{vmatrix} = 2 \times 3 \times 2 \times 4 = 48.$$

■

n 次正方行列の $(1,1)$ 成分，$(2,2)$ 成分，$\cdots$，(n,n) 成分を総称して**対角成分**とよぶ．対角成分以外の成分がすべて 0 である行列を**対角行列**といい，対角成分から見て左下の成分がすべて 0 である行列を**上三角行列**という．基本例題 4.2 からもわかるように，**対角行列や上三角行列の行列式は，対角成分をすべてかけあわせたもの**である．

基本 例題 4.3

$$\begin{vmatrix} a_{11}+2a_{13} & a_{12} & a_{13} & a_{14} \\ a_{21}+2a_{23} & a_{22} & a_{23} & a_{24} \\ a_{31}+2a_{33} & a_{32} & a_{33} & a_{34} \\ a_{41}+2a_{43} & a_{42} & a_{43} & a_{44} \end{vmatrix} = \begin{vmatrix} a_{11} & a_{12} & a_{13} & a_{14} \\ a_{21} & a_{22} & a_{23} & a_{24} \\ a_{31} & a_{32} & a_{33} & a_{34} \\ a_{41} & a_{42} & a_{43} & a_{44} \end{vmatrix}$$

が成り立つことを示せ．

【解答】　$\boldsymbol{a}_1 = \begin{pmatrix} a_{11} \\ a_{21} \\ a_{31} \\ a_{41} \end{pmatrix}, \boldsymbol{a}_2 = \begin{pmatrix} a_{12} \\ a_{22} \\ a_{32} \\ a_{42} \end{pmatrix}, \boldsymbol{a}_3 = \begin{pmatrix} a_{13} \\ a_{23} \\ a_{33} \\ a_{43} \end{pmatrix}, \boldsymbol{a}_4 = \begin{pmatrix} a_{14} \\ a_{24} \\ a_{34} \\ a_{44} \end{pmatrix}$

とおく．行列式の基本的性質 (2), (3) を用いると

$\det(\boldsymbol{a}_1 + 2\boldsymbol{a}_3, \boldsymbol{a}_2, \boldsymbol{a}_3, \boldsymbol{a}_4)$

$= \det(\boldsymbol{a}_1, \boldsymbol{a}_2, \boldsymbol{a}_3, \boldsymbol{a}_4) + \det(2\boldsymbol{a}_3, \boldsymbol{a}_2, \boldsymbol{a}_3, \boldsymbol{a}_4)$　⇐ 性質 (2)：多重線形性

$= \det(\boldsymbol{a}_1, \boldsymbol{a}_2, \boldsymbol{a}_3, \boldsymbol{a}_4) + 2\det(\boldsymbol{a}_3, \boldsymbol{a}_2, \boldsymbol{a}_3, \boldsymbol{a}_4)$　⇐ 性質 (2)：多重線形性

$= \det(\boldsymbol{a}_1, \boldsymbol{a}_2, \boldsymbol{a}_3, \boldsymbol{a}_4)$　⇐ 性質 (3)：交代性：同じ列を含む行列式は 0

が得られる．

■

一般に，**ある列に別の列の定数倍を加えても行列式の値は変わらない**．また，**ある行に別の行の定数倍を加えても行列式の値は変わらない**．

4.5 行列式の積について

行列式の計算や理論について本格的に説明する前に，次の定理を述べておく．

定理 4.1 A, B を n 次の正方行列とするとき，次が成り立つ．

$$\det(AB) = \det A \det B.$$

確認 例題 4.3

次の A, B に対して，$\det(AB) = \det A \det B$ を確かめよ．

(1) $A = \begin{pmatrix} 1 & 2 \\ 3 & 4 \end{pmatrix}, \quad B = \begin{pmatrix} 3 & 1 \\ 2 & 5 \end{pmatrix}.$

(2) $A = \begin{pmatrix} 2 & 0 & 1 \\ 0 & 3 & 1 \\ 1 & 1 & 2 \end{pmatrix}, \quad B = \begin{pmatrix} 1 & 0 & 1 \\ 0 & 2 & 0 \\ 0 & 0 & 2 \end{pmatrix}.$

【解答】 (1) $\det A = -2$, $\det B = 13$ である．一方

$$AB = \begin{pmatrix} 7 & 11 \\ 17 & 23 \end{pmatrix}$$

であるので，$\det(AB) = -26 = \det A \det B$ が成り立つ．

(2) $\det A = 7$, $\det B = 4$ である．一方

$$AB = \begin{pmatrix} 2 & 0 & 4 \\ 0 & 6 & 2 \\ 1 & 2 & 5 \end{pmatrix}$$

であるので，$\det(AB) = 28 = \det A \det B$ が成り立つ． ■

定理 4.1 の厳密な証明は述べられない．感覚的にいえば，$n = 2, 3$ の場合，行列 B を作用させると，図形の面積（体積）は $\det B$ 倍され，引き続き A を作用させると，さらに $\det A$ 倍されるので，AB の作用によって面積（体積）は $\det A \det B$ 倍になる．よって，$\det(AB) = \det A \det B$ である．

定理 4.1 の応用として，**行列式による正則性の判定**について述べよう．

基本 例題 4.4

n 次正方行列 A が**正則**行列ならば，$\det A \neq 0$ であり，さらに逆行列 A^{-1} の行列式について

$$\det(A^{-1}) = \frac{1}{\det A}$$

が成り立つことを示せ．

【解答】　$AA^{-1} = E_n$ であるが，その行列式を考えれば

$$1 = \det(E_n) = \det(AA^{-1}) = \det A \det(A^{-1})$$

であるので，$\det A \neq 0$ であり，$\det(A^{-1}) = \dfrac{1}{\det A}$ となる．■

このことから，**$\det A = 0$ ならば，A は逆行列を持たない**こともわかる．

4.6　いかにして行列式を計算するか？

導入 例題 4.7

次の文章の空欄に当てはまる語句を選択肢から選べ．

第 2 章で述べた行列の基本変形を思い出そう．行基本変形は 3 種類あったが，これらの変形によって，行列式はどのように変化するだろうか？

まず,「2 つの行を入れかえる」という操作をほどこすと, 行列式の [(1)] とよばれる性質によって，行列式は [(2)]．次に,「ある行を c 倍する」という操作をほどこすと，行列式の [(3)] とよばれる性質によって，行列式は [(4)]．さらに,「ある行に別の行の c 倍を加える」という操作をほどこしたときは，行列式は [(5)]（基本例題 4.3 の直後のコメント参照）.

列についても同様である．「2 つの列を入れかえる」と, 行列式は [(6)]．「ある列を c 倍する」と，行列式は [(7)]．さらに,「ある列に別の列の c 倍を加える」という操作をほどこしたときは，行列式は [(8)]．

【選択肢群】（ア）　多重線形性　　（イ）　交代性　　（ウ）　変わらない
（エ）　(−1) 倍になる　　（オ）　c 倍になる

【解答】 (1) (イ) (2) (エ) (3) (ア) (4) (オ) (5) (ウ) (6) (エ) (7) (オ) (8) (ウ) ■

いままで説明したことがわかっていれば，導入例題 4.7 は解けるはずである．

Point

- 2 つの行（または列）を入れかえると，行列式は (-1) 倍になる．
- ある行（または列）を c 倍すると，行列式は c 倍になる．
- ある行（または列）に別の行（または列）の c 倍を加えても，行列式は変わらない．

確認 例題 4.4

c は実数とし，A は n 次正方行列とするとき，$\det(cA)$ は $\det A$ の何倍か．理由をつけて答えよ．

【解答】 c^n 倍である．実際，A の第 1 列を c 倍すると行列式は c 倍になり，さらに第 2 列を c 倍すると行列式はさらに c 倍になる．cA は A の n 個の列をすべて c 倍したものであるので，$\det(cA)$ は $\det A$ の c^n 倍である． ■

さて，基本変形を利用すると，行列式の値を求めることができる．

基本 例題 4.5

行基本変形を利用して，次の行列式を求めよ．

$$\begin{vmatrix} 0 & 3 & 1 & 1 \\ 2 & 1 & 0 & 2 \\ 2 & 2 & 3 & 4 \\ 4 & 2 & 1 & 6 \end{vmatrix}$$

【解答】 基本変形による掃き出しの後，行列式の基本的性質を用いると

$$\begin{vmatrix} 0 & 3 & 1 & 1 \\ 2 & 1 & 0 & 2 \\ 2 & 2 & 3 & 4 \\ 4 & 2 & 1 & 6 \end{vmatrix} \underset{R_1 \leftrightarrow R_2}{=} - \begin{vmatrix} 2 & 1 & 0 & 2 \\ 0 & 3 & 1 & 1 \\ 2 & 2 & 3 & 4 \\ 4 & 2 & 1 & 6 \end{vmatrix}$$

$$\underset{\substack{R_3 - R_1 \\ R_4 - 2R_1}}{=} - \begin{vmatrix} 2 & 1 & 0 & 2 \\ 0 & 3 & 1 & 1 \\ 0 & 1 & 3 & 2 \\ 0 & 0 & 1 & 2 \end{vmatrix}$$

$$\underset{\text{性質 }(4')}{=} -2 \begin{vmatrix} 3 & 1 & 1 \\ 1 & 3 & 2 \\ 0 & 1 & 2 \end{vmatrix}$$

となる．ここで

$$\begin{vmatrix} 3 & 1 & 1 \\ 1 & 3 & 2 \\ 0 & 1 & 2 \end{vmatrix} = 11$$

であるので（計算は省略），求める行列式は

$$(-2) \times 11 = -22.$$

■

前に述べたように，4 次以上の行列式に対しては，たすきがけ（サラスの規則）は使えない．上の解答では，**行基本変形をくり返して第 1 列を掃き出した後，行列式の基本的性質 $(4')$ を使って，3 次の行列式の計算に持ち込んでいる**．

行や列の基本変形の略記法をまとめておく（C は column（列）の頭文字）．

$R_i \leftrightarrow R_j$	第 i 行と第 j 行の交換
$R_i \times c$	第 i 行を c 倍
$R_i + cR_j$	第 i 行に第 j 行の c 倍を加える
$C_i \leftrightarrow C_j$	第 i 列と第 j 列の交換
$C_i \times c$	第 i 列を c 倍
$C_i + cC_j$	第 i 列に第 j 列の c 倍を加える

確認 例題 4.5

列変形を利用して，基本例題 4.5 の行列式を計算せよ．

【解答】 列変形によって第 1 行を掃き出してから，基本的性質 (4) を用いる．

$$\begin{vmatrix} 0 & 3 & 1 & 1 \\ 2 & 1 & 0 & 2 \\ 2 & 2 & 3 & 4 \\ 4 & 2 & 1 & 6 \end{vmatrix} \underset{C_1 \leftrightarrow C_3}{=} - \begin{vmatrix} 1 & 3 & 0 & 1 \\ 0 & 1 & 2 & 2 \\ 3 & 2 & 2 & 4 \\ 1 & 2 & 4 & 6 \end{vmatrix}$$

$$\underset{\substack{C_2 - 3C_1 \\ C_4 - C_1}}{=} - \begin{vmatrix} 1 & 0 & 0 & 0 \\ 0 & 1 & 2 & 2 \\ 3 & -7 & 2 & 1 \\ 1 & -1 & 4 & 5 \end{vmatrix} \underset{\text{性質 (4)}}{=} - \begin{vmatrix} 1 & 2 & 2 \\ -7 & 2 & 1 \\ -1 & 4 & 5 \end{vmatrix}$$

$$= -22. \qquad \blacksquare$$

上の解答では，最初に第 1 列と第 3 列を交換しているが，たとえば第 1 列と第 2 列を交換することからはじめてもかまわない．

Point 基本変形を利用すれば，より次数の低い行列式の計算に持ち込める．

もう少し練習しておこう．

確認 例題 4.6

基本例題 4.5 の解答の中に出てきた行列式 $\begin{vmatrix} 3 & 1 & 1 \\ 1 & 3 & 2 \\ 0 & 1 & 2 \end{vmatrix}$ を次の 3 種類の方法によって計算せよ．

(1) サラスの規則を直接使う方法．

(2) 行基本変形を利用して 2 次の行列式の計算に帰着させる方法．

(3) 列基本変形を利用して 2 次の行列式の計算に帰着させる方法．

【解答】 (1)

$$3\times3\times2+1\times1\times1+0\times1\times2-3\times1\times2-1\times1\times2-0\times3\times1$$
$$=18+1+0-6-2-0=11.$$

(2)
$$\begin{vmatrix}3&1&1\\1&3&2\\0&1&2\end{vmatrix}\underset{R_1\leftrightarrow R_2}{=}-\begin{vmatrix}1&3&2\\3&1&1\\0&1&2\end{vmatrix}$$
$$\underset{R_2-3R_1}{=}-\begin{vmatrix}1&3&2\\0&-8&-5\\0&1&2\end{vmatrix}$$
$$\underset{\text{性質 }(4')}{=}-\begin{vmatrix}-8&-5\\1&2\end{vmatrix}$$
$$=-\{(-8)\times2-1\times(-5)\}$$
$$=11.$$

(3)
$$\begin{vmatrix}3&1&1\\1&3&2\\0&1&2\end{vmatrix}\underset{\substack{C_2-\frac{1}{3}C_1\\C_3-\frac{1}{3}C_1}}{=}\begin{vmatrix}3&0&0\\1&\frac{8}{3}&\frac{5}{3}\\0&1&2\end{vmatrix}$$
$$\underset{\text{性質 }(4)}{=}3\begin{vmatrix}\frac{8}{3}&\frac{5}{3}\\1&2\end{vmatrix}$$
$$=3\left(\frac{8}{3}\times2-1\times\frac{5}{3}\right)$$
$$=11.$$
■

上の解答 (3) では，最初に第 1 列と第 2 列を交換しておけば分数の計算は避けられるが，あえてそうせずにやってみた．

問 4.4 次の行列式を求めよ．

(1) $\begin{vmatrix}1&0&1&1\\1&2&1&2\\1&2&3&4\\2&4&3&5\end{vmatrix}$ (2) $\begin{vmatrix}3&0&1&2\\1&2&4&1\\-1&1&0&5\\2&1&3&1\end{vmatrix}$ (3) $\begin{vmatrix}2&2&1&1\\3&4&-1&2\\0&0&2&3\\0&0&2&5\end{vmatrix}$

4.7 行列式の展開

計算ができるようになったところで，行列式の理論を学ぼう．

導入 例題 4.8

(1) 次の式が成り立つことを示せ．**ヒント**：多重線形性．

$$\begin{vmatrix} a_{11} & a_{12} & a_{13} \\ a_{21} & a_{22} & a_{23} \\ a_{31} & a_{32} & a_{33} \end{vmatrix} = \begin{vmatrix} a_{11} & a_{12} & a_{13} \\ a_{21} & 0 & a_{23} \\ a_{31} & 0 & a_{33} \end{vmatrix} + \begin{vmatrix} a_{11} & 0 & a_{13} \\ a_{21} & a_{22} & a_{23} \\ a_{31} & 0 & a_{33} \end{vmatrix} + \begin{vmatrix} a_{11} & 0 & a_{13} \\ a_{21} & 0 & a_{23} \\ a_{31} & a_{32} & a_{33} \end{vmatrix}.$$

(2) $\begin{vmatrix} a_{11} & a_{12} & a_{13} \\ a_{21} & 0 & a_{23} \\ a_{31} & 0 & a_{33} \end{vmatrix} = -a_{12} \begin{vmatrix} a_{21} & a_{23} \\ a_{31} & a_{33} \end{vmatrix}$ を示せ．**ヒント**：$C_1 \leftrightarrow C_2$.

(3) $\begin{vmatrix} a_{11} & 0 & a_{13} \\ a_{21} & a_{22} & a_{23} \\ a_{31} & 0 & a_{33} \end{vmatrix} = a_{22} \begin{vmatrix} a_{11} & a_{13} \\ a_{31} & a_{33} \end{vmatrix}$ を示せ．

ヒント：$R_1 \leftrightarrow R_2$, $C_1 \leftrightarrow C_2$.

(4) $\begin{vmatrix} a_{11} & 0 & a_{13} \\ a_{21} & 0 & a_{23} \\ a_{31} & a_{32} & a_{33} \end{vmatrix} = -a_{32} \begin{vmatrix} a_{11} & a_{13} \\ a_{21} & a_{23} \end{vmatrix}$ を示せ．

ヒント：$R_2 \leftrightarrow R_3$, $R_1 \leftrightarrow R_2$, $C_1 \leftrightarrow C_2$.

(5) 次の式が成り立つことを示せ．

$$\begin{vmatrix} a_{11} & a_{12} & a_{13} \\ a_{21} & a_{22} & a_{23} \\ a_{31} & a_{32} & a_{33} \end{vmatrix} = -a_{12} \begin{vmatrix} a_{21} & a_{23} \\ a_{31} & a_{33} \end{vmatrix} + a_{22} \begin{vmatrix} a_{11} & a_{13} \\ a_{31} & a_{33} \end{vmatrix} - a_{32} \begin{vmatrix} a_{11} & a_{13} \\ a_{21} & a_{23} \end{vmatrix}.$$

【解答】 (1) 第 2 列ベクトルについて

$$\begin{pmatrix} a_{12} \\ a_{22} \\ a_{32} \end{pmatrix} = \begin{pmatrix} a_{12} \\ 0 \\ 0 \end{pmatrix} + \begin{pmatrix} 0 \\ a_{22} \\ 0 \end{pmatrix} + \begin{pmatrix} 0 \\ 0 \\ a_{32} \end{pmatrix}$$

が成り立つので，**列に関する多重線形性**により，求める式が得られる．

(2)
$$\begin{vmatrix} a_{11} & a_{12} & a_{13} \\ a_{21} & 0 & a_{23} \\ a_{31} & 0 & a_{33} \end{vmatrix} \underset{C_1 \leftrightarrow C_2}{=} - \begin{vmatrix} a_{12} & a_{11} & a_{13} \\ 0 & a_{21} & a_{23} \\ 0 & a_{31} & a_{33} \end{vmatrix} \underset{\text{性質 } (4')}{=} -a_{12} \begin{vmatrix} a_{21} & a_{23} \\ a_{31} & a_{33} \end{vmatrix}.$$

(3)
$$\begin{vmatrix} a_{11} & 0 & a_{13} \\ a_{21} & a_{22} & a_{23} \\ a_{31} & 0 & a_{33} \end{vmatrix} \underset{R_1 \leftrightarrow R_2}{=} - \begin{vmatrix} a_{21} & a_{22} & a_{23} \\ a_{11} & 0 & a_{13} \\ a_{31} & 0 & a_{33} \end{vmatrix} \underset{C_1 \leftrightarrow C_2}{=} \begin{vmatrix} a_{22} & a_{21} & a_{23} \\ 0 & a_{11} & a_{13} \\ 0 & a_{31} & a_{33} \end{vmatrix}$$
$$\underset{\text{性質 } (4')}{=} a_{22} \begin{vmatrix} a_{11} & a_{13} \\ a_{31} & a_{33} \end{vmatrix}.$$

(4)
$$\begin{vmatrix} a_{11} & 0 & a_{13} \\ a_{21} & 0 & a_{23} \\ a_{31} & a_{32} & a_{33} \end{vmatrix} \underset{R_2 \leftrightarrow R_3}{=} - \begin{vmatrix} a_{11} & 0 & a_{13} \\ a_{31} & a_{32} & a_{33} \\ a_{21} & 0 & a_{23} \end{vmatrix} \underset{R_1 \leftrightarrow R_2}{=} \begin{vmatrix} a_{31} & a_{32} & a_{33} \\ a_{11} & 0 & a_{13} \\ a_{21} & 0 & a_{23} \end{vmatrix}$$
$$\underset{C_1 \leftrightarrow C_2}{=} - \begin{vmatrix} a_{32} & a_{31} & a_{33} \\ 0 & a_{11} & a_{13} \\ 0 & a_{21} & a_{23} \end{vmatrix}$$
$$\underset{\text{性質 } (4')}{=} -a_{32} \begin{vmatrix} a_{11} & a_{13} \\ a_{21} & a_{23} \end{vmatrix}.$$

(5) **(1) の式に，(2), (3), (4) の式を代入すればよい．** ■

一般に，導入例題 4.8 (5) のような式は**行列式の展開**とよばれる．

導入例題 4.8 (5) の式の右辺には，もとの行列式から**第 1 行と第 2 列**を取り除いてできた 2 次の行列式，**第 2 行と第 2 列**を取り除いた行列式，**第 3 行と第 2 列**を取り除いた行列式が順に出てきており，さらに，符号「+」と「−」が交互に並んでいることに注意しよう．

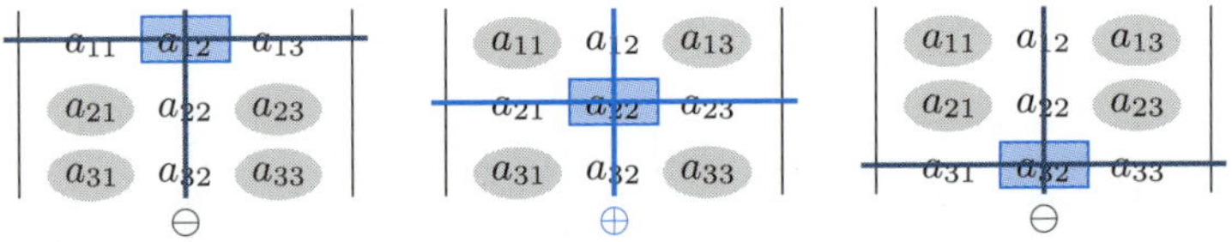

定義 4.1 n 次正方行列 A から第 i 行と第 j 列を取り除いてできる $(n-1)$ 次正方行列を $A_{(i,j)}$ と表すとき，$(-1)^{i+j}\det A_{(i,j)}$ を A の (i,j) **余因子**とよび，記号 $\widetilde{a}_{ij}$ で表す：$\widetilde{a}_{ij}=(-1)^{i+j}\det A_{(i,j)}$.

確認 例題 4.7

$$A=\begin{pmatrix} a_{11} & a_{12} & a_{13} \\ a_{21} & a_{22} & a_{23} \\ a_{31} & a_{32} & a_{33} \end{pmatrix}$$

とするとき，導入例題 4.8 (5) の式は

$$\det A = a_{12}\widetilde{a}_{12} + a_{22}\widetilde{a}_{22} + a_{32}\widetilde{a}_{32}$$

と書き表せることを確認せよ.

【解答】

$$\widetilde{a}_{12}=(-1)^{1+2}\begin{vmatrix} a_{21} & a_{23} \\ a_{31} & a_{33} \end{vmatrix} = -\begin{vmatrix} a_{21} & a_{23} \\ a_{31} & a_{33} \end{vmatrix},$$

$$\widetilde{a}_{22}=(-1)^{2+2}\begin{vmatrix} a_{11} & a_{13} \\ a_{31} & a_{33} \end{vmatrix} = \begin{vmatrix} a_{11} & a_{13} \\ a_{31} & a_{33} \end{vmatrix},$$

$$\widetilde{a}_{32}=(-1)^{3+2}\begin{vmatrix} a_{11} & a_{13} \\ a_{21} & a_{23} \end{vmatrix} = -\begin{vmatrix} a_{11} & a_{13} \\ a_{21} & a_{23} \end{vmatrix}$$

であるので，導入例題 4.8 (5) の式の右辺は次式である.

$$a_{12}\widetilde{a}_{12} + a_{22}\widetilde{a}_{22} + a_{32}\widetilde{a}_{32}.$$

■

確認例題 4.7 の式をもう 1 度よく観察しよう．この式の右辺は

（第 2 列の成分）×（その成分を含む行と列を取り除いた部分に対応する余因子）

という形の項の総和である．これを**第 2 列に関する行列式の展開**とよぶ．

同様に，第 1 列や第 3 列に関する展開もできるし，行に着目して展開することもできる．**第 i 行に関する展開**は

（第 i 行の成分）×（その成分を含む行と列を取り除いた部分に対応する余因子）

という形の項の総和として表される．一般に，次の定理が成り立つ．

定理 4.2　n 次正方行列 A の (i,j) 成分を a_{ij}，(i,j) 余因子を $\widetilde{a}_{ij}$ とするとき，次の式が成り立つ．

(1)　$\det A = a_{i1}\widetilde{a}_{i1} + a_{i2}\widetilde{a}_{i2} + \cdots + a_{in}\widetilde{a}_{in} \qquad (i = 1, 2, \ldots, n).$

(2)　$\det A = a_{1j}\widetilde{a}_{1j} + a_{2j}\widetilde{a}_{2j} + \cdots + a_{nj}\widetilde{a}_{nj} \qquad (j = 1, 2, \ldots, n).$

定理 4.2 の (1) を**第 i 行に関する展開**，(2) を**第 j 列に関する展開**とよぶ．少し練習して，行列式の展開に慣れてもらおう．

確認　例題 4.8

$$A = \begin{pmatrix} a_{11} & a_{12} & a_{13} \\ a_{21} & a_{22} & a_{23} \\ a_{31} & a_{32} & a_{33} \end{pmatrix} \text{ とする．}$$

(1)　第 3 列に関する $\det A$ の展開を書け．

(2)　第 1 行に関する $\det A$ の展開を書け．

【解答】　(1)

$$\begin{aligned}\det A &= a_{13}\widetilde{a}_{13} + a_{23}\widetilde{a}_{23} + a_{33}\widetilde{a}_{33} \\ &= a_{13}\begin{vmatrix} a_{21} & a_{22} \\ a_{31} & a_{32} \end{vmatrix} - a_{23}\begin{vmatrix} a_{11} & a_{12} \\ a_{31} & a_{32} \end{vmatrix} + a_{33}\begin{vmatrix} a_{11} & a_{12} \\ a_{21} & a_{22} \end{vmatrix}.\end{aligned}$$

(2)

$$\begin{aligned}\det A &= a_{11}\widetilde{a}_{11} + a_{12}\widetilde{a}_{12} + a_{13}\widetilde{a}_{13} \\ &= a_{11}\begin{vmatrix} a_{22} & a_{23} \\ a_{32} & a_{33} \end{vmatrix} - a_{12}\begin{vmatrix} a_{21} & a_{23} \\ a_{31} & a_{33} \end{vmatrix} + a_{13}\begin{vmatrix} a_{21} & a_{22} \\ a_{31} & a_{32} \end{vmatrix}.\end{aligned}$$

■

問 4.5 $A = \begin{pmatrix} a_{11} & a_{12} & a_{13} & a_{14} \\ a_{21} & a_{22} & a_{23} & a_{24} \\ a_{31} & a_{32} & a_{33} & a_{34} \\ a_{41} & a_{42} & a_{43} & a_{44} \end{pmatrix}$ とする.

(1) 第1列に関する $\det A$ の展開を書け.

(2) 第2行に関する $\det A$ の展開を書け.

展開を利用して行列式を計算することもできる.

確認 例題 4.9

(1) 確認例題 4.6 の行列式 $\begin{vmatrix} 3 & 1 & 1 \\ 1 & 3 & 2 \\ 0 & 1 & 2 \end{vmatrix}$ を，第1行に関する展開を利用して計算せよ.

(2) 基本例題 4.5 の行列式 $\begin{vmatrix} 0 & 3 & 1 & 1 \\ 2 & 1 & 0 & 2 \\ 2 & 2 & 3 & 4 \\ 4 & 2 & 1 & 6 \end{vmatrix}$ を，第3列に関する展開を利用して計算せよ.

【解答】 (1)

$$3\begin{vmatrix} 3 & 2 \\ 1 & 2 \end{vmatrix} - \begin{vmatrix} 1 & 2 \\ 0 & 2 \end{vmatrix} + \begin{vmatrix} 1 & 3 \\ 0 & 1 \end{vmatrix} = 3 \times 4 - 2 + 1 = 11.$$

(2)

$$\begin{vmatrix} 2 & 1 & 2 \\ 2 & 2 & 4 \\ 4 & 2 & 6 \end{vmatrix} + 3\begin{vmatrix} 0 & 3 & 1 \\ 2 & 1 & 2 \\ 4 & 2 & 6 \end{vmatrix} - \begin{vmatrix} 0 & 3 & 1 \\ 2 & 1 & 2 \\ 2 & 2 & 4 \end{vmatrix} = 4 + 3 \times (-12) - (-10)$$

$$= -22.$$

((2) では3次の行列式の途中計算は省略した．各自確かめよ.) ■

問 4.6 (1) 確認例題 4.6 の行列式を，第3行に関する展開を利用して計算せよ.

(2) 問 4.4 (3) の行列式を，第1列に関する展開を利用して計算せよ.

4.8 余因子行列

導入 例題 4.9

$$A = \begin{pmatrix} a_{11} & a_{12} & a_{13} \\ a_{21} & a_{22} & a_{23} \\ a_{31} & a_{32} & a_{33} \end{pmatrix}$$ とし，A の (i,j) 余因子を $\widetilde{a}_{ij}$ とする．このとき，次の等式が成り立つことを示せ．

$$a_{13}\widetilde{a}_{11} + a_{23}\widetilde{a}_{21} + a_{33}\widetilde{a}_{31} = 0.$$

ヒント：A の第 1 列を第 3 列で置き換えた行列

$$A' = \begin{pmatrix} a_{13} & a_{12} & a_{13} \\ a_{23} & a_{22} & a_{23} \\ a_{33} & a_{32} & a_{33} \end{pmatrix}$$

の行列式の第 1 列に関する展開を考えよ．

【解答】　A' は第 1 列と第 3 列が同一であるので，$\det A' = 0$ である．それを第 1 列に関して展開すれば

$$0 = \det A' = a_{13}\begin{vmatrix} a_{22} & a_{23} \\ a_{32} & a_{33} \end{vmatrix} - a_{23}\begin{vmatrix} a_{12} & a_{13} \\ a_{32} & a_{33} \end{vmatrix} + a_{33}\begin{vmatrix} a_{12} & a_{13} \\ a_{22} & a_{23} \end{vmatrix}$$
$$= a_{13}\widetilde{a}_{11} + a_{23}\widetilde{a}_{21} + a_{33}\widetilde{a}_{31}$$

となり，求める等式が得られる．■

注意：上の解答において，**A と A' は第 1 列を除けば同一である**ので，A と A' の $(1,1)$ 余因子，$(2,1)$ 余因子，$(3,1)$ 余因子は同一であることに注意しよう．これらは**第 1 列の成分とは無関係に決まる**からである．

確認 例題 4.10

導入例題 4.9 の状況で，次の等式が成り立つことを示せ．

(1)　$a_{12}\widetilde{a}_{11} + a_{22}\widetilde{a}_{21} + a_{32}\widetilde{a}_{31} = 0.$

(2)　$a_{11}\widetilde{a}_{31} + a_{12}\widetilde{a}_{32} + a_{13}\widetilde{a}_{33} = 0.$

【解答】 (1) **第 1 列を第 2 列で置き換えた**行列式

$$\begin{vmatrix} a_{12} & a_{12} & a_{13} \\ a_{22} & a_{22} & a_{23} \\ a_{32} & a_{32} & a_{33} \end{vmatrix}$$

は 0 である．これを**第 1 列に関して展開**すれば

$$0 = a_{12}\widetilde{a}_{11} + a_{22}\widetilde{a}_{21} + a_{32}\widetilde{a}_{31}$$

が得られる．

(2) **第 3 行を第 1 行で置き換えた**行列式（これも 0 である）を**第 3 行に関して展開**すればよい（詳細は各自確認せよ）． ■

一般に，次の定理が成り立つ．

定理 4.3 n 次正方行列 A に対して次が成り立つ．ここで，a_{ij} は A の (i,j) 成分を表し，$\widetilde{a}_{ij}$ は (i,j) 余因子を表す．

(1) $k \neq i$ のとき

$$a_{k1}\widetilde{a}_{i1} + a_{k2}\widetilde{a}_{i2} + \cdots + a_{kn}\widetilde{a}_{in} = 0.$$

(2) $l \neq j$ のとき

$$a_{1l}\widetilde{a}_{1j} + a_{2l}\widetilde{a}_{2j} + \cdots + a_{nl}\widetilde{a}_{nj} = 0.$$

ここで，余因子行列というものを定義しよう．

定義 4.2 n 次正方行列 A の余因子 $\widetilde{a}_{ij}$ $(i,j = 1, 2, \ldots, n)$ を次のように並べた行列 $\widetilde{A}$ を A の**余因子行列**とよぶ．

$$\widetilde{A} = \begin{pmatrix} \widetilde{a}_{11} & \widetilde{a}_{21} & \cdots & \widetilde{a}_{n1} \\ \widetilde{a}_{12} & \widetilde{a}_{22} & \cdots & \widetilde{a}_{n2} \\ \vdots & \vdots & \ddots & \vdots \\ \widetilde{a}_{1n} & \widetilde{a}_{2n} & \cdots & \widetilde{a}_{nn} \end{pmatrix}$$

余因子行列 $\widetilde{A}$ の成分の並べ方に注意していただきたい．**$\widetilde{A}$ の (i,j) 成分は $\widetilde{a}_{ij}$ ではなくて $\widetilde{a}_{ji}$ である．**

確認 例題 4.11

(1) 行列 $A = \begin{pmatrix} 2 & 0 & 2 \\ 2 & 1 & 2 \\ 2 & 1 & 3 \end{pmatrix}$ の余因子行列 $\widetilde{A}$ を求めよ．

(2) 行列 $A = \begin{pmatrix} a_{11} & a_{12} \\ a_{21} & a_{22} \end{pmatrix}$ の余因子行列 $\widetilde{A}$ を求めよ．

【解答】 (1)

$$\widetilde{a}_{11} = \begin{vmatrix} 1 & 2 \\ 1 & 3 \end{vmatrix} = 1, \quad \widetilde{a}_{12} = -\begin{vmatrix} 2 & 2 \\ 2 & 3 \end{vmatrix} = -2, \quad \widetilde{a}_{13} = \begin{vmatrix} 2 & 1 \\ 2 & 1 \end{vmatrix} = 0,$$

$$\widetilde{a}_{21} = -\begin{vmatrix} 0 & 2 \\ 1 & 3 \end{vmatrix} = 2, \quad \widetilde{a}_{22} = \begin{vmatrix} 2 & 2 \\ 2 & 3 \end{vmatrix} = 2, \quad \widetilde{a}_{23} = -\begin{vmatrix} 2 & 0 \\ 2 & 1 \end{vmatrix} = -2,$$

$$\widetilde{a}_{31} = \begin{vmatrix} 0 & 2 \\ 1 & 2 \end{vmatrix} = -2, \quad \widetilde{a}_{32} = -\begin{vmatrix} 2 & 2 \\ 2 & 2 \end{vmatrix} = 0, \quad \widetilde{a}_{33} = \begin{vmatrix} 2 & 0 \\ 2 & 1 \end{vmatrix} = 2$$

より

$$\widetilde{A} = \begin{pmatrix} \widetilde{a}_{11} & \widetilde{a}_{21} & \widetilde{a}_{31} \\ \widetilde{a}_{12} & \widetilde{a}_{22} & \widetilde{a}_{32} \\ \widetilde{a}_{13} & \widetilde{a}_{23} & \widetilde{a}_{33} \end{pmatrix} = \begin{pmatrix} 1 & 2 & -2 \\ -2 & 2 & 0 \\ 0 & -2 & 2 \end{pmatrix}.$$

(2) **1 次の正方行列 (a) の行列式は，a そのものである**と考えられる．よって

$$\widetilde{a}_{11} = a_{22}, \quad \widetilde{a}_{12} = -a_{21},$$
$$\widetilde{a}_{21} = -a_{12}, \quad \widetilde{a}_{22} = a_{11}$$

であり

$$\widetilde{A} = \begin{pmatrix} \widetilde{a}_{11} & \widetilde{a}_{21} \\ \widetilde{a}_{12} & \widetilde{a}_{22} \end{pmatrix} = \begin{pmatrix} a_{22} & -a_{12} \\ -a_{21} & a_{11} \end{pmatrix}.$$

■

問 4.7 行列 $A = \begin{pmatrix} 3 & 1 & 0 \\ 2 & 4 & 3 \\ 1 & 0 & 5 \end{pmatrix}$ の余因子行列を求めよ．

導入 例題 4.10

(1) 確認例題 4.11 (1) の A に対して，$\widetilde{A}A$, $A\widetilde{A}$ を求めよ．

(2) 確認例題 4.11 (2) の A に対して，$\widetilde{A}A$, $A\widetilde{A}$ を求めよ．

(3)
$$A = \begin{pmatrix} a_{11} & a_{12} & a_{13} \\ a_{21} & a_{21} & a_{23} \\ a_{31} & a_{32} & a_{33} \end{pmatrix}$$
に対して，$\widetilde{A}A$ の $(1,1)$ 成分は $\det A$ と一致することを示せ．

(4) 小問 (3) の A に対して，$\widetilde{A}A$ の $(1,3)$ 成分は 0 であることを示せ．

(5) 小問 (3) の A に対して，$A\widetilde{A}$ の $(1,3)$ 成分は 0 であることを示せ．

【解答】 (1) $\widetilde{A}A = A\widetilde{A} = \begin{pmatrix} 2 & 0 & 0 \\ 0 & 2 & 0 \\ 0 & 0 & 2 \end{pmatrix}$ (各自確認せよ)．

(2) $\widetilde{A}A = A\widetilde{A} = \begin{pmatrix} a_{11}a_{22} - a_{21}a_{12} & 0 \\ 0 & a_{11}a_{22} - a_{21}a_{12} \end{pmatrix}$

(各自確認せよ)．

(3) $\widetilde{A}A = \begin{pmatrix} \widetilde{a}_{11} & \widetilde{a}_{21} & \widetilde{a}_{31} \\ \widetilde{a}_{12} & \widetilde{a}_{22} & \widetilde{a}_{32} \\ \widetilde{a}_{13} & \widetilde{a}_{23} & \widetilde{a}_{33} \end{pmatrix} \begin{pmatrix} a_{11} & a_{12} & a_{13} \\ a_{21} & a_{21} & a_{23} \\ a_{31} & a_{32} & a_{33} \end{pmatrix}$

の $(1,1)$ 成分は
$$a_{11}\widetilde{a}_{11} + a_{21}\widetilde{a}_{21} + a_{31}\widetilde{a}_{31}$$
となり，これは $\det A$ の第 1 列に関する展開であるので，その値は $\det A$ である．

(4) $\widetilde{A}A$ の $(1,3)$ 成分は
$$a_{13}\widetilde{a}_{11} + a_{23}\widetilde{a}_{21} + a_{33}\widetilde{a}_{31}$$
であるが，定理 4.3 (2) を $n = 3$, $l = 3$, $j = 1$ に対して適用すれば，その値は 0 である．

(5) $A\widetilde{A}$ の $(1,3)$ 成分は
$$a_{11}\widetilde{a}_{31} + a_{12}\widetilde{a}_{32} + a_{13}\widetilde{a}_{33}$$
であるが，定理 4.3 (1) を $n = 3$, $k = 1$, $i = 3$ に対して適用すれば，その値は 0 である． ■

導入例題 4.10 と同様に考えていけば，一般に n 次正方行列 A に対して

$$\widetilde{A}A = A\widetilde{A} = \begin{pmatrix} \det A & 0 & \cdots & 0 \\ 0 & \det A & \cdots & 0 \\ \vdots & \vdots & \ddots & \vdots \\ 0 & 0 & \cdots & \det A \end{pmatrix} = (\det A)E_n$$

となることが見てとれるだろう（読者は自分で考えてほしい）.

次の定理は重要である.

定理 4.4　n 次正方行列 A に対して，次のことが成り立つ.

(1)　$\widetilde{A}A = A\widetilde{A} = (\det A)E_n$.

(2)　$\det A \neq 0$ ならば A は正則行列であり，逆行列は

$$A^{-1} = \frac{1}{\det A}\widetilde{A}$$

で与えられる.

(3)　A が正則行列であることと，$\det A \neq 0$ であることは同値である.

【証明】　(1) はすでに上で考察した.

(2)　$\det A \neq 0$ のとき，(1) より

$$\left(\frac{1}{\det A}\widetilde{A}\right)A = A\left(\frac{1}{\det A}\widetilde{A}\right) = E_n$$

であるので，A は正則行列であり，$\dfrac{1}{\det A}\widetilde{A}$ が A の逆行列である.

(3)　$\det A \neq 0$ ならば A が正則であることは (2) で示した．また，A が正則ならば，$\det(A)\det(A^{-1}) = \det E_n = 1$ より，$\det A \neq 0$. ■

問 4.8　問 4.7 の行列 A に対して $\widetilde{A}A = A\widetilde{A} = (\det A)E_3$ を確認せよ.

ちょっと寄り道　$A = \begin{pmatrix} a_{11} & a_{12} \\ a_{21} & a_{22} \end{pmatrix}$ については，$\det A = a_{11}a_{22} - a_{21}a_{12}$，$\widetilde{A} = \begin{pmatrix} a_{22} & -a_{12} \\ -a_{21} & a_{11} \end{pmatrix}$ であった．$\det A \neq 0$ のとき，定理 4.4 より

$$A^{-1} = \frac{1}{a_{11}a_{22} - a_{21}a_{12}}\begin{pmatrix} a_{22} & -a_{12} \\ -a_{21} & a_{11} \end{pmatrix}$$

が得られるが，これは第 1 章で述べた公式にほかならない！

4.9 クラメールの公式

いままで述べたことの応用として，クラメールの公式とよばれるものがある．

導入 例題 4.11

$a_{11}a_{22} - a_{21}a_{12} \neq 0$ であるとき

$$x_1 = \frac{\begin{vmatrix} c_1 & a_{12} \\ c_2 & a_{22} \end{vmatrix}}{\begin{vmatrix} a_{11} & a_{12} \\ a_{21} & a_{22} \end{vmatrix}}, \quad x_2 = \frac{\begin{vmatrix} a_{11} & c_1 \\ a_{21} & c_2 \end{vmatrix}}{\begin{vmatrix} a_{11} & a_{12} \\ a_{21} & a_{22} \end{vmatrix}}$$

とおくと，この x_1, x_2 は連立 1 次方程式

$$\begin{cases} a_{11}x_1 + a_{12}x_2 = c_1 \\ a_{21}x_1 + a_{22}x_2 = c_2 \end{cases}$$

の解であることを示せ．

【解答】 x_1, x_2 の式の分子の部分に着目して計算すると

$$a_{11}(c_1a_{22} - c_2a_{12}) + a_{12}(c_2a_{11} - c_1a_{21}) = c_1(a_{11}a_{22} - a_{21}a_{12}),$$

$$a_{21}(c_1a_{22} - c_2a_{12}) + a_{22}(c_2a_{11} - c_1a_{21}) = c_2(a_{11}a_{22} - a_{21}a_{12})$$

が得られる．この 2 つの式の両辺を $(a_{11}a_{22} - a_{21}a_{12})$ で割ればよい． ■

一般に，次の定理が成り立つ．この定理は**クラメールの公式**とよばれる．

定理 4.5 （クラメールの公式）

n 次正方行列 $A = \begin{pmatrix} a_{11} & a_{12} & \cdots & a_{1n} \\ a_{21} & a_{22} & \cdots & a_{2n} \\ \vdots & \vdots & \ddots & \vdots \\ a_{n1} & a_{n2} & \cdots & a_{nn} \end{pmatrix}$ は正則であると仮定する．

$\boldsymbol{x} = \begin{pmatrix} x_1 \\ x_2 \\ \vdots \\ x_n \end{pmatrix}$ を未知数とし，$\boldsymbol{c} = \begin{pmatrix} c_1 \\ c_2 \\ \vdots \\ c_n \end{pmatrix}$ を定数項とする連立 1 次方程式

$$A\boldsymbol{x} = \boldsymbol{c}$$

の解は

$$x_j = \frac{\det A_j}{\det A} \quad (j = 1, 2, \ldots, n)$$

で与えられる．ただし，A_j は A の第 j 列を $\boldsymbol{c}$ に取りかえた行列を表す．

導入例題 4.11 はクラメールの公式の $n = 2$ の場合にあたる（各自確認せよ）．

$n = 3$ の場合を考えると，正則行列 $A = \begin{pmatrix} a_{11} & a_{12} & a_{13} \\ a_{21} & a_{22} & a_{23} \\ a_{31} & a_{32} & a_{33} \end{pmatrix}$，未知数ベクトル $\boldsymbol{x} = \begin{pmatrix} x_1 \\ x_2 \\ x_3 \end{pmatrix}$，定数項ベクトル $\boldsymbol{c} = \begin{pmatrix} c_1 \\ c_2 \\ c_3 \end{pmatrix}$ に対して，連立 1 次方程式 $A\boldsymbol{x} = \boldsymbol{c}$ を考えるとき，クラメールの公式によれば，解は

$$x_1 = \frac{\det A_1}{\det A}, \quad x_2 = \frac{\det A_2}{\det A}, \quad x_3 = \frac{\det A_3}{\det A}$$

である．ここで，たとえば

$$A_1 = \begin{pmatrix} c_1 & a_{12} & a_{13} \\ c_2 & a_{22} & a_{23} \\ c_3 & a_{32} & a_{33} \end{pmatrix}, \quad A_2 = \begin{pmatrix} a_{11} & c_1 & a_{13} \\ a_{21} & c_2 & a_{23} \\ a_{31} & c_3 & a_{33} \end{pmatrix}$$

である（A_3 については，各自書いてみよ）．

定理 4.5 の証明を $n = 3$ の場合に与えておこう．

【証明】 $A\boldsymbol{x} = \boldsymbol{c}$ の両辺に左から A^{-1} をかければ，解 $\boldsymbol{x} = A^{-1}\boldsymbol{c}$ が得られる．さらに，定理 4.4 より $A^{-1} = \dfrac{1}{\det A}\widetilde{A}$ であるので，結局，解は

$$\boldsymbol{x} = \frac{1}{\det A}\widetilde{A}\boldsymbol{c}$$

である（$\widetilde{A}$ は余因子行列）．そこで，$\widetilde{A}\boldsymbol{c}$ を計算すると

$$\widetilde{A}\boldsymbol{c} = \begin{pmatrix} \widetilde{a}_{11} & \widetilde{a}_{21} & \widetilde{a}_{31} \\ \widetilde{a}_{12} & \widetilde{a}_{22} & \widetilde{a}_{32} \\ \widetilde{a}_{13} & \widetilde{a}_{23} & \widetilde{a}_{33} \end{pmatrix} \begin{pmatrix} c_1 \\ c_2 \\ c_3 \end{pmatrix} = \begin{pmatrix} c_1\widetilde{a}_{11} + c_2\widetilde{a}_{21} + c_3\widetilde{a}_{31} \\ c_1\widetilde{a}_{12} + c_2\widetilde{a}_{22} + c_3\widetilde{a}_{32} \\ c_1\widetilde{a}_{13} + c_2\widetilde{a}_{23} + c_3\widetilde{a}_{33} \end{pmatrix}$$

となるが，たとえば**右辺の第 1 成分は** $\det A_1 = \begin{vmatrix} c_1 & a_{12} & a_{13} \\ c_2 & a_{22} & a_{23} \\ c_3 & a_{32} & a_{33} \end{vmatrix}$ **の第 1 列に関する展開にほかならない**（各自確かめよ）．同様に考えると

$$\widetilde{A}\boldsymbol{c} = \begin{pmatrix} \det A_1 \\ \det A_2 \\ \det A_3 \end{pmatrix}$$

であり，求める連立 1 次方程式の解は

$$\boldsymbol{x} = \frac{1}{\det A}\,\widetilde{A}\boldsymbol{c} = \frac{1}{\det A}\begin{pmatrix} \det A_1 \\ \det A_2 \\ \det A_3 \end{pmatrix}$$

であることがわかる． ■

確認 例題 4.12

クラメールの公式を利用して，次の連立 1 次方程式を解け．

$$\begin{cases} 2x_1 + x_2 + 3x_3 = 1 \\ x_1 + 2x_2 + 2x_3 = 1 \\ x_1 + x_2 + 3x_3 = 1 \end{cases}$$

【解答】 $A = \begin{pmatrix} 2 & 1 & 3 \\ 1 & 2 & 2 \\ 1 & 1 & 3 \end{pmatrix}$, $\boldsymbol{x} = \begin{pmatrix} x_1 \\ x_2 \\ x_3 \end{pmatrix}$, $\boldsymbol{c} = \begin{pmatrix} 1 \\ 1 \\ 1 \end{pmatrix}$ とすれば，連立 1 次方程式は $A\boldsymbol{x} = \boldsymbol{c}$ と表される．このとき，$\det A = 4$ である．また，A の第 j 列を $\boldsymbol{c}$ で置き換えた行列を A_j とすれば，$\det A_1 = \begin{vmatrix} 1 & 1 & 3 \\ 1 & 2 & 2 \\ 1 & 1 & 3 \end{vmatrix} = 0$ である．同様に，$\det A_2 = 1$，$\det A_3 = 1$ であるので（各自確かめよ），求める解は

$$x_1 = 0, \quad x_2 = \frac{1}{4}, \quad x_3 = \frac{1}{4}.$$

■

問 4.9　クラメールの公式を利用して，次の連立 1 次方程式を解け．

$$\begin{cases} 2x_1 + x_2 + 3x_3 = 1 \\ x_1 + 2x_2 + 2x_3 = 0 \\ x_1 + x_2 + 3x_3 = 0 \end{cases}$$

4.10 行列の正則性の判定

定理 4.4 に関連して，行列が正則かどうかを判定する方法をもう 1 つ与える．

導入 例題 4.12

A は 3 次正方行列とする．A の第 1 列ベクトルを $\boldsymbol{a}_1$，第 2 列ベクトルを $\boldsymbol{a}_2$，第 3 列ベクトルを $\boldsymbol{a}_3$ とするとき

$$\boldsymbol{a}_3 = \alpha\boldsymbol{a}_1 + \beta\boldsymbol{a}_2 \quad (\alpha, \beta \text{ は実数})$$

が成り立つとする．

(1)　$\det A = \det(\boldsymbol{a}_1, \boldsymbol{a}_2, \boldsymbol{a}_3) = 0$ であることを示せ．

(2)　A は正則行列でないことを示せ．

【解答】 (1)　行列式の多重線形性を用いれば

$$\begin{aligned} \det A &= \det(\boldsymbol{a}_1, \boldsymbol{a}_2, \boldsymbol{a}_3) \\ &= \det(\boldsymbol{a}_1, \boldsymbol{a}_2, \alpha\boldsymbol{a}_1 + \beta\boldsymbol{a}_2) \\ &= \det(\boldsymbol{a}_1, \boldsymbol{a}_2, \alpha\boldsymbol{a}_1) + \det(\boldsymbol{a}_1, \boldsymbol{a}_2, \beta\boldsymbol{a}_2) \\ &= \alpha\det(\boldsymbol{a}_1, \boldsymbol{a}_2, \boldsymbol{a}_1) + \beta\det(\boldsymbol{a}_1, \boldsymbol{a}_2, \boldsymbol{a}_2) \end{aligned}$$

となるが，**同じ列を 2 つ含む行列式は 0 であるので**

$$\det(\boldsymbol{a}_1, \boldsymbol{a}_2, \boldsymbol{a}_1) = 0, \quad \det(\boldsymbol{a}_1, \boldsymbol{a}_2, \boldsymbol{a}_2) = 0$$

となる．したがって，$\det A = 0$ である．

(2)　$\det A = 0$ であるので，**定理 4.4 (3) より，A は正則でない**．■

導入例題 4.12 において，3 つの列ベクトルは線形従属である．このような場合，A は正則行列でない．

一般に，次の定理が成り立つ．この定理は第 6 章で用いる．

定理 4.6 n 次正方行列 A に対して，次の 3 つの条件は同値である.

(a) A は正則行列である.

(b) A の n 個の列ベクトルは線形独立である.

(c) A の n 個の行ベクトルは線形独立である.

第4章 演習問題

4.1 xy 平面上に 4 点 $\mathrm{A} = (3, 1)$, $\mathrm{B} = (11, 8)$, $\mathrm{C} = (14, 17)$, $\mathrm{D} = (6, 10)$ がある.

(1) 四角形 ABCD は平行四辺形であることを示せ.

(2) 四角形 ABCD の面積を求めよ.

4.2 A は n 次正方行列とし，P は n 次正則行列とするとき

$$\det(P^{-1}AP) = \det A$$

が成り立つことを示せ.

4.3 次の等式が成り立つことを示せ.

$$\begin{vmatrix} a_{11} & a_{12} & a_{13} & a_{14} \\ a_{21} & a_{22} & a_{23} & a_{24} \\ 0 & 0 & a_{33} & a_{34} \\ 0 & 0 & a_{43} & a_{44} \end{vmatrix} = \begin{vmatrix} a_{11} & a_{12} \\ a_{21} & a_{22} \end{vmatrix} \cdot \begin{vmatrix} a_{33} & a_{34} \\ a_{43} & a_{44} \end{vmatrix}.$$

4.4

$$\begin{aligned}
\begin{vmatrix} 1 & 1 & 1 \\ x_1 & x_2 & x_3 \\ x_1^2 & x_2^2 & x_3^2 \end{vmatrix}
&\underset{R_3 - x_1 R_2}{=} \begin{vmatrix} 1 & 1 & 1 \\ x_1 & x_2 & x_3 \\ 0 & x_2(x_2 - x_1) & x_3(x_3 - x_1) \end{vmatrix} \\
&\underset{R_2 - x_1 R_1}{=} \begin{vmatrix} 1 & 1 & 1 \\ 0 & x_2 - x_1 & x_3 - x_1 \\ 0 & x_2(x_2 - x_1) & x_3(x_3 - x_1) \end{vmatrix} \\
&\underset{\text{第 1 列で展開}}{=} \begin{vmatrix} x_2 - x_1 & x_3 - x_1 \\ x_2(x_2 - x_1) & x_3(x_3 - x_1) \end{vmatrix} \\
&\underset{\text{多重線形性}}{=} (x_2 - x_1) \begin{vmatrix} 1 & x_3 - x_1 \\ x_2 & x_3(x_3 - x_1) \end{vmatrix} \\
&\underset{\text{多重線形性}}{=} (x_2 - x_1)(x_3 - x_1) \begin{vmatrix} 1 & 1 \\ x_2 & x_3 \end{vmatrix} \\
&= (x_2 - x_1)(x_3 - x_1)(x_3 - x_2)
\end{aligned}$$

である．これにならって

$$\begin{vmatrix} 1 & 1 & 1 & 1 \\ x_1 & x_2 & x_3 & x_4 \\ x_1^2 & x_2^2 & x_3^2 & x_4^2 \\ x_1^3 & x_2^3 & x_3^3 & x_4^3 \end{vmatrix} = (x_2 - x_1)(x_3 - x_1)(x_4 - x_1)(x_3 - x_2)(x_4 - x_2)(x_4 - x_3)$$

が成り立つことを示せ[†]．

4.5　n 次正方行列 A に対して，ある n 次正方行列 X が存在して

$$AX = E_n$$

が成り立つとする．

(1)　$\det A \neq 0$ を示すことにより，A が正則行列である（逆行列を持つ）ことを示せ．

(2)　$X = A^{-1}$ であり

$$XA = E_n$$

が成り立つことを示せ．

---

† このような行列式は**ヴァンデルモンドの行列式**とよばれる．

第 5 章 ベクトルの内積と行列

ベクトルの長さや角度を取り扱うために，内積を考える．ベクトルの内積について基本的な事項を説明した後，直交行列とよばれる行列について述べる．さらに，正規直交基底とよばれる概念について説明する．

5.1 ベクトルの内積とその性質

$\boldsymbol{a}, \boldsymbol{b}$ は 2 次元ベクトルとする．$\boldsymbol{a} \neq \boldsymbol{0}$, $\boldsymbol{b} \neq \boldsymbol{0}$ のとき，$\boldsymbol{a}$ と $\boldsymbol{b}$ のなす角を θ とすれば，$\boldsymbol{a}$ と $\boldsymbol{b}$ の内積 $(\boldsymbol{a}, \boldsymbol{b})$ は

$$(\boldsymbol{a}, \boldsymbol{b}) = \|\boldsymbol{a}\|\,\|\boldsymbol{b}\| \cos\theta$$

によって定まる．ここで，$\|\boldsymbol{a}\|, \|\boldsymbol{b}\|$ は，それぞれ $\boldsymbol{a}, \boldsymbol{b}$ の**長さ**を表す．$\boldsymbol{a}, \boldsymbol{b}$ のどちらかが零ベクトルのときは，$(\boldsymbol{a}, \boldsymbol{b}) = 0$ と定める．

注意： $\boldsymbol{a}$ と $\boldsymbol{b}$ の内積を $\boldsymbol{a} \cdot \boldsymbol{b}$ と表すこともあるが，本書では記号 $(\boldsymbol{a}, \boldsymbol{b})$ を用いる．ベクトルの長さは**ノルム**ともよばれる．$\boldsymbol{a}$ の長さ（ノルム）を表すのに $|\boldsymbol{a}|$ という記号を用いることもあるが，本書では $\|\boldsymbol{a}\|$ と表す．

導入 例題 5.1

$$\boldsymbol{a} = \begin{pmatrix} a_1 \\ a_2 \end{pmatrix}, \quad \boldsymbol{b} = \begin{pmatrix} b_1 \\ b_2 \end{pmatrix}$$

はどちらも零ベクトルではないとし，$\boldsymbol{a}$ と $\boldsymbol{b}$ のなす角を θ とする．

(1) 余弦定理を利用して，$\|\boldsymbol{b} - \boldsymbol{a}\|^2$ を $\|\boldsymbol{a}\|, \|\boldsymbol{b}\|, \theta$ を用いて表せ．

(2) $(\boldsymbol{a}, \boldsymbol{b}) = a_1 b_1 + a_2 b_2$ であることを示せ．

【解答】 (1) $\overrightarrow{\mathrm{OA}} = \boldsymbol{a}$, $\overrightarrow{\mathrm{OB}} = \boldsymbol{b}$ となるように三角形 OAB をとる．

たとえば，$\overline{\mathrm{AB}}$ は辺 AB の長さを表すことにすると，余弦定理より

$$\overline{\mathrm{AB}}^2 = \overline{\mathrm{OA}}^2 + \overline{\mathrm{OB}}^2 - 2\,\overline{\mathrm{OA}} \cdot \overline{\mathrm{OB}} \cos\theta$$

が成り立つ．この式を書き直せば

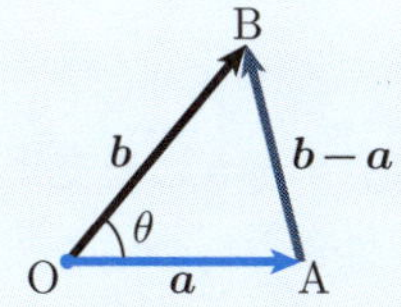

$$\|\boldsymbol{b}-\boldsymbol{a}\|^2 = \|\boldsymbol{a}\|^2 + \|\boldsymbol{b}\|^2 - 2\|\boldsymbol{a}\|\,\|\boldsymbol{b}\|\cos\theta.$$

(2)　$\|\boldsymbol{a}\|\,\|\boldsymbol{b}\|\cos\theta = (\boldsymbol{a},\boldsymbol{b})$ に注意して，小問 (1) の式を変形すれば

$$\begin{aligned}(\boldsymbol{a},\boldsymbol{b}) &= \|\boldsymbol{a}\|\,\|\boldsymbol{b}\|\cos\theta = \frac{1}{2}\Big(\|\boldsymbol{a}\|^2 + \|\boldsymbol{b}\|^2 - \|\boldsymbol{b}-\boldsymbol{a}\|^2\Big)\\ &= \frac{1}{2}\Big[(a_1^2+a_2^2)+(b_1^2+b_2^2)-\big\{(b_1-a_1)^2+(b_2-a_2)^2\big\}\Big]\\ &= a_1b_1+a_2b_2\end{aligned}$$

が得られる．■

同様に，3 次元ベクトル

$$\boldsymbol{a} = \begin{pmatrix} a_1 \\ a_2 \\ a_3 \end{pmatrix}, \quad \boldsymbol{b} = \begin{pmatrix} b_1 \\ b_2 \\ b_3 \end{pmatrix}$$

の内積 $(\boldsymbol{a},\boldsymbol{b})$ は

$$(\boldsymbol{a},\boldsymbol{b}) = a_1b_1+a_2b_2+a_3b_3$$

となる．

一般に

$$\boldsymbol{a} = \begin{pmatrix} a_1 \\ a_2 \\ \vdots \\ a_n \end{pmatrix}, \quad \boldsymbol{b} = \begin{pmatrix} b_1 \\ b_2 \\ \vdots \\ b_n \end{pmatrix}$$

は n 次元ベクトルとする．$\boldsymbol{a}$ の長さ（ノルム）$\|\boldsymbol{a}\|$ および $\boldsymbol{a}$ と $\boldsymbol{b}$ の**内積** $(\boldsymbol{a},\boldsymbol{b})$ を

$$\|\boldsymbol{a}\| = \sqrt{a_1^2+a_2^2+\cdots+a_n^2}$$

$$(\boldsymbol{a},\boldsymbol{b}) = a_1b_1+a_2b_2+\cdots+a_nb_n$$

と定める．このとき

$$(\boldsymbol{a},\boldsymbol{a}) = \|\boldsymbol{a}\|^2$$

が成り立つ．$(\boldsymbol{a},\boldsymbol{b}) = 0$ のとき，$\boldsymbol{a}$ と $\boldsymbol{b}$ は**直交する**という．

ベクトルの内積は次のような性質を持つ．ここで，$\boldsymbol{a}, \boldsymbol{a}', \boldsymbol{b}, \boldsymbol{b}'$ は n 次元ベクトル，c はスカラー（実数）を表すものとする．

● 内積の基本的性質 ●

(1)　$(\boldsymbol{a}+\boldsymbol{a}', \boldsymbol{b}) = (\boldsymbol{a},\boldsymbol{b}) + (\boldsymbol{a}',\boldsymbol{b})$.

(2)　$(c\boldsymbol{a},\boldsymbol{b}) = c(\boldsymbol{a},\boldsymbol{b})$.

(3)　$(\boldsymbol{a},\boldsymbol{b}+\boldsymbol{b}') = (\boldsymbol{a},\boldsymbol{b}) + (\boldsymbol{a},\boldsymbol{b}')$.

(4)　$(\boldsymbol{a},c\boldsymbol{b}) = c(\boldsymbol{a},\boldsymbol{b})$.

(5)　$(\boldsymbol{b},\boldsymbol{a}) = (\boldsymbol{a},\boldsymbol{b})$.

(6)　$(\boldsymbol{a},\boldsymbol{a}) \geq 0$ である．さらに，$(\boldsymbol{a},\boldsymbol{a}) = 0$ ならば $\boldsymbol{a} = \boldsymbol{0}$ である．

基本　例題 5.1

$\boldsymbol{a}, \boldsymbol{b}$ は n 次元ベクトルとし，t は実数とする．

(1)　$\|t\boldsymbol{a}+\boldsymbol{b}\|^2 = t^2\|\boldsymbol{a}\|^2 + 2t(\boldsymbol{a},\boldsymbol{b}) + \|\boldsymbol{b}\|^2$ を示せ．

(2)　$\|t\boldsymbol{a}+\boldsymbol{b}\|^2 \geq 0$ に注意して，$(\boldsymbol{a},\boldsymbol{b})^2 \leq \|\boldsymbol{a}\|^2\|\boldsymbol{b}\|^2$ を示し，さらに

$$\big|(\boldsymbol{a},\boldsymbol{b})\big| \leq \|\boldsymbol{a}\|\,\|\boldsymbol{b}\|$$

が成り立つことを示せ．

(3)　上の結果を利用して，$\|\boldsymbol{a}+\boldsymbol{b}\|^2 \leq \big(\|\boldsymbol{a}\| + \|\boldsymbol{b}\|\big)^2$ を示し，さらに

$$\|\boldsymbol{a}+\boldsymbol{b}\| \leq \|\boldsymbol{a}\| + \|\boldsymbol{b}\|$$

が成り立つことを示せ．

【解答】　(1)

$$\begin{aligned}\|t\boldsymbol{a}+\boldsymbol{b}\|^2 &= (t\boldsymbol{a}+\boldsymbol{b},\ t\boldsymbol{a}+\boldsymbol{b})\\ &= (t\boldsymbol{a},t\boldsymbol{a}) + (t\boldsymbol{a},\boldsymbol{b}) + (\boldsymbol{b},t\boldsymbol{a}) + (\boldsymbol{b},\boldsymbol{b})\\ &= t^2(\boldsymbol{a},\boldsymbol{a}) + t(\boldsymbol{a},\boldsymbol{b}) + t(\boldsymbol{b},\boldsymbol{a}) + (\boldsymbol{b},\boldsymbol{b})\\ &= t^2\|\boldsymbol{a}\|^2 + 2t(\boldsymbol{a},\boldsymbol{b}) + \|\boldsymbol{b}\|^2.\end{aligned}$$

(2)　$\boldsymbol{a} = \boldsymbol{0}$ のときは，$(\boldsymbol{a},\boldsymbol{b}) = \|\boldsymbol{a}\|\,\|\boldsymbol{b}\| = 0$ である．次に，$\boldsymbol{a} \neq \boldsymbol{0}$ とすると

$$\|t\boldsymbol{a}+\boldsymbol{b}\|^2 = \|\boldsymbol{a}\|^2 t^2 + 2(\boldsymbol{a},\boldsymbol{b})\,t + \|\boldsymbol{b}\|^2$$

は t の 2 次式である．そこで，この 2 次式の**判別式**を D とおくと

$$\frac{D}{4} = (\boldsymbol{a},\boldsymbol{b})^2 - \|\boldsymbol{a}\|^2\|\boldsymbol{b}\|^2$$

である．**任意の実数 t に対して $\|t\boldsymbol{a}+\boldsymbol{b}\|^2 \geq 0$ であるので，$D \leq 0$** である．よって

$$(\boldsymbol{a},\boldsymbol{b})^2 \leq \|\boldsymbol{a}\|^2\|\boldsymbol{b}\|^2$$

であり，両辺の平方根をとれば求める不等式を得る．

(3)　小問 (2) の結果を用いる．

$$\begin{aligned}
\|\boldsymbol{a}+\boldsymbol{b}\|^2 &= \|\boldsymbol{a}\|^2 + 2(\boldsymbol{a},\boldsymbol{b}) + \|\boldsymbol{b}\|^2 \\
&\leq \|\boldsymbol{a}\|^2 + 2\|\boldsymbol{a}\|\,\|\boldsymbol{b}\| + \|\boldsymbol{b}\|^2 \quad \Leftarrow \text{小問 (2) の不等式より} \\
&= \big(\|\boldsymbol{a}+\boldsymbol{b}\|\big)^2
\end{aligned}$$

となる．平方根をとれば，求める不等式を得る．■

(2) の不等式は**シュワルツの不等式**，(3) は**三角不等式**とよばれる．

Point

- **シュワルツの不等式**：　$\big|(\boldsymbol{a},\boldsymbol{b})\big| \leq \|\boldsymbol{a}\|\,\|\boldsymbol{b}\|.$
- **三角不等式**：　$\|\boldsymbol{a}+\boldsymbol{b}\| \leq \|\boldsymbol{a}\| + \|\boldsymbol{b}\|.$

5.2　回転行列と鏡映行列

$$A = \begin{pmatrix} \cos\alpha & -\sin\alpha \\ \sin\alpha & \cos\alpha \end{pmatrix}, \quad \boldsymbol{x} = \begin{pmatrix} x_1 \\ x_2 \end{pmatrix}, \quad \boldsymbol{y} = \begin{pmatrix} y_1 \\ y_2 \end{pmatrix}$$

としよう．A は**回転行列**であり，$A\boldsymbol{x}$ はベクトル $\boldsymbol{x}$ を角度 α 回転したものであるので，その**長さは変わらない**．つまり，$\|A\boldsymbol{x}\| = \|\boldsymbol{x}\|$ である．

また，$\boldsymbol{x}$ と $\boldsymbol{y}$ に A を作用させると，どちらも同じ角度 α だけ回転するので，その間の**角度は変わらない**．したがって，$\boldsymbol{x}$ と $\boldsymbol{y}$ の**内積も変わらない**ことになる．つまり，$(A\boldsymbol{x}, A\boldsymbol{y}) = (\boldsymbol{x},\boldsymbol{y})$ が成り立つ．

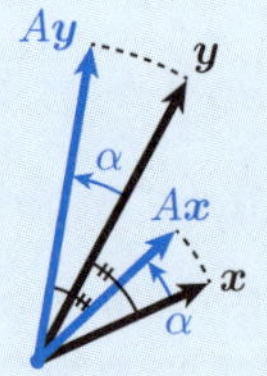

次に，$B = \begin{pmatrix} \cos\alpha & \sin\alpha \\ \sin\alpha & -\cos\alpha \end{pmatrix}$ について考えよう．

基本 例題 5.2

上の行列 B について，次の問いに答えよ．

(1) $\alpha = 0$ のとき，$B = \begin{pmatrix} 1 & 0 \\ 0 & -1 \end{pmatrix}$ であるが，x_1x_2 平面におけるこの行列の作用はどのようなものかを説明せよ．

(2) $\begin{pmatrix} \cos\alpha & \sin\alpha \\ \sin\alpha & -\cos\alpha \end{pmatrix} = \begin{pmatrix} \cos\alpha & -\sin\alpha \\ \sin\alpha & \cos\alpha \end{pmatrix}\begin{pmatrix} 1 & 0 \\ 0 & -1 \end{pmatrix}$

である．この式にもとづいて，行列 B の作用がどのようなものかを説明せよ．

(3) x_1 軸を反時計回りに角度 $\dfrac{\alpha}{2}$ 回転させた直線を ℓ とする．このとき，行列 B の作用は，「直線 ℓ を軸としてベクトルを折り返す作用である」ともいえることを示せ．

【解答】 (1) x_1 **軸を軸としてベクトルを折り返す作用**（第1章参照）．

(2) x_1 **軸を軸としてベクトルを折り返してから，それをさらに反時計回りに角度** α **回転させる作用**．

(3) ベクトル $\boldsymbol{x}$ が，x_1 軸の正の向きから見て，反時計回りに角度 θ 回転させた向きを向いているとする．x_1 軸を軸としてベクトル $\boldsymbol{x}$ を折り返すと，その角度が $-\theta$ となり，さらに反時計回りに角度 α 回転させると，その角度は $-\theta + \alpha$ となる．一方，ℓ を軸として $\boldsymbol{x}$ を折り返すと，x_1 軸から見た角度は

$$\frac{\alpha}{2} - \left(\theta - \frac{\alpha}{2}\right) = -\theta + \alpha$$

であり，同じ結果を得る（下図参照）．よって，B は直線 ℓ を軸として折り返す作用を持つともいえる．

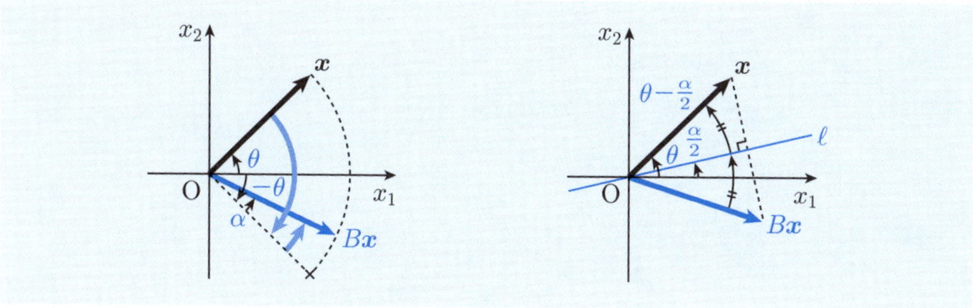

基本例題 5.2 の行列 B は，**鏡映行列**とよばれる．$B\boldsymbol{x}$ は直線 ℓ を軸として $\boldsymbol{x}$ を折り返したものであるので，$\|B\boldsymbol{x}\| = \|\boldsymbol{x}\|$ である．また，$\boldsymbol{x}$ と $\boldsymbol{y}$ に作用したとき，それらの間の角度も変えないので，$(B\boldsymbol{x}, B\boldsymbol{y}) = (\boldsymbol{x}, \boldsymbol{y})$ が成り立つ．

行列 A, B の作用は，長さや角度を変えないので，**合同な変換**を引き起こす．よって，**面積も変えない**が，**図形が裏返ることもある**ので，**行列式は 1 または −1** である．実際

$$\det A = \cos^2\alpha + \sin^2\alpha = 1,$$
$$\det B = -\cos^2\alpha - \sin^2\alpha = -1.$$

5.3 直交行列

回転行列や鏡映行列の作用は，ベクトルの長さやベクトル同士の内積を変えず，合同な変換を引き起こす．そのような行列を一般的に考察しよう．

導入 例題 5.2

$A = \begin{pmatrix} a_{11} & a_{12} \\ a_{21} & a_{22} \end{pmatrix}$ の第 1 列ベクトルを $\boldsymbol{a}_1$ とし，第 2 列ベクトルを $\boldsymbol{a}_2$ とする：

$$\boldsymbol{a}_1 = \begin{pmatrix} a_{11} \\ a_{21} \end{pmatrix}, \quad \boldsymbol{a}_2 = \begin{pmatrix} a_{12} \\ a_{22} \end{pmatrix}.$$

(1) 任意の2次元ベクトル $\boldsymbol{x} = \begin{pmatrix} x_1 \\ x_2 \end{pmatrix}$ に対して $\|A\boldsymbol{x}\| = \|\boldsymbol{x}\|$ が成り立つと仮定する．このとき，$i, j = 1, 2$ に対して

$$\text{条件（ア）}:(\boldsymbol{a}_i, \boldsymbol{a}_j) = \begin{cases} 1 & (i = j \text{ のとき}) \\ 0 & (i \neq j \text{ のとき}) \end{cases}$$

が成り立つことを示せ．

(2) 条件（ア）が成り立つとき，任意の2次元ベクトル $\boldsymbol{x}, \boldsymbol{y}$ に対して

$$(A\boldsymbol{x}, A\boldsymbol{y}) = (\boldsymbol{x}, \boldsymbol{y})$$

が成り立つことを示せ．

(3) 条件（ア）が成り立つとき，${}^tAA = E_2$ が成り立つことを示せ．

【解答】 (1)

$$\begin{aligned}\|A\boldsymbol{x}\|^2 - \|\boldsymbol{x}\|^2 &= (a_{11}x_1 + a_{12}x_2)^2 + (a_{21}x_1 + a_{22}x_2)^2 - (x_1^2 + x_2^2) \\ &= (a_{11}^2 + a_{21}^2 - 1)x_1^2 + 2(a_{11}a_{12} + a_{21}a_{22})x_1x_2 \\ &\qquad + (a_{12}^2 + a_{22}^2 - 1)x_2^2\end{aligned}$$

であるが，仮定より，これが**任意の x_1, x_2 に対して恒等的に 0 である**ので

$$a_{11}^2 + a_{21}^2 - 1 = 0, \quad a_{11}a_{12} + a_{21}a_{22} = 0, \quad a_{12}^2 + a_{22}^2 - 1 = 0$$

でなければならない（各自確かめよ）．この3つの式は，それぞれ

$$(\boldsymbol{a}_1, \boldsymbol{a}_1) = 1, \quad (\boldsymbol{a}_1, \boldsymbol{a}_2) = 0, \quad (\boldsymbol{a}_2, \boldsymbol{a}_2) = 1$$

と書き直すことができる．これがまさしく条件（ア）である．

(2) $\boldsymbol{x} = \begin{pmatrix} x_1 \\ x_2 \end{pmatrix}, \boldsymbol{y} = \begin{pmatrix} y_1 \\ y_2 \end{pmatrix}$ とすると

$$\begin{aligned}(A\boldsymbol{x}, A\boldsymbol{y}) &= (a_{11}x_1 + a_{12}x_2)(a_{11}y_1 + a_{12}y_2) \\ &\qquad + (a_{21}x_1 + a_{22}x_2)(a_{21}y_1 + a_{22}y_2) \\ &= (a_{11}^2 + a_{21}^2)x_1y_1 + (a_{11}a_{12} + a_{21}a_{22})x_1y_2 \\ &\qquad + (a_{11}a_{12} + a_{21}a_{22})x_2y_1 + (a_{12}^2 + a_{22}^2)x_2y_2\end{aligned}$$

$$= x_1 y_1 + x_2 y_2 \quad \Leftarrow \text{条件（ア）より.}$$
$$= (\boldsymbol{x}, \boldsymbol{y}).$$

(3)

$$
\begin{aligned}
{}^tAA &= \begin{pmatrix} a_{11} & a_{21} \\ a_{12} & a_{22} \end{pmatrix} \begin{pmatrix} a_{11} & a_{12} \\ a_{21} & a_{22} \end{pmatrix} \\
&= \begin{pmatrix} a_{11}^2 + a_{21}^2 & a_{11}a_{12} + a_{21}a_{22} \\ a_{11}a_{12} + a_{21}a_{22} & a_{12}^2 + a_{22}^2 \end{pmatrix} \\
&= \begin{pmatrix} 1 & 0 \\ 0 & 1 \end{pmatrix} \quad \Leftarrow \text{条件（ア）より.}
\end{aligned}
$$

■

一般に，次の定理が成り立つ（演習問題 5.1 から 5.4 も参照せよ）.

定理 5.1 n 次正方行列 A について，次の 4 つの条件 (a) から (d) は同値である.

(a) 任意の n 次元ベクトル $\boldsymbol{x}$ に対して，$\|A\boldsymbol{x}\| = \|\boldsymbol{x}\|$ が成り立つ.

(b) 任意の n 次元ベクトル $\boldsymbol{x}$, $\boldsymbol{y}$ に対して，$(A\boldsymbol{x}, A\boldsymbol{y}) = (\boldsymbol{x}, \boldsymbol{y})$ が成り立つ.

(c) A の第 i 列ベクトルを $\boldsymbol{a}_i$ （$i = 1, 2, \ldots, n$）とするとき，次が成り立つ.

$$(\boldsymbol{a}_i, \boldsymbol{a}_j) = \begin{cases} 1 & (i = j \text{ のとき}), \\ 0 & (i \neq j \text{ のとき}). \end{cases}$$

(d) ${}^tAA = E_n$ である.

定義 5.1 定理 5.1 の 4 つの条件 (a) から (d) のうちどれか 1 つ，よってすべてをみたす行列を**直交行列**とよぶ.

たとえば，回転行列 $\begin{pmatrix} \cos\alpha & -\sin\alpha \\ \sin\alpha & \cos\alpha \end{pmatrix}$，鏡映行列 $\begin{pmatrix} \cos\alpha & \sin\alpha \\ \sin\alpha & -\cos\alpha \end{pmatrix}$ は直交行列であり，定理 5.1 の 4 つの条件をすべてみたす.

基本 例題 5.3

n 次正方行列 A が直交行列ならば，$\det A = 1$ または $\det A = -1$ であることを示せ．

【解答】 A が直交行列であるので，${}^tAA = E_n$ が成り立つ．行列式の積に関する性質と，「転置しても行列式が変わらない」という性質を用いれば

$$\begin{aligned} 1 &= \det E_n = \det({}^tAA) = \det({}^tA)\det A \\ &= \det A \cdot \det A = (\det A)^2 \end{aligned}$$

となるので，$\det A = \pm 1$ が得られる．■

A を直交行列とすると，A は正則行列である．そこで，${}^tAA = E_n$ の両辺に右から A^{-1} をかければ ${}^tA = A^{-1}$ が得られる．したがって，A が直交行列であることは，次の条件 (e) とも同値である．

(e)　A は正則行列であり，かつ，$A^{-1} = {}^tA$ をみたす．

Point　直交行列 A は次のような性質を持つ．

- A を作用させてもベクトルの長さが変わらない（定理 5.1 (a)）．
- A を作用させてもベクトル同士の内積が変わらない（定理 5.1 (b)）．
- したがって，A の作用によって合同な変換が生じる．
- A の列ベクトルの長さがすべて 1 であり，異なる列ベクトル同士は直交する（定理 5.1 (c)）．
- ${}^tAA = E_n$ である（定理 5.1 (d)）．
- A が正則行列であり，かつ $A^{-1} = {}^tA$ が成り立つ（条件 (e)）．

確認 例題 5.1

次の行列が直交行列になるような a, b, c をすべて求めよ．

$$\begin{pmatrix} \frac{1}{3} & 0 & a \\ \frac{2}{3} & \frac{1}{\sqrt{2}} & b \\ \frac{2}{3} & -\frac{1}{\sqrt{2}} & c \end{pmatrix}.$$

【解答】 **定理 5.1 の条件 (c) を用いる**．第 3 列ベクトルが他の列と直交するので

$$\begin{cases} \frac{1}{3}a+\frac{2}{3}b+\frac{2}{3}c=0 \\ \frac{1}{\sqrt{2}}b-\frac{1}{\sqrt{2}}c=0 \end{cases}$$

が成り立つ．このことより，ある実数 t を用いて $a=4t,\ b=-t,\ c=-t$ と表せることがわかる．さらに，第 3 列ベクトルの長さが 1 であることより

$$1=a^2+b^2+c^2=16t^2+t^2+t^2=18t^2$$

が成り立つ．よって，$t=\pm\dfrac{1}{3\sqrt{2}}$．求める a, b, c の組み合わせは

$$a=\pm\frac{4}{3\sqrt{2}},\quad b=\mp\frac{1}{3\sqrt{2}},\quad c=\mp\frac{1}{3\sqrt{2}}\quad \text{（複号同順）}.$$

■

問 5.1 行列 $\begin{pmatrix} \frac{3}{5} & b \\ a & c \end{pmatrix}$ が直交行列になるような a, b, c をすべて求めよ．

5.4 正規直交基底

V を $\mathbb{R}^n$ の線形部分空間とし，$\boldsymbol{b}_1, \boldsymbol{b}_2, \ldots, \boldsymbol{b}_m$ を V の基底とすると，V の任意のベクトル $\boldsymbol{x}$ は，次のように表すことができる（第 3 章参照）．

$$\boldsymbol{x}=c_1\boldsymbol{b}_1+c_2\boldsymbol{b}_2+\cdots+c_m\boldsymbol{b}_m \quad (c_1, c_2, \ldots, c_m \text{ は実数}).$$

このとき，$(c_1, \ldots, c_m)$ を $\boldsymbol{x}$ の「座標」とみることができる．こうして，**V に基底が定まれば，V のベクトルの座標が定まる**と考えられる．

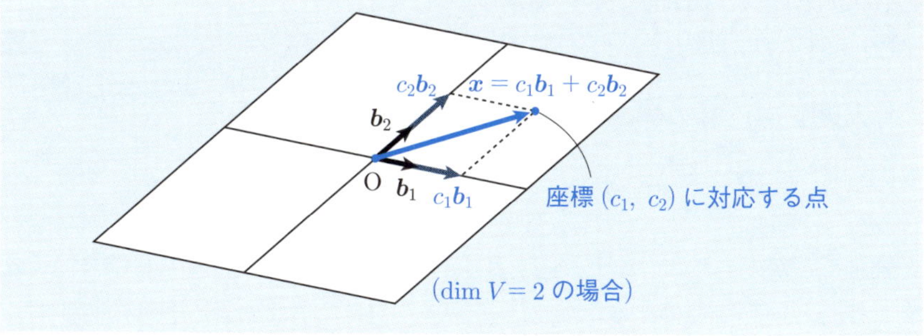

導入 例題 5.3

$\boldsymbol{f}_1$, $\boldsymbol{f}_2$ を $\mathbb{R}^2$ の基底とする．2次元ベクトル $\boldsymbol{x}$, $\boldsymbol{y}$ が

$$\boldsymbol{x} = \alpha_1 \boldsymbol{f}_1 + \alpha_2 \boldsymbol{f}_2,$$

$$\boldsymbol{y} = \beta_1 \boldsymbol{f}_1 + \beta_2 \boldsymbol{f}_2$$

をみたすとする．「$\boldsymbol{x}$ と $\boldsymbol{y}$ の内積を求めよ」という問題に対して，太郎君は次のように考えた．

【太郎君の考え】 基底から座標が定まる．この場合，$\boldsymbol{x}$ の座標は (α_1, α_2) であり，$\boldsymbol{y}$ の座標は (β_1, β_2) である．よって，次の式が成り立つはずだ．

$$(\boldsymbol{x}, \boldsymbol{y}) = \alpha_1\beta_1 + \alpha_2\beta_2.$$

次郎君は太郎君の**間違い**を指摘した上で，「**ある条件**があれば，太郎君のような計算が成立する」と述べた．

(1) 太郎君の間違いを指摘せよ．

(2) すべての $\boldsymbol{x}$, $\boldsymbol{y}$ に対して太郎君の主張する式が成り立つためには，$\boldsymbol{f}_1$, $\boldsymbol{f}_2$ についてどのような条件があればよいか．

【解答】 (1) $\boldsymbol{x}$ と $\boldsymbol{y}$ の内積を計算すると

$$\begin{aligned}(\boldsymbol{x}, \boldsymbol{y}) &= (\alpha_1 \boldsymbol{f}_1 + \alpha_2 \boldsymbol{f}_2, \beta_1 \boldsymbol{f}_1 + \beta_2 \boldsymbol{f}_2) \\ &= \alpha_1\beta_1(\boldsymbol{f}_1, \boldsymbol{f}_1) + (\alpha_1\beta_2 + \alpha_2\beta_1)(\boldsymbol{f}_1, \boldsymbol{f}_2) + \alpha_2\beta_2(\boldsymbol{f}_2, \boldsymbol{f}_2)\end{aligned}$$

となる．$(\boldsymbol{f}_i, \boldsymbol{f}_j)$ $(i, j = 1, 2)$ **の値によって，上の式の値は異なる**ので，必ずしも太郎君の式が成り立つわけではない．

(2) $(\boldsymbol{f}_1, \boldsymbol{f}_1) = (\boldsymbol{f}_2, \boldsymbol{f}_2) = 1$, $(\boldsymbol{f}_1, \boldsymbol{f}_2) = 0$ ならばよい． ■

導入例題 5.3 (2) の解答の条件は

$$(\boldsymbol{f}_i, \boldsymbol{f}_j) = \begin{cases} 1 & (i = j \text{ のとき}) \\ 0 & (i \neq j \text{ のとき}) \end{cases}$$

と表すことができる．つまり，「**$\boldsymbol{f}_1$ と $\boldsymbol{f}_2$ の長さが 1 であり，それらは互いに直交する**」ということである．

そこで，1つ定義を述べよう．

定義 5.2　V は $\mathbb{R}^n$ の線形部分空間とし，$\boldsymbol{b}_1, \boldsymbol{b}_2, \dots, \boldsymbol{b}_m$ は V の基底とする．この基底が，さらに

$$(\boldsymbol{b}_i, \boldsymbol{b}_j) = \begin{cases} 1 & (i = j \text{ のとき}) \\ 0 & (i \neq j \text{ のとき}) \end{cases}$$

という条件をみたすとき，$\boldsymbol{b}_1, \boldsymbol{b}_2, \dots, \boldsymbol{b}_m$ は V の**正規直交基底**であるという．

たとえば，$\begin{pmatrix} 1 \\ 0 \end{pmatrix}, \begin{pmatrix} 0 \\ 1 \end{pmatrix}$ は $\mathbb{R}^2$ の正規直交基底である．

確認　例題 5.2

$\boldsymbol{f}_1 = \begin{pmatrix} \frac{1}{\sqrt{2}} \\ \frac{1}{\sqrt{2}} \end{pmatrix}, \boldsymbol{f}_2 = \begin{pmatrix} \frac{1}{\sqrt{2}} \\ -\frac{1}{\sqrt{2}} \end{pmatrix}$ は $\mathbb{R}^2$ の基底であるが（このことは認めてよい），これらが正規直交基底であるかどうか，判定せよ．

【解答】　正規直交基底である．実際，$(\boldsymbol{f}_1, \boldsymbol{f}_1) = 1, (\boldsymbol{f}_1, \boldsymbol{f}_2) = 0, (\boldsymbol{f}_2, \boldsymbol{f}_2) = 1$ である．■

導入例題 5.3 での次郎君の主張は，**正規直交基底のもとでは，内積や長さの計算が簡単にできる**ということである．

基本　例題 5.4

n 次元ベクトル $\boldsymbol{a}_1, \boldsymbol{a}_2, \boldsymbol{a}_3$ が

$$(\boldsymbol{a}_i, \boldsymbol{a}_j) = \begin{cases} 1 & (i = j \text{ のとき}) \\ 0 & (i \neq j \text{ のとき}) \end{cases}$$

をみたすとすると，これらのベクトルは線形独立であることを示せ．

【解答】　実数 c_1, c_2, c_3 が $c_1\boldsymbol{a}_1 + c_2\boldsymbol{a}_2 + c_3\boldsymbol{a}_3 = \boldsymbol{0}$ をみたすと仮定する．この式の両辺と $\boldsymbol{a}_1$ との内積をとると，左辺は

$$(\boldsymbol{a}_1, c_1\boldsymbol{a}_1 + c_2\boldsymbol{a}_2 + c_3\boldsymbol{a}_3) = c_1(\boldsymbol{a}_1, \boldsymbol{a}_1) + c_2(\boldsymbol{a}_1, \boldsymbol{a}_2) + c_3(\boldsymbol{a}_1, \boldsymbol{a}_3) = c_1$$

となり，右辺は $(\boldsymbol{a}_1, \boldsymbol{0}) = 0$ となるので，$c_1 = 0$ が得られる．同様に，$c_2 = c_3 = 0$ である．よって，$\boldsymbol{a}_1, \boldsymbol{a}_2, \boldsymbol{a}_3$ は線形独立である． ■

問 5.2 ベクトル $\boldsymbol{a}, \boldsymbol{b}$ が $(\boldsymbol{a}, \boldsymbol{a}) = (\boldsymbol{b}, \boldsymbol{b}) = 1$, $(\boldsymbol{a}, \boldsymbol{b}) = 0$ をみたすとする．$\boldsymbol{x} = \alpha\boldsymbol{a} + \beta\boldsymbol{b}$ が $(\boldsymbol{x}, \boldsymbol{a}) = 5$, $(\boldsymbol{x}, \boldsymbol{b}) = 3$ をみたすように実数 α, β を定めよ．

5.5 グラム–シュミットの直交化法

正規直交基底はどのようにしたら求められるのだろうか？

導入 例題 5.4

ベクトル $\boldsymbol{a}, \boldsymbol{b}$ は，$\|\boldsymbol{a}\| = 2$, $(\boldsymbol{a}, \boldsymbol{b}) = 3$ をみたすとする．$\boldsymbol{a}$ と $\boldsymbol{b} + c\boldsymbol{a}$ が直交するように実数 c を定めよ．

【解答】 $0 = (\boldsymbol{a}, \boldsymbol{b} + c\boldsymbol{a}) = (\boldsymbol{a}, \boldsymbol{b}) + c\|\boldsymbol{a}\|^2 = 3 + 4c$ より，$c = -\dfrac{3}{4}$． ■

導入 例題 5.5

三角形 OAB において，$\overrightarrow{\mathrm{OA}} = \boldsymbol{a}$, $\overrightarrow{\mathrm{OB}} = \boldsymbol{b}$ とするとき，$\|\boldsymbol{a}\| = 2$, $(\boldsymbol{a}, \boldsymbol{b}) = 3$ をみたすとする．また，$\angle\mathrm{AOB} = \theta$ とし，$\boldsymbol{e} = \dfrac{1}{2}\boldsymbol{a}$ とおく．さらに，点 B から辺 OA に下ろした垂線の足を H とする．

(1) $\|\boldsymbol{e}\| = 1$ を示せ．

(2) （線分 OH の長さ）$= \|\boldsymbol{b}\| \cos\theta = (\boldsymbol{e}, \boldsymbol{b}) = \dfrac{1}{2}(\boldsymbol{a}, \boldsymbol{b}) = \dfrac{3}{2}$ を示せ．

(3) $\overrightarrow{\mathrm{OH}} = \dfrac{3}{2}\boldsymbol{e} = \dfrac{3}{4}\boldsymbol{a}$ を示せ．

(4) $\overrightarrow{\mathrm{HB}}$ を $\boldsymbol{a}, \boldsymbol{b}$ の線形結合の形に表せ．

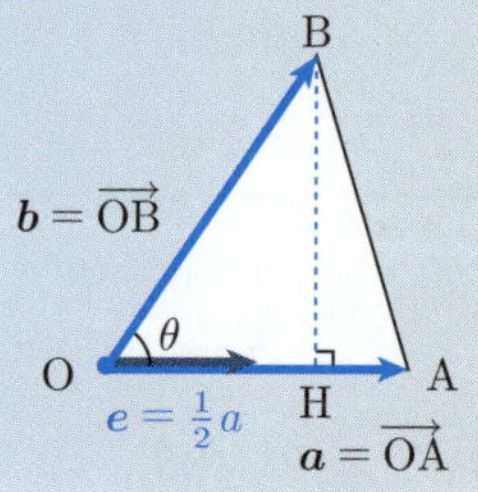

【解答】　(1)

$$\begin{aligned}\|\boldsymbol{e}\|^2 &= \left(\frac{1}{2}\boldsymbol{a}, \frac{1}{2}\boldsymbol{a}\right)\\ &= \frac{1}{4}\|\boldsymbol{a}\|^2 = 1\end{aligned}$$

より $\|\boldsymbol{e}\| = 1$ である．

(2)　三角形 OHB は直角三角形である．$\angle \mathrm{BOH} = \theta$ であり，辺 OB の長さは $\|\boldsymbol{b}\|$ であるので，三角比を用いれば

$$\begin{aligned}(\text{線分 OH の長さ}) &= (\text{線分 OB の長さ}) \times \cos\theta\\ &= \|\boldsymbol{b}\|\cos\theta\end{aligned}$$

がわかる．一方

$$(\boldsymbol{e}, \boldsymbol{b}) = \|\boldsymbol{e}\|\,\|\boldsymbol{b}\|\cos\theta = \|\boldsymbol{b}\|\cos\theta$$

である．さらに

$$\begin{aligned}(\boldsymbol{e}, \boldsymbol{b}) &= \left(\frac{1}{2}\boldsymbol{a}, \boldsymbol{b}\right)\\ &= \frac{1}{2}(\boldsymbol{a}, \boldsymbol{b}) = \frac{1}{2} \times 3 = \frac{3}{2}\end{aligned}$$

である．以上のことをあわせれば結論が得られる．

(3)　**$\overrightarrow{\mathrm{OH}}$ は $\boldsymbol{e}$ の定数倍であるが，$\overrightarrow{\mathrm{OH}}$ の長さは $\frac{3}{2}$，$\boldsymbol{e}$ の長さは 1 であるので，$\overrightarrow{\mathrm{OH}} = \frac{3}{2}\boldsymbol{e}$** となる．さらに，$\boldsymbol{e} = \frac{1}{2}\boldsymbol{a}$ であるので

$$\begin{aligned}\overrightarrow{\mathrm{OH}} &= \frac{3}{2}\boldsymbol{e}\\ &= \frac{3}{2} \times \frac{1}{2}\boldsymbol{a} = \frac{3}{4}\boldsymbol{a}.\end{aligned}$$

(4)

$$\begin{aligned}\overrightarrow{\mathrm{HB}} &= \overrightarrow{\mathrm{OB}} - \overrightarrow{\mathrm{OH}}\\ &= \boldsymbol{b} - \frac{3}{4}\boldsymbol{a}.\end{aligned}$$

■

導入例題 5.5 において，$\overrightarrow{\mathrm{HB}} = \boldsymbol{b} - \frac{3}{4}\boldsymbol{a}$ は，$\boldsymbol{a}$ と直交している．導入例題 5.4 と導入例題 5.5 とを見比べよう．どちらも，**2 つのベクトル $\boldsymbol{a}, \boldsymbol{b}$ をもとにして，互いに直交するベクトル $\boldsymbol{a}, \boldsymbol{b} - \frac{3}{4}\boldsymbol{a}$ を作り出している！**

次に，3 つのベクトルから 3 つの直交するベクトルを作り出してみよう．

導入 例題 5.6

3 つのベクトル $\boldsymbol{a}_1, \boldsymbol{a}_2, \boldsymbol{a}_3$ は線形独立であるとする．

(1) $\boldsymbol{b}_1 = \boldsymbol{a}_1$ とおき，さらに

$$\boldsymbol{b}_2 = \boldsymbol{a}_2 - \frac{(\boldsymbol{a}_2, \boldsymbol{b}_1)}{\|\boldsymbol{b}_1\|^2}\boldsymbol{b}_1$$

とおく．このとき，$(\boldsymbol{b}_2, \boldsymbol{b}_1) = 0$ となることを示せ．

(2) 「仮に $\boldsymbol{b}_2 = \boldsymbol{0}$ であるとすると，$\boldsymbol{a}_2$ と $\boldsymbol{a}_1$ が線形従属になり，仮定に反する」ということを示すことにより，$\boldsymbol{b}_2 \neq \boldsymbol{0}$ であることを証明せよ．

(3) さらに

$$\boldsymbol{b}_3 = \boldsymbol{a}_3 - \frac{(\boldsymbol{a}_3, \boldsymbol{b}_1)}{\|\boldsymbol{b}_1\|^2}\boldsymbol{b}_1 - \frac{(\boldsymbol{a}_3, \boldsymbol{b}_2)}{\|\boldsymbol{b}_2\|^2}\boldsymbol{b}_2$$

とおくとき，$(\boldsymbol{b}_3, \boldsymbol{b}_1) = (\boldsymbol{b}_3, \boldsymbol{b}_2) = 0$ となることを示せ．

【解答】 (1) $p = \dfrac{(\boldsymbol{a}_2, \boldsymbol{b}_1)}{\|\boldsymbol{b}_1\|^2}$ とおくと，$\boldsymbol{b}_2 = \boldsymbol{a}_2 - p\boldsymbol{b}_1$ であるので

$$\begin{aligned}(\boldsymbol{b}_2, \boldsymbol{b}_1) &= (\boldsymbol{a}_2 - p\boldsymbol{b}_1, \boldsymbol{b}_1) = (\boldsymbol{a}_2, \boldsymbol{b}_1) - p\|\boldsymbol{b}_1\|^2 \\ &= (\boldsymbol{a}_2, \boldsymbol{b}_1) - \frac{(\boldsymbol{a}_2, \boldsymbol{b}_1)}{\|\boldsymbol{b}_1\|^2}\|\boldsymbol{b}_1\|^2 = (\boldsymbol{a}_2, \boldsymbol{b}_1) - (\boldsymbol{a}_2, \boldsymbol{b}_1) = 0.\end{aligned}$$

(2) 仮に $\boldsymbol{b}_2 = \boldsymbol{0}$ であるとすると $\boldsymbol{a}_2 - p\boldsymbol{b}_1 = \boldsymbol{0}$ であるので，$\boldsymbol{a}_1$ $(= \boldsymbol{b}_1)$, $\boldsymbol{a}_2$ が線形従属となり，仮定に反する．よって，$\boldsymbol{b}_2 \neq \boldsymbol{0}$.

(3) $q = \dfrac{(\boldsymbol{a}_3, \boldsymbol{b}_1)}{\|\boldsymbol{b}_1\|^2}, r = \dfrac{(\boldsymbol{a}_3, \boldsymbol{b}_2)}{\|\boldsymbol{b}_2\|^2}$ とおくと，$\boldsymbol{b}_3 = \boldsymbol{a}_3 - q\boldsymbol{b}_1 - r\boldsymbol{b}_2$ より

$$(\boldsymbol{b}_3, \boldsymbol{b}_1) = (\boldsymbol{a}_3, \boldsymbol{b}_1) - q\|\boldsymbol{b}_1\|^2 - r(\boldsymbol{b}_2, \boldsymbol{b}_1)$$

となるが，小問 (1) より $(\boldsymbol{b}_2, \boldsymbol{b}_1) = 0$ であるので

$$\begin{aligned}(\boldsymbol{b}_3, \boldsymbol{b}_1) &= (\boldsymbol{a}_3, \boldsymbol{b}_1) - \frac{(\boldsymbol{a}_3, \boldsymbol{b}_1)}{\|\boldsymbol{b}_1\|^2}\|\boldsymbol{b}_1\|^2 \\ &= (\boldsymbol{a}_3, \boldsymbol{b}_1) - (\boldsymbol{a}_3, \boldsymbol{b}_1) = 0\end{aligned}$$

となる．同様に $(\boldsymbol{b}_3, \boldsymbol{b}_2) = 0$ も示される． ■

一般に，$\mathbb{R}^n$ の線形部分空間 V とその基底 $\boldsymbol{a}_1, \boldsymbol{a}_2, \ldots, \boldsymbol{a}_m$ が与えられたとき，次のようにして V の正規直交基底を作ることができる．この方法を**グラム–シュミットの直交化法**とよぶ．

(1)　$\boldsymbol{a}_1, \boldsymbol{a}_2, \ldots, \boldsymbol{a}_m$ をもとにして，導入例題 5.6 と同様のやり方を適用して，互いに直交するベクトル $\boldsymbol{b}_1, \boldsymbol{b}_2, \ldots, \boldsymbol{b}_m$ を作る．

(2)　$\boldsymbol{b}_1, \boldsymbol{b}_2, \ldots, \boldsymbol{b}_m$ はすべて V に属する $\mathbf{0}$ でないベクトルであり，互いに直交するが，長さが 1 であるとは限らない．

(3)　そこで，$\boldsymbol{e}_1 = \dfrac{1}{\|\boldsymbol{b}_1\|}\boldsymbol{b}_1, \boldsymbol{e}_2 = \dfrac{1}{\|\boldsymbol{b}_2\|}\boldsymbol{b}_2, \ldots, \boldsymbol{e}_m = \dfrac{1}{\|\boldsymbol{b}_m\|}\boldsymbol{b}_m$ とすれば，これらは V の正規直交基底である．

少し練習してみよう．

確認 例題 5.3

$$\boldsymbol{a}_1 = \begin{pmatrix} 1 \\ 1 \\ 1 \end{pmatrix}, \quad \boldsymbol{a}_2 = \begin{pmatrix} 1 \\ 2 \\ 3 \end{pmatrix}, \quad \boldsymbol{a}_3 = \begin{pmatrix} 0 \\ 1 \\ 1 \end{pmatrix}$$

とすると，これらは $\mathbb{R}^3$ の基底である（このことは，ここでは証明なしに認める）．

(1)　導入例題 5.6 のやり方にしたがって，$\boldsymbol{b}_1, \boldsymbol{b}_2, \boldsymbol{b}_3$ を求めよ．

(2)　$(\boldsymbol{b}_1, \boldsymbol{b}_2) = (\boldsymbol{b}_1, \boldsymbol{b}_3) = (\boldsymbol{b}_2, \boldsymbol{b}_3) = 0$ であることを計算によって確かめよ．

(3)　$\boldsymbol{e}_i = \dfrac{1}{\|\boldsymbol{b}_i\|}\boldsymbol{b}_i$ $(i = 1, 2, 3)$ とする．$\boldsymbol{e}_1, \boldsymbol{e}_2, \boldsymbol{e}_3$ を求めよ．

【解答】　(1)

$$\boldsymbol{b}_1 = \boldsymbol{a}_1 = \begin{pmatrix} 1 \\ 1 \\ 1 \end{pmatrix}$$

である．また，$(\boldsymbol{a}_2, \boldsymbol{b}_1) = 6$, $\|\boldsymbol{b}_1\|^2 = 3$ より

$$\boldsymbol{b}_2 = \begin{pmatrix} 1 \\ 2 \\ 3 \end{pmatrix} - \frac{6}{3}\begin{pmatrix} 1 \\ 1 \\ 1 \end{pmatrix} = \begin{pmatrix} -1 \\ 0 \\ 1 \end{pmatrix}.$$

さらに，$(\boldsymbol{a}_3, \boldsymbol{b}_1) = 2$, $(\boldsymbol{a}_3, \boldsymbol{b}_2) = 1$, $\|\boldsymbol{b}_2\|^2 = 2$ より

$$\boldsymbol{b}_3 = \begin{pmatrix} 0 \\ 1 \\ 1 \end{pmatrix} - \frac{2}{3}\begin{pmatrix} 1 \\ 1 \\ 1 \end{pmatrix} - \frac{1}{2}\begin{pmatrix} -1 \\ 0 \\ 1 \end{pmatrix} = \frac{1}{6}\begin{pmatrix} -1 \\ 2 \\ -1 \end{pmatrix}.$$

(2) 省略（各自確認せよ）.

(3) $\boldsymbol{e}_1 = \dfrac{1}{\sqrt{3}}\begin{pmatrix} 1 \\ 1 \\ 1 \end{pmatrix}$, $\boldsymbol{e}_2 = \dfrac{1}{\sqrt{2}}\begin{pmatrix} -1 \\ 0 \\ 1 \end{pmatrix}$, $\boldsymbol{e}_3 = \dfrac{1}{\sqrt{6}}\begin{pmatrix} -1 \\ 2 \\ -1 \end{pmatrix}$. ■

ちょっと寄り道 確認例題 5.3 (3) の解答では，$\boldsymbol{e}_3$ を求める計算は省略したが，分数の計算を極力避けるために，$\boldsymbol{b}'_3 = 6\boldsymbol{b}_3$ とおき，成分の分母をはらってから $\dfrac{1}{\|\boldsymbol{b}'_3\|}\boldsymbol{b}'_3$ を計算して，長さを 1 にするのが得策である.

確認 例題 5.4

基本例題 3.4 において

$$A = \begin{pmatrix} 1 & 0 & -2 & 1 \\ -1 & 1 & -1 & -2 \\ 3 & -1 & -3 & 4 \end{pmatrix}$$

に対して，$V = \{\, \boldsymbol{x} \in \mathbb{R}^4 \mid A\boldsymbol{x} = \boldsymbol{0} \,\}$ を考えた.

$$\boldsymbol{a}_1 = \begin{pmatrix} 2 \\ 3 \\ 1 \\ 0 \end{pmatrix}, \quad \boldsymbol{a}_2 = \begin{pmatrix} -1 \\ 1 \\ 0 \\ 1 \end{pmatrix}$$

とすると，この 2 つのベクトルは V の基底であった．これをもとにして，グラム–シュミットの直交化法を用いて V の正規直交基底を求めよ.

【解答】

$$\boldsymbol{b}_1 = \boldsymbol{a}_1 = \begin{pmatrix} 2 \\ 3 \\ 1 \\ 0 \end{pmatrix}$$

とおく．さらに

$$\boldsymbol{b}_2 = \boldsymbol{a}_2 - \frac{(\boldsymbol{a}_2, \boldsymbol{b}_1)}{\|\boldsymbol{b}_1\|^2}\boldsymbol{b}_1$$

とおくと，$(\boldsymbol{a}_2, \boldsymbol{b}_1) = 1$, $\|\boldsymbol{b}_1\|^2 = 14$ より

$$\boldsymbol{b}_2 = \begin{pmatrix} -1 \\ 1 \\ 0 \\ 1 \end{pmatrix} - \frac{1}{14}\begin{pmatrix} 2 \\ 3 \\ 1 \\ 0 \end{pmatrix} = \frac{1}{14}\begin{pmatrix} -16 \\ 11 \\ -1 \\ 14 \end{pmatrix}$$

となる．$\boldsymbol{e}_1 = \dfrac{1}{\|\boldsymbol{b}_1\|}\boldsymbol{b}_1$ とおけば

$$\boldsymbol{e}_1 = \frac{1}{\sqrt{14}}\begin{pmatrix} 2 \\ 3 \\ 1 \\ 0 \end{pmatrix}$$

である．また，$\boldsymbol{b}_2' = 14\boldsymbol{b}_2$ とし，$\boldsymbol{e}_2 = \dfrac{1}{\|\boldsymbol{b}_2'\|}\boldsymbol{b}_2'$ とおけば

$$\boldsymbol{e}_2 = \frac{1}{\sqrt{574}}\begin{pmatrix} -16 \\ 11 \\ -1 \\ 14 \end{pmatrix}$$

である．この $\boldsymbol{e}_1, \boldsymbol{e}_2$ が求める V の正規直交基底である．■

問 5.3　(1)　$\boldsymbol{a}_1 = \begin{pmatrix} 3 \\ 4 \end{pmatrix}$,　$\boldsymbol{a}_2 = \begin{pmatrix} 1 \\ 2 \end{pmatrix}$

は $\mathbb{R}^2$ の基底である（このことは証明なしに認める）．この基底をもとにして，グラム–シュミットの直交化法を用いて $\mathbb{R}^2$ の正規直交基底 $\boldsymbol{e}_1, \boldsymbol{e}_2$ を作れ．

(2)　$\boldsymbol{a}_1 = \begin{pmatrix} 2 \\ 2 \\ 1 \end{pmatrix}$,　$\boldsymbol{a}_2 = \begin{pmatrix} 1 \\ 1 \\ 0 \end{pmatrix}$,　$\boldsymbol{a}_3 = \begin{pmatrix} 0 \\ 1 \\ 1 \end{pmatrix}$

は $\mathbb{R}^3$ の基底である（このことは証明なしに認める）．この基底をもとにして，グラム–シュミットの直交化法を用いて $\mathbb{R}^3$ の正規直交基底 $\boldsymbol{e}_1, \boldsymbol{e}_2, \boldsymbol{e}_3$ を作れ．

第５章　演習問題

5.1　n 次元ベクトル

$$\boldsymbol{x} = \begin{pmatrix} x_1 \\ x_2 \\ \vdots \\ x_n \end{pmatrix}, \quad \boldsymbol{y} = \begin{pmatrix} y_1 \\ y_2 \\ \vdots \\ y_n \end{pmatrix}$$

に対して

$$(\boldsymbol{x}, \boldsymbol{y}) = {}^t\boldsymbol{x}\boldsymbol{y}$$

が成り立つことを示せ．ただし，ここで，n 次元ベクトルは $(n, 1)$ 型行列とみなし，$(1, 1)$ 型行列 (a) は単なる数 a とみなすことにすると，上の式の右辺において，${}^t\boldsymbol{x}$ は $(1, n)$ 型行列とみなすことになるので，行列の積 ${}^t\boldsymbol{x}\boldsymbol{y}$ は $(1, 1)$ 型行列，すなわち，普通の数となる．それが左辺の内積に等しい，というのが上の式の意味である．

5.2　A は n 次正方行列とし，$\boldsymbol{x}$, $\boldsymbol{y}$ は n 次元ベクトルとする．このとき，

$$(A\boldsymbol{x}, \boldsymbol{y}) = (\boldsymbol{x}, {}^tA\boldsymbol{y})$$

が成り立つことを示せ．

ヒント：上の問題 5.1 の結果を用いる．

5.3　n 次正方行列 A が ${}^tAA = E_n$ をみたすとすると，n 次元ベクトル $\boldsymbol{x}$, $\boldsymbol{y}$ に対して

$$(A\boldsymbol{x}, A\boldsymbol{y}) = (\boldsymbol{x}, \boldsymbol{y})$$

が成り立つことを示せ．

ヒント：上の問題 5.2 の結果を用いる．

5.4　A は n 次正方行列とし，任意の n 次元ベクトル $\boldsymbol{x}$ に対して

$$\|A\boldsymbol{x}\| = \|\boldsymbol{x}\|$$

が成り立つと仮定する．

(1)　任意の n 次元ベクトル $\boldsymbol{x}$, $\boldsymbol{y}$ に対して

$$(\boldsymbol{x}, \boldsymbol{y}) = \frac{1}{2}\left(\|\boldsymbol{x} + \boldsymbol{y}\|^2 - \|\boldsymbol{x}\|^2 - \|\boldsymbol{y}\|^2\right),$$
$$(A\boldsymbol{x}, A\boldsymbol{y}) = \frac{1}{2}\left(\|A\boldsymbol{x} + A\boldsymbol{y}\|^2 - \|A\boldsymbol{x}\|^2 - \|A\boldsymbol{y}\|^2\right)$$

が成り立つことを示せ．

(2)　任意の n 次元ベクトル $\boldsymbol{x}$, $\boldsymbol{y}$ に対して

$$(A\boldsymbol{x}, A\boldsymbol{y}) = (\boldsymbol{x}, \boldsymbol{y})$$

が成り立つことを示せ．

第 6 章 行列の対角化とその応用

正方行列にある操作を加えて対角行列を作ることを「対角化」とよぶ．この章では，2 種類の対角化のしくみとその方法について学んだ後，2 次形式（定数項や 1 次の項を含まない 2 次式）への応用についても学ぶ．

6.1 対角化とその利点

n 次正方行列の $(1,1)$ 成分，$(2,2)$ 成分，$\cdots$，(n,n) 成分を**対角成分**とよび，対角成分以外の成分がすべて 0 である行列を**対角行列**とよんだ．たとえば，$\begin{pmatrix} 3 & 0 \\ 0 & -5 \end{pmatrix}$，$\begin{pmatrix} 1 & 0 & 0 \\ 0 & 0 & 0 \\ 0 & 0 & 3 \end{pmatrix}$ などは対角行列である．

正方行列 A に対して正則行列 P を選んで $P^{-1}AP$ を対角行列にすることを「正則行列 P による行列 A の**対角化**」とよぶ．対角化を利用すると，たとえば A^k が計算できる．次の 2 つの導入例題を考えてみよう．

導入 例題 6.1

A, P は n 次正方行列とし，さらに P は正則行列であるとする．$B = P^{-1}AP$ とおくとき，次の問いに答えよ．

(1) $B^2 = P^{-1}A^2P$ が成り立つことを示せ．

(2) 任意の自然数 k に対して $B^k = P^{-1}A^kP$ が成り立つことを証明せよ．

(3) $A^k = PB^kP^{-1}$ が成り立つことを示せ．

【解答】 (1)
$$\begin{aligned} B^2 &= (P^{-1}AP)(P^{-1}AP) \\ &= P^{-1}A(PP^{-1})AP \\ &= P^{-1}AE_nAP = P^{-1}A^2P. \end{aligned}$$

(2) k に関する数学的帰納法により証明する．$k = 1$ のときは明らかである．そこで $k \geq 2$ とし，$B^{k-1} = P^{-1}A^{k-1}P$ が成り立つと仮定すると

$$
\begin{aligned}
B^k &= B^{k-1}B = (P^{-1}A^{k-1}P)(P^{-1}AP) \\
&= P^{-1}A^{k-1}(PP^{-1})AP \\
&= P^{-1}A^{k-1}E_nAP = P^{-1}A^kP
\end{aligned}
$$

となるので，任意の自然数 k に対して $B^k = P^{-1}A^kP$ が成り立つ．

(3)　$B^k = P^{-1}A^kP$ の両辺に**左から P，右から P^{-1} をかければ**

$$
\begin{aligned}
PB^kP^{-1} &= PP^{-1}A^kPP^{-1} \\
&= E_nA^kE_n = A^k
\end{aligned}
$$

が得られる．■

導入 例題 6.2

$$A = \begin{pmatrix} 7 & -1 \\ -2 & 8 \end{pmatrix},\ P = \begin{pmatrix} 1 & -1 \\ 1 & 2 \end{pmatrix},\ B = P^{-1}AP \text{ とする．}$$

(1)　B を求めよ．

(2)　自然数 k に対して B^k を求めよ．

(3)　導入例題 6.1 の結果を利用して A^k を求めよ．

【解答】 (1)　$P^{-1} = \dfrac{1}{3}\begin{pmatrix} 2 & 1 \\ -1 & 1 \end{pmatrix}$ より，$B = P^{-1}AP = \begin{pmatrix} 6 & 0 \\ 0 & 9 \end{pmatrix}$.

(2)　$B^k = \begin{pmatrix} 6^k & 0 \\ 0 & 9^k \end{pmatrix}$ であることを数学的帰納法により示す．$k=1$ のとき正しい．$k \geq 2$ とし

$$B^{k-1} = \begin{pmatrix} 6^{k-1} & 0 \\ 0 & 9^{k-1} \end{pmatrix}$$

であると仮定すると

$$B^k = B^{k-1}B = \begin{pmatrix} 6^{k-1} & 0 \\ 0 & 9^{k-1} \end{pmatrix}\begin{pmatrix} 6 & 0 \\ 0 & 9 \end{pmatrix} = \begin{pmatrix} 6^k & 0 \\ 0 & 9^k \end{pmatrix}.$$

(3)　$A^k = PB^kP^{-1} = \dfrac{1}{3}\begin{pmatrix} 2\times 6^k + 9^k & 6^k - 9^k \\ 2\times 6^k - 2\times 9^k & 6^k + 2\times 9^k \end{pmatrix}$. ■

6.2 対角化のしくみその 1：固有値と固有ベクトル

対角化のしくみとその方法をこれから考えていこう．

導入 例題 6.3

A, P は導入例題 6.2 のものとし，P の第 1 列ベクトルを $\boldsymbol{p}_1$，第 2 列ベクトルを $\boldsymbol{p}_2$ とするとき，$A\boldsymbol{p}_1 = 6\boldsymbol{p}_1$, $A\boldsymbol{p}_2 = 9\boldsymbol{p}_2$ となることを示せ．

【解答】 $\boldsymbol{p}_1 = \begin{pmatrix} 1 \\ 1 \end{pmatrix}$, $\boldsymbol{p}_2 = \begin{pmatrix} -1 \\ 2 \end{pmatrix}$ であり

$$A\boldsymbol{p}_1 = \begin{pmatrix} 6 \\ 6 \end{pmatrix} = 6\boldsymbol{p}_1, \quad A\boldsymbol{p}_2 = \begin{pmatrix} -9 \\ 18 \end{pmatrix} = 9\boldsymbol{p}_2$$ （各自確認せよ）．■

導入例題 6.2 (1) と導入例題 6.3 をよく見比べよう．一般に，n 次正方行列 A に対して，**$A\boldsymbol{p}_i = \alpha_i\boldsymbol{p}_i$ となるような n 次元ベクトル $\boldsymbol{p}_i$ $(i = 1, 2, \ldots, n)$ を並べて正則行列 P を作ったら，$P^{-1}AP$ は対角行列になる**のではないか？

導入 例題 6.4

$$A = \begin{pmatrix} a_{11} & a_{12} \\ a_{21} & a_{22} \end{pmatrix}, \quad \boldsymbol{p}_1 = \begin{pmatrix} p_{11} \\ p_{21} \end{pmatrix}, \quad \boldsymbol{p}_2 = \begin{pmatrix} p_{12} \\ p_{22} \end{pmatrix}$$

が $A\boldsymbol{p}_1 = \alpha_1\boldsymbol{p}_1$, $A\boldsymbol{p}_2 = \alpha_2\boldsymbol{p}_2$ （α_1, α_2 は実数）をみたすとする．$\boldsymbol{p}_1$ と $\boldsymbol{p}_2$ を並べた行列を $P = \begin{pmatrix} p_{11} & p_{12} \\ p_{21} & p_{22} \end{pmatrix}$ とし，$B = \begin{pmatrix} \alpha_1 & 0 \\ 0 & \alpha_2 \end{pmatrix}$ とする．

(1) $AP = PB$ が成り立つことを示せ．

(2) P が正則行列ならば $B = P^{-1}AP$ が成り立つことを示せ．

【解答】 (1) $A\boldsymbol{p}_1 = \alpha_1\boldsymbol{p}_1$ より $\begin{pmatrix} a_{11}p_{11} + a_{12}p_{21} \\ a_{21}p_{11} + a_{22}p_{21} \end{pmatrix} = \begin{pmatrix} \alpha_1 p_{11} \\ \alpha_1 p_{21} \end{pmatrix}$ である．同様に，$A\boldsymbol{p}_2 = \alpha_2\boldsymbol{p}_2$ より $\begin{pmatrix} a_{11}p_{12} + a_{12}p_{22} \\ a_{21}p_{12} + a_{22}p_{22} \end{pmatrix} = \begin{pmatrix} \alpha_2 p_{12} \\ \alpha_2 p_{22} \end{pmatrix}$ であるので

$$AP = \begin{pmatrix} a_{11}p_{11} + a_{12}p_{21} & a_{11}p_{12} + a_{12}p_{22} \\ a_{21}p_{11} + a_{22}p_{21} & a_{21}p_{12} + a_{22}p_{22} \end{pmatrix} = \begin{pmatrix} \alpha_1 p_{11} & \alpha_2 p_{12} \\ \alpha_1 p_{21} & \alpha_2 p_{22} \end{pmatrix}$$

が得られる．一方

$$PB = \begin{pmatrix} p_{11} & p_{12} \\ p_{21} & p_{22} \end{pmatrix} \begin{pmatrix} \alpha_1 & 0 \\ 0 & \alpha_2 \end{pmatrix} = \begin{pmatrix} \alpha_1 p_{11} & \alpha_2 p_{12} \\ \alpha_1 p_{21} & \alpha_2 p_{22} \end{pmatrix}$$

であるので，$AP = PB$ である．

(2)　$AP = PB$ の両辺に左から逆行列 P^{-1} をかければよい．■

確認 例題 6.1

$$A = \begin{pmatrix} -1 & 6 \\ -2 & 6 \end{pmatrix}, \quad \boldsymbol{p}_1 = \begin{pmatrix} 2 \\ 1 \end{pmatrix}, \quad \boldsymbol{p}_2 = \begin{pmatrix} 3 \\ 2 \end{pmatrix}$$

とする．$\boldsymbol{p}_1$ と $\boldsymbol{p}_2$ を並べた行列を P とする．

(1)　$A\boldsymbol{p}_1 = 2\boldsymbol{p}_1$, $A\boldsymbol{p}_2 = 3\boldsymbol{p}_2$ が成り立つことを確かめよ．

(2)　P と P^{-1} を求めよ．

(3)　$P^{-1}AP$ を計算して，それが対角行列になることを確かめよ．

【解答】 (1)　省略（各自確認せよ）．

(2)　$P = \begin{pmatrix} 2 & 3 \\ 1 & 2 \end{pmatrix}$, $P^{-1} = \begin{pmatrix} 2 & -3 \\ -1 & 2 \end{pmatrix}$.

(3)　$P^{-1}AP = \begin{pmatrix} 2 & 0 \\ 0 & 3 \end{pmatrix}$ となる．これは対角行列である．■

定義 6.1　A は n 次正方行列とする．実数 α と，$\mathbf{0}$ でない n 次元ベクトル $\boldsymbol{p}$ が $A\boldsymbol{p} = \alpha\boldsymbol{p}$ をみたすとき，α は A の**固有値**であるといい，$\boldsymbol{p}$ は固有値 α に対する A の**固有ベクトル**であるという．

注意： **零ベクトルは A の固有ベクトルとはいわない**ことに注意しよう．

たとえば導入例題 6.3 の $\boldsymbol{p}_1$ は固有値 6 に対する A の固有ベクトルであり，$\boldsymbol{p}_2$ は固有値 9 に対する A の固有ベクトルである．

いままで述べたことにより，**A の固有ベクトルを並べて正則行列 P を作ることができれば，対角化できる**ことがわかった．

ここで，第 4 章の定理 4.6 を思い出そう．

復習：n 次正方行列 P が正則 $\Leftrightarrow$ P の n 個の列ベクトルが線形独立.

すると，次のことがわかる.

Point

- n 次正方行列 A が n 個の**線形独立**な固有ベクトルを持てば，それらを並べた行列 P は正則行列である.
- このとき，$P^{-1}AP$ は対角行列であり，その対角行列の対角成分は A の固有値である.

確認 例題 6.2

導入例題 6.3 において，A の 2 つの固有ベクトル $\boldsymbol{p}_1$, $\boldsymbol{p}_2$ が線形独立であることを確かめよ.

【解答】 実数 c_1, c_2 が $c_1\boldsymbol{p}_1 + c_2\boldsymbol{p}_2 = \boldsymbol{0}$ をみたすとすると

$$c_1\boldsymbol{p}_1 + c_2\boldsymbol{p}_2 = c_1\begin{pmatrix} 1 \\ 1 \end{pmatrix} + c_2\begin{pmatrix} -1 \\ 2 \end{pmatrix} = \begin{pmatrix} c_1 - c_2 \\ c_1 + 2c_2 \end{pmatrix}$$

より，$c_1 - c_2 = 0$, $c_1 + 2c_2 = 0$ となる．このような c_1, c_2 は $c_1 = c_2 = 0$ だけである（各自確かめよ）．よって，$\boldsymbol{p}_1$, $\boldsymbol{p}_2$ は線形独立である. ■

6.3 対角化のしくみその 2：固有多項式

固有値と固有ベクトルは，どのようにしたら求められるのだろうか？ 導入例題 6.2，導入例題 6.3 の行列 A を例にとって，次の導入例題を考えよう.

導入 例題 6.5

$$A = \begin{pmatrix} 7 & -1 \\ -2 & 8 \end{pmatrix}$$ とする.

(1) $5E_2 - A$ とその行列式 $\det(5E_2 - A)$ を求めよ.

(2) $5E_2 - A$ は正則行列であることを示せ.

(3)　5 は A の固有値ではないことを示せ．

(4)　$\det(6E_2 - A)$ と $\det(9E_2 - A)$ を求めよ．

【解答】　(1)　$5E_2 - A = \begin{pmatrix} -2 & 1 \\ 2 & -3 \end{pmatrix}$,

$$\det(5E_2 - A) = \begin{vmatrix} -2 & 1 \\ 2 & -3 \end{vmatrix} = 4.$$

(2)　$\det(5E_2 - A) \neq 0$ であるので，定理 4.4 により，$5E_2 - A$ は正則行列である．

(3)　$A\boldsymbol{p} = 5\boldsymbol{p}$ ならば，$(5E_2 - A)\boldsymbol{p} = \boldsymbol{0}$ である．小問 (2) より $5E_2 - A$ は逆行列を持つので，それを両辺に左からかければ $\boldsymbol{p} = \boldsymbol{0}$ となる．これは，**$A\boldsymbol{p} = 5\boldsymbol{p}$ をみたすベクトル $\boldsymbol{p}$ が零ベクトル以外にはない**ことを意味する．よって，5 は A の固有値ではない（固有値と固有ベクトルの定義を思い出そう）．

(4)　$\det(6E_2 - A) = \begin{vmatrix} -1 & 1 \\ 2 & -2 \end{vmatrix} = 0,$

$$\det(9E_2 - A) = \begin{vmatrix} 2 & 1 \\ 2 & 1 \end{vmatrix} = 0.$$ ■

上の導入例題において，6 や 9 は A の固有値であるが，5 は固有値でない．$\det(6E_2 - A) = \det(9E_2 - A) = 0$ **であるが，**$\det(5E_2 - A) \neq 0$ **である**からである．一般に，n 次正方行列 A と実数 α に対して，次が成り立つ．

α は A の固有値である

$\Leftrightarrow$ $A\boldsymbol{p} = \alpha\boldsymbol{p}$ をみたす $\boldsymbol{0}$ でないベクトル $\boldsymbol{p}$ が存在する

$\Leftrightarrow$ $(\alpha E_n - A)\boldsymbol{p} = \boldsymbol{0}$ をみたす $\boldsymbol{0}$ でないベクトル $\boldsymbol{p}$ が存在する

$\Leftrightarrow$ $\alpha E_n - A$ は正則行列でない

$\Leftrightarrow$ $\det(\alpha E_n - A) = 0$.

このことを利用すれば，正方行列 A の固有値を求めることができる．

基本 例題 6.1

$$A = \begin{pmatrix} 3 & 2 \\ -4 & -3 \end{pmatrix}$$

とする．$\det(tE_2 - A) = 0$ をみたす t を求めることにより，A の固有値を求めよ．

【解答】　t が A の固有値であるとすると，$\det(tE_2 - A) = 0$ をみたす．

$$\det(tE_2 - A) = \begin{vmatrix} t-3 & -2 \\ 4 & t+3 \end{vmatrix}$$
$$= (t-3)(t+3) + 8 = t^2 - 1 = (t-1)(t+1)$$

であるので，$t = 1, -1$ を得る．よって，A の固有値は $1, -1$．■

一般に，n 次正方行列 A の固有値 t は

$$\det(tE_n - A) = 0$$

をみたす．$\det(tE_n - A)$ を t についての文字式とみると，それは n 次多項式である．

$$\det(tE_n - A) = t^n + ((n-1)\text{ 次以下の項}).$$

A の固有値は，方程式 $\det(tE_n - A) = 0$ を解けば求められる．

定義 6.2　多項式 $\det(tE_n - A)$ を A の**固有多項式**，または，**特性多項式**とよぶ．方程式 $\det(tE_n - A) = 0$ を A の**固有方程式**，または，**特性方程式**とよぶ．

Point　A の固有値を求めるには，固有方程式（特性方程式）を解けばよい！

ちょっと寄り道　いままで，ベクトルや行列の成分は**実数**としていたが，固有方程式の根が複素数になる場合もあるので，複素数を成分とするベクトルや行列を考えると便利なこともある（付録参照）．

さて，固有値が求まったら，その固有値に対する固有ベクトルを求めてみよう．

基本 例題 6.2

$A = \begin{pmatrix} 3 & 2 \\ -4 & -3 \end{pmatrix}$ の固有値 1 に対する固有ベクトルと，固有値 -1 に対する固有ベクトルをすべて求めよ．

【解答】 まず，$A\boldsymbol{x} = \boldsymbol{x}$ をみたすベクトル $\boldsymbol{x} = \begin{pmatrix} x_1 \\ x_2 \end{pmatrix}$ を求める．

$$A\boldsymbol{x} = \boldsymbol{x} \Leftrightarrow (A - E_2)\boldsymbol{x} = \boldsymbol{0}$$
$$\Leftrightarrow \begin{pmatrix} 2 & 2 \\ -4 & -4 \end{pmatrix}\begin{pmatrix} x_1 \\ x_2 \end{pmatrix} = \begin{pmatrix} 0 \\ 0 \end{pmatrix}$$

であるので，連立1次方程式

$$\begin{cases} 2x_1 + 2x_2 = 0 \\ -4x_1 - 4x_2 = 0 \end{cases}$$

を解くことにより，$A\boldsymbol{x} = \boldsymbol{x}$ をみたすベクトルは $c_1\begin{pmatrix} 1 \\ -1 \end{pmatrix}$ （c_1 は任意定数）の形であることがわかる．これらのベクトルのうち，零ベクトル以外のものが，固有値 1 に対する固有ベクトルである．したがって，固有値 1 に対する A の固有ベクトルは $c_1\begin{pmatrix} 1 \\ -1 \end{pmatrix}$ $(c_1 \neq 0)$ である．同様に

$$A\boldsymbol{x} = -\boldsymbol{x} \Leftrightarrow (A + E_2)\boldsymbol{x} = \boldsymbol{0} \Leftrightarrow \begin{pmatrix} 4 & 2 \\ -4 & -2 \end{pmatrix}\begin{pmatrix} x_1 \\ x_2 \end{pmatrix} = \begin{pmatrix} 0 \\ 0 \end{pmatrix}$$

をみたすベクトルのうち，零ベクトルでないものは $c_2\begin{pmatrix} 1 \\ -2 \end{pmatrix}$ $(c_2 \neq 0)$ であり，これが固有値 -1 に対する A の固有ベクトルである．■

Point　A の固有値 α に対する固有ベクトルを求めるには，$A\boldsymbol{x} = \alpha\boldsymbol{x}$ の $\boldsymbol{0}$ 以外の解を求めればよい．

固有値と固有ベクトルがすべて求まれば，対角化ができる．

基本 例題 6.3

$A = \begin{pmatrix} 3 & 2 \\ -4 & -3 \end{pmatrix}$ に対して，うまく正則行列 P を選んで $P^{-1}AP$ が対角行列になるようにせよ．

【解答】 A の固有値は $1, -1$ である．固有値 1 に対する固有ベクトルとして，$\boldsymbol{p}_1 = \begin{pmatrix} 1 \\ -1 \end{pmatrix}$，固有値 -1 に対する固有ベクトルとして，$\boldsymbol{p}_2 = \begin{pmatrix} 1 \\ -2 \end{pmatrix}$ を選ぶと，この 2 つのベクトルは線形独立である（その証明はここでは省略する）．$\boldsymbol{p}_1$ と $\boldsymbol{p}_2$ を並べて行列 $P = \begin{pmatrix} 1 & 1 \\ -1 & -2 \end{pmatrix}$ を作れば，P は正則行列であって，

$P^{-1}AP = \begin{pmatrix} 1 & 0 \\ 0 & -1 \end{pmatrix}$ となる． ■

行列 P の選び方は 1 通りではないことに注意しよう．それから，もう 1 つ注意しておきたいことがある．次の基本例題を見てほしい．

基本 例題 6.4

太郎君は，基本例題 6.3 に対して，次のような意見を述べた．

【太郎君の意見】「固有値 1 に対する固有ベクトルとして，$\boldsymbol{p}'_1 = \begin{pmatrix} 1 \\ -1 \end{pmatrix}$，$\boldsymbol{p}'_2 = \begin{pmatrix} 2 \\ -2 \end{pmatrix}$ がとれるので，$\boldsymbol{p}'_1$ と $\boldsymbol{p}'_2$ を並べて行列 $P' = \begin{pmatrix} 1 & 2 \\ -1 & -2 \end{pmatrix}$ とすれば，$P'^{-1}AP' = \begin{pmatrix} 1 & 0 \\ 0 & 1 \end{pmatrix}$ となる．」

次郎君は太郎君の意見の致命的な欠陥を指摘した．それは何か．

【解答】 $\boldsymbol{p}'_2 = 2\boldsymbol{p}'_1$ であるので，**$\boldsymbol{p}'_1$ と $\boldsymbol{p}'_2$ は線形従属である**．したがって，それらを並べた行列 **P' は正則行列でない**ので，P'^{-1} が存在しない． ■

いままでの総まとめをしよう．

Point

- 固有方程式（特性方程式）を解けば固有値が求まる．
- 固有値が求まったら，連立1次方程式を解けば固有ベクトルが求まる．
- 線形独立な固有ベクトルを並べて正則行列を作れば対角化が完成！
- 固有ベクトルの選び方は1通りではない．
- 線形従属な固有ベクトルを並べても正則行列はできない．

6.4　練習と考察

もう少し対角化の練習をしよう．

確認　例題 6.3

次の行列に対してうまく正則行列 P を選んで $P^{-1}AP$ が対角行列になるようにせよ．

$$A = \begin{pmatrix} 2 & 2 & -2 \\ 1 & 2 & -1 \\ 1 & 2 & -1 \end{pmatrix}$$

【解答】　計算の詳細は省略するが，読者は自分で確認してほしい．

A の固有多項式は

$$\det(tE_3 - A) = \begin{vmatrix} t-2 & -2 & 2 \\ -1 & t-2 & 1 \\ -1 & -2 & t+1 \end{vmatrix}$$
$$= t^3 - 3t^2 + 2t = t(t-1)(t-2)$$

であるので，A の固有値は 0, 1, 2 である．

$$\boldsymbol{x} = \begin{pmatrix} x_1 \\ x_2 \\ x_3 \end{pmatrix}$$

について

$$Ax = 0 \cdot \boldsymbol{x} \Leftrightarrow \begin{pmatrix} 2 & 2 & -2 \\ 1 & 2 & -1 \\ 1 & 2 & -1 \end{pmatrix} \begin{pmatrix} x_1 \\ x_2 \\ x_3 \end{pmatrix} = \begin{pmatrix} 0 \\ 0 \\ 0 \end{pmatrix}$$

$$\Leftrightarrow x_2 = 0,\ x_1 = x_3$$

であるので，固有値 0 に対する固有ベクトルとして $\boldsymbol{p}_1 = \begin{pmatrix} 1 \\ 0 \\ 1 \end{pmatrix}$ がとれる．

また

$$A\boldsymbol{x} = 1 \cdot \boldsymbol{x} \Leftrightarrow (A - E_3)\boldsymbol{x} = \boldsymbol{0}$$

$$\Leftrightarrow x_1 = 0,\ x_2 = x_3$$

であるので，固有値 1 に対する固有ベクトルとして $\boldsymbol{p}_2 = \begin{pmatrix} 0 \\ 1 \\ 1 \end{pmatrix}$ がとれる．

同様に，$A\boldsymbol{x} = 2\boldsymbol{x}$（$\Leftrightarrow (A - 2E_3)\boldsymbol{x} = \boldsymbol{0}$）を解くことにより，固有値 2 に対する固有ベクトルとして $\boldsymbol{p}_3 = \begin{pmatrix} 1 \\ 1 \\ 1 \end{pmatrix}$ がとれる．

$\boldsymbol{p}_1$，$\boldsymbol{p}_2$，$\boldsymbol{p}_3$ は線形独立である．そこで，これらのベクトルを並べて，行列 $P = \begin{pmatrix} 1 & 0 & 1 \\ 0 & 1 & 1 \\ 1 & 1 & 1 \end{pmatrix}$ を作れば，P は正則行列であり，$P^{-1}AP = \begin{pmatrix} 0 & 0 & 0 \\ 0 & 1 & 0 \\ 0 & 0 & 2 \end{pmatrix}$ となる． ■

問 6.1　次の行列 A の固有多項式を求め，固有値を求めよ．さらに，正則行列 P をうまく選んで $P^{-1}AP$ を対角行列にせよ．

(1)　$A = \begin{pmatrix} 13 & -9 \\ 6 & -8 \end{pmatrix}$　　(2)　$A = \begin{pmatrix} -1 & 4 & 4 \\ -3 & 8 & 6 \\ 3 & -7 & -5 \end{pmatrix}$

ところで，対角化に際して，正則行列 P を作るには，**線形独立な**固有ベクトルを並べる必要があった．次の基本例題は重要である．

基本 例題 6.5

$\boldsymbol{p}_1, \boldsymbol{p}_2$ は n 次正方行列 A の**相異なる**固有値 α_1, α_2 に対する固有ベクトルとする．このとき，$\boldsymbol{p}_1, \boldsymbol{p}_2$ は線形独立であることを示せ．

ヒント：c_1, c_2 が $c_1\boldsymbol{p}_1 + c_2\boldsymbol{p}_2 = \boldsymbol{0}$ をみたすと仮定し，両辺に A をかけた式と α_2 をかけた式を比較し，$c_1 = c_2 = 0$ を導け．

【解答】 実数 c_1, c_2 が次の関係式をみたすと仮定する．

$$c_1\boldsymbol{p}_1 + c_2\boldsymbol{p}_2 = \boldsymbol{0}. \tag{6.1}$$

式 (6.1) の両辺に左から A をかけると

$$c_1A\boldsymbol{p}_1 + c_2A\boldsymbol{p}_2 = \boldsymbol{0} \tag{6.2}$$

となるが

$$A\boldsymbol{p}_1 = \alpha_1\boldsymbol{p}_1,$$

$$A\boldsymbol{p}_2 = \alpha_2\boldsymbol{p}_2$$

より，式 (6.2) は

$$c_1\alpha_1\boldsymbol{p}_1 + c_2\alpha_2\boldsymbol{p}_2 = \boldsymbol{0} \tag{6.3}$$

と書き直すことができる．一方，式 (6.1) の両辺に α_2 をかけると

$$c_1\alpha_2\boldsymbol{p}_1 + c_2\alpha_2\boldsymbol{p}_2 = \boldsymbol{0} \tag{6.4}$$

となる．式 (6.3) から式 (6.4) を辺々引くと

$$c_1(\alpha_1 - \alpha_2)\boldsymbol{p}_1 = \boldsymbol{0}$$

が得られるが，$\alpha_1 - \alpha_2 \neq 0$, $\boldsymbol{p}_1 \neq \boldsymbol{0}$ より $c_1 = 0$ である．これを式 (6.1) に代入することにより，$c_2 = 0$ を得る．**$c_1\boldsymbol{p}_1 + c_2\boldsymbol{p}_2 = \boldsymbol{0}$ という仮定のもとで $c_1 = c_2 = 0$ が示された**ので，$\boldsymbol{p}_1, \boldsymbol{p}_2$ は線形独立である． ■

一般に，次の定理が成り立つ．

定理 6.1 A は n 次正方行列とし，$\boldsymbol{p}_1, \boldsymbol{p}_2, \ldots, \boldsymbol{p}_k$ は相異なる固有値に対する A の固有ベクトルとする．このとき，$\boldsymbol{p}_1, \boldsymbol{p}_2, \ldots, \boldsymbol{p}_k$ は線形独立である．

定理 6.1 から，次の定理 6.2 が導かれる．

定理 6.2　n 次正方行列 A の固有方程式が n 個の**相異なる**実根（実数解）を持てば，それぞれの根（固有値）に対する n 個の固有ベクトルは線形独立であり，それらを並べた行列 P は正則行列であって，$P^{-1}AP$ は対角行列となる．

Point　固有方程式が重根を持たない場合は，対応する固有ベクトルは自動的に線形独立になり，対角化できる！

6.5　固有方程式が重根を持つ場合の対角化

固有方程式が重根を持つ場合の対角化について，簡単に触れておこう．

基本　例題 6.6

次の行列に対してうまく正則行列 P を選んで $P^{-1}AP$ が対角行列になるようにせよ．

$$A = \begin{pmatrix} -3 & 4 & 0 \\ -2 & 3 & 0 \\ -4 & 4 & 1 \end{pmatrix}$$

【解答】　A の固有多項式は $(t+1)(t-1)^2$ であるので，A の固有値は $-1, 1$ である（各自確かめよ）．

$$\boldsymbol{x} = \begin{pmatrix} x_1 \\ x_2 \\ x_3 \end{pmatrix}$$

とおいて

$$A\boldsymbol{x} = -\boldsymbol{x}$$

を連立 1 次方程式とみて解くと，一般解は

$$\begin{pmatrix} x_1 \\ x_2 \\ x_3 \end{pmatrix} = c_1 \begin{pmatrix} 2 \\ 1 \\ 2 \end{pmatrix} \quad （c_1 \text{ は任意定数}）$$

となるので，固有値 -1 に対する固有ベクトルとして $\boldsymbol{p}_1 = \begin{pmatrix} 2 \\ 1 \\ 2 \end{pmatrix}$ がとれる．

次に，$A\boldsymbol{x} = \boldsymbol{x} \Leftrightarrow x_1 = x_2$ より，連立1次方程式 $A\boldsymbol{x} = \boldsymbol{x}$ の一般解は

$$\begin{pmatrix} x_1 \\ x_2 \\ x_3 \end{pmatrix} = \begin{pmatrix} c_2 \\ c_2 \\ c_3 \end{pmatrix} = c_2 \begin{pmatrix} 1 \\ 1 \\ 0 \end{pmatrix} + c_3 \begin{pmatrix} 0 \\ 0 \\ 1 \end{pmatrix} \quad (c_2,\ c_3 \text{ は任意定数})$$

となる．ここで

$$\boldsymbol{p}_2 = \begin{pmatrix} 1 \\ 1 \\ 0 \end{pmatrix}, \quad \boldsymbol{p}_3 = \begin{pmatrix} 0 \\ 0 \\ 1 \end{pmatrix}$$

とおくと，$\boldsymbol{p}_2, \boldsymbol{p}_3$ は固有値1に対する A の固有ベクトルであり，これらは線形独立である．そこで，$\boldsymbol{p}_1, \boldsymbol{p}_2, \boldsymbol{p}_3$ を並べて行列 $P = \begin{pmatrix} 2 & 1 & 0 \\ 1 & 1 & 0 \\ 2 & 0 & 1 \end{pmatrix}$ を作れば，

P は正則行列であって，$P^{-1}AP = \begin{pmatrix} -1 & 0 & 0 \\ 0 & 1 & 0 \\ 0 & 0 & 1 \end{pmatrix}$ となる． ■

基本例題6.6では，線形独立な固有ベクトルを3個見つける必要があったが，$A\boldsymbol{x} = \boldsymbol{x}$ の一般解が2個の任意定数を含むので，固有値1に対する固有ベクトルの中から，線形独立なもの2個を選ぶことができた．

Point 固有方程式が重根を持つ場合は，根の重複度に応じて，線形独立な固有ベクトルを複数個選ぶ必要がある．

確認 例題 6.4

次の行列に対してうまく正則行列 P を選んで $P^{-1}AP$ が対角行列になるようにせよ．

$$A = \begin{pmatrix} -4 & 12 & -18 \\ -2 & 6 & -6 \\ 0 & 0 & 2 \end{pmatrix}$$

【解答】 A の固有多項式は $t(t-2)^2$ であるので，固有値は 0, 2 である．

$A\boldsymbol{x} = \boldsymbol{0}$ を連立 1 次方程式とみて解くことにより，固有値 0 に対する固有ベクトルとして $\boldsymbol{p}_1 = \begin{pmatrix} 3 \\ 1 \\ 0 \end{pmatrix}$ がとれる．

次に，$A\boldsymbol{x} = 2\boldsymbol{x}$ を連立 1 次方程式とみて解くと，一般解は

$$\boldsymbol{x} = c_2 \begin{pmatrix} 2 \\ 1 \\ 0 \end{pmatrix} + c_3 \begin{pmatrix} -3 \\ 0 \\ 1 \end{pmatrix} \quad (c_2,\ c_3 \text{ は任意定数})$$

となる．ここで，$\boldsymbol{p}_2 = \begin{pmatrix} 2 \\ 1 \\ 0 \end{pmatrix}$, $\boldsymbol{p}_3 = \begin{pmatrix} -3 \\ 0 \\ 1 \end{pmatrix}$ とおくと，この 2 つのベクトルはどちらも固有値 2 に対する A の固有ベクトルであって，これらは線形独立である．そこで，$\boldsymbol{p}_1, \boldsymbol{p}_2, \boldsymbol{p}_3$ を並べて行列 $P = \begin{pmatrix} 3 & 2 & -3 \\ 1 & 1 & 0 \\ 0 & 0 & 1 \end{pmatrix}$ を作れば，P は正則行列であって $P^{-1}AP = \begin{pmatrix} 0 & 0 & 0 \\ 0 & 2 & 0 \\ 0 & 0 & 2 \end{pmatrix}$ となる． ■

問 6.2 次の行列に対してうまく正則行列 P を選んで $P^{-1}AP$ が対角行列になるようにせよ．

$$A = \begin{pmatrix} -1 & 0 & 1 \\ -2 & 0 & 2 \\ -2 & 0 & 2 \end{pmatrix}$$

対角化はいつでもできるとは限らない．

基本 例題 6.7

$$A = \begin{pmatrix} 1 & 1 \\ -1 & 3 \end{pmatrix}$$

とする．$P^{-1}AP$ が対角行列となるような正則行列 P は存在しないことを示せ．

【解答】 A の固有多項式は $(t-2)^2$ であるので，固有値は2のみである．$\boldsymbol{x} = \begin{pmatrix} x_1 \\ x_2 \end{pmatrix}$ に対して

$$\begin{aligned} A\boldsymbol{x} = 2\boldsymbol{x} &\Leftrightarrow (A - 2E_2)\boldsymbol{x} = \boldsymbol{0} \\ &\Leftrightarrow \begin{pmatrix} -1 & 1 \\ -1 & 1 \end{pmatrix}\begin{pmatrix} x_1 \\ x_2 \end{pmatrix} = \begin{pmatrix} 0 \\ 0 \end{pmatrix} \Leftrightarrow x_1 = x_2 \end{aligned}$$

であるので，固有ベクトルは $c\begin{pmatrix} 1 \\ 1 \end{pmatrix}$ $(c \neq 0)$ の形に限られる．このとき，A の固有ベクトル $\boldsymbol{p}_1, \boldsymbol{p}_2$ をどのように選んでも，一方が他方の定数倍となる．したがって，**線形独立な2つの固有ベクトルを選ぶことができない**．よって，A は対角化不可能である．■

6.6 直交行列による対角化――そのしくみ

これまで，正方行列 A に対して，正則行列による対角化を考えてきたが，ここでは，**直交行列による対角化（直交行列 P を用いて $P^{-1}AP$ を対角行列にすること）** について説明する．

次の定理は大事である．この定理のしくみを理解し，実際に直交行列による対角化の方法を学ぶことがここでの目標である．

定理 6.3　n 次正方行列 A が対称行列ならば，直交行列 P をうまく選んで，$P^{-1}AP$ を対角行列にすることができる．

ここで，定理 5.1 の内容を思い出しておこう．

復習：**直交行列の列ベクトルは長さが 1 であり，それらは互いに直交する．**

まず，直交行列による対角化ができない例について考えよう．

導入 例題 6.6

$A = \begin{pmatrix} 1 & 1 \\ 0 & 2 \end{pmatrix}$ とする．

(1)　A の固有値をすべて求めよ．

(2)　それぞれの固有値に対して，長さ 1 の固有ベクトルを 1 つずつ求めよ．

(3)　小問 (2) で求めた固有ベクトルを並べた行列を P とするとき，P が直交行列であるかどうか，理由をつけて判定せよ．

【解答】　(1)　固有多項式が $(t-1)(t-2)$ であるので，固有値は 1, 2.

(2)　固有値 1 に対する固有ベクトルは $c_1 \begin{pmatrix} 1 \\ 0 \end{pmatrix}$ $(c_1 \neq 0)$ の形であるので，たとえば $\boldsymbol{p}_1 = \begin{pmatrix} 1 \\ 0 \end{pmatrix}$ とすれば，$\boldsymbol{p}_1$ は長さ 1 の固有ベクトル．同様に，たとえば $\boldsymbol{p}_2 = \dfrac{1}{\sqrt{2}} \begin{pmatrix} 1 \\ 1 \end{pmatrix}$ は，固有値 2 に対する長さ 1 の固有ベクトル．

(3)　**$\boldsymbol{p}_1$ と $\boldsymbol{p}_2$ が直交していない**ので，P は**直交行列でない**．■

Point　直交行列によって対角化するには，互いに直交する固有ベクトルを選ばなければならない！

実は，**A が対称行列の場合には，互いに直交するような A の固有ベクトルがとれる**．そのことをこれから説明しよう．

一般に，n 次正方行列 A と，n 次元ベクトル $\boldsymbol{x}, \boldsymbol{y}$ に対して

$$(A\boldsymbol{x}, \boldsymbol{y}) = (\boldsymbol{x}, {}^t A\boldsymbol{y})$$

が成り立つ（第5章の演習問題 5.2 参照）．いま，A が対称行列であるとすると，$^tA = A$ であるので

$$(A\boldsymbol{x}, \boldsymbol{y}) = (\boldsymbol{x}, A\boldsymbol{y})$$

が成り立つことに注意する．

問 6.3 対称行列 $A = \begin{pmatrix} 2 & 3 \\ 3 & 1 \end{pmatrix}$ とベクトル $\boldsymbol{x} = \begin{pmatrix} x_1 \\ x_2 \end{pmatrix}$, $\boldsymbol{y} = \begin{pmatrix} y_1 \\ y_2 \end{pmatrix}$ に対して，$(A\boldsymbol{x}, \boldsymbol{y}) = (\boldsymbol{x}, A\boldsymbol{y})$ が成り立つことを確認せよ．

基本 例題 6.8

A は対称行列とし，α, β は A の相異なる固有値とする．$\boldsymbol{p}_1$ を α に対する A の固有ベクトル，$\boldsymbol{p}_2$ を β に対する A の固有ベクトルとするとき，$\boldsymbol{p}_1$ と $\boldsymbol{p}_2$ は直交することを示せ．

ヒント：$(A\boldsymbol{p}_1, \boldsymbol{p}_2) = (\boldsymbol{p}_1, A\boldsymbol{p}_2)$.

【解答】 $A\boldsymbol{p}_1 = \alpha\boldsymbol{p}_1$, $A\boldsymbol{p}_2 = \beta\boldsymbol{p}_2$ であるので

$$(A\boldsymbol{p}_1, \boldsymbol{p}_2) = (\alpha\boldsymbol{p}_1, \boldsymbol{p}_2) = \alpha(\boldsymbol{p}_1, \boldsymbol{p}_2),$$
$$(\boldsymbol{p}_1, A\boldsymbol{p}_2) = (\boldsymbol{p}_1, \beta\boldsymbol{p}_2) = \beta(\boldsymbol{p}_1, \boldsymbol{p}_2)$$

であるが，A が対称行列であるので $(A\boldsymbol{p}_1, \boldsymbol{p}_2) = (\boldsymbol{p}_1, A\boldsymbol{p}_2)$ が成り立ち

$$\alpha(\boldsymbol{p}_1, \boldsymbol{p}_2) = \beta(\boldsymbol{p}_1, \boldsymbol{p}_2)$$

が得られる．これより $(\alpha - \beta)(\boldsymbol{p}_1, \boldsymbol{p}_2) = 0$ となるが，$\alpha - \beta \neq 0$ より

$$(\boldsymbol{p}_1, \boldsymbol{p}_2) = 0$$

である．すなわち，$\boldsymbol{p}_1$ と $\boldsymbol{p}_2$ は直交する． ■

Point 対称行列の相異なる固有値に対する固有ベクトルは必ず直交する．

確認 例題 6.5

対称行列 $A = \begin{pmatrix} 2 & 1 \\ 1 & 2 \end{pmatrix}$ の固有値を α, β $(\alpha \leq \beta)$ とする．

(1)　α, β を求めよ．

(2)　α に対する固有ベクトルと，β に対する固有ベクトルを求め，それらが実際に直交することを確認せよ．

【解答】　(1)　$\alpha = 1, \beta = 3$.

(2)　$\begin{pmatrix} c_1 \\ -c_1 \end{pmatrix}$ $(c_1 \neq 0)$, $\begin{pmatrix} c_2 \\ c_2 \end{pmatrix}$ $(c_2 \neq 0)$ が，それぞれ固有値 1, 3 に対する固有ベクトルである．これらのベクトルの内積は

$$\left(\begin{pmatrix} c_1 \\ -c_1 \end{pmatrix}, \begin{pmatrix} c_2 \\ c_2 \end{pmatrix} \right) = c_1c_2 - c_1c_2 = 0$$

となる．よって，これらの固有ベクトルは互いに直交する．■

それでは実際に，直交行列によって対称行列を対角化してみよう．

基本　例題 6.9

確認例題 6.5 の対称行列 A に対して，直交行列 P をうまく選んで，$P^{-1}AP$ を対角行列にせよ．

【解答】　固有値と固有ベクトルはすでに求めている．$\begin{pmatrix} 1 \\ -1 \end{pmatrix}$ の長さは $\sqrt{2}$ であるので，$\boldsymbol{p}_1 = \dfrac{1}{\sqrt{2}} \begin{pmatrix} 1 \\ -1 \end{pmatrix}$ とおけば，$\boldsymbol{p}_1$ は固有値 1 に対する固有ベクトルであって，その長さは 1 である．同様に，$\boldsymbol{p}_2 = \dfrac{1}{\sqrt{2}} \begin{pmatrix} 1 \\ 1 \end{pmatrix}$ とおけば，$\boldsymbol{p}_2$ は固有値 3 に対する固有ベクトルであって，その長さは 1 である．さらに，$\boldsymbol{p}_1$ と $\boldsymbol{p}_2$ は直交するので，それらを並べて行列 $P = \begin{pmatrix} \frac{1}{\sqrt{2}} & \frac{1}{\sqrt{2}} \\ -\frac{1}{\sqrt{2}} & \frac{1}{\sqrt{2}} \end{pmatrix}$ を作れば，P は直交行列であり，$P^{-1}AP = \begin{pmatrix} 1 & 0 \\ 0 & 3 \end{pmatrix}$ となる．■

6.7 直交行列による対角化——練習と考察

3次の対称行列を直交行列によって対角化してみよう．

確認 例題 6.6

次の行列に対して直交行列 P をうまく選んで $P^{-1}AP$ を対角行列にせよ．

$$A = \begin{pmatrix} 1 & 1 & 4 \\ 1 & 1 & 4 \\ 4 & 4 & -2 \end{pmatrix}$$

【解答】 細かい計算は省略する．A の固有多項式は $t(t+6)(t-6)$ であるので，A の固有値は $-6, 0, 6$ である．

$$c_1 \begin{pmatrix} 1 \\ 1 \\ -2 \end{pmatrix}, \quad c_2 \begin{pmatrix} 1 \\ -1 \\ 0 \end{pmatrix}, \quad c_3 \begin{pmatrix} 1 \\ 1 \\ 1 \end{pmatrix} \qquad (c_1, c_2, c_3 \neq 0)$$

が，それぞれ固有値 $-6, 0, 6$ に対する固有ベクトルである．そこで

$$\boldsymbol{p}_1 = \frac{1}{\sqrt{6}} \begin{pmatrix} 1 \\ 1 \\ -2 \end{pmatrix}, \quad \boldsymbol{p}_2 = \frac{1}{\sqrt{2}} \begin{pmatrix} 1 \\ -1 \\ 0 \end{pmatrix}, \quad \boldsymbol{p}_3 = \frac{1}{\sqrt{3}} \begin{pmatrix} 1 \\ 1 \\ 1 \end{pmatrix}$$

とすれば，これらは長さ1の固有ベクトルであり，互いに直交するので，これらを並べて

$$P = \begin{pmatrix} \frac{1}{\sqrt{6}} & \frac{1}{\sqrt{2}} & \frac{1}{\sqrt{3}} \\ \frac{1}{\sqrt{6}} & -\frac{1}{\sqrt{2}} & \frac{1}{\sqrt{3}} \\ -\frac{2}{\sqrt{6}} & 0 & \frac{1}{\sqrt{3}} \end{pmatrix}$$

とすれば，P は直交行列であり

$$P^{-1}AP = \begin{pmatrix} -6 & 0 & 0 \\ 0 & 0 & 0 \\ 0 & 0 & 6 \end{pmatrix}$$

となる． ■

問 6.4　次の行列に対して直交行列 P をうまく選んで $P^{-1}AP$ を対角行列にせよ．

$$A = \begin{pmatrix} -2 & 0 & 6 \\ 0 & 0 & 0 \\ 6 & 0 & 7 \end{pmatrix}$$

次に，対称行列 A の固有方程式が重根を持つ場合について考えてみよう．

導入 例題 6.7

「$A = \begin{pmatrix} 1 & -2 & -2 \\ -2 & 1 & -2 \\ -2 & -2 & 1 \end{pmatrix}$ に対して直交行列 P をうまく選んで $P^{-1}AP$ を対角行列にせよ」という問題に対して，太郎君は次のように解答した．

【太郎君の解答】「A の固有多項式は $(t+3)(t-3)^2$ であるので，A の固有値は $-3, 3$ である．$A\boldsymbol{x} = -3\boldsymbol{x}$ を連立 1 次方程式とみて解くことにより，固有値 -3 に対する固有ベクトルは $c_1 \begin{pmatrix} 1 \\ 1 \\ 1 \end{pmatrix}$ $(c_1 \neq 0)$ の形であることがわかるので

$$\boldsymbol{p}_1 = \frac{1}{\sqrt{3}} \begin{pmatrix} 1 \\ 1 \\ 1 \end{pmatrix}$$

とおけば，$\boldsymbol{p}_1$ は長さ 1 の固有ベクトルである．

一方，$A\boldsymbol{x} = 3\boldsymbol{x}$ を連立 1 次方程式とみて解くと，一般解は

$$\boldsymbol{x} = \begin{pmatrix} -c_2 - c_3 \\ c_2 \\ c_3 \end{pmatrix} = c_2 \begin{pmatrix} -1 \\ 1 \\ 0 \end{pmatrix} + c_3 \begin{pmatrix} -1 \\ 0 \\ 1 \end{pmatrix}$$

となる．$\boldsymbol{q}_2 = \begin{pmatrix} -1 \\ 1 \\ 0 \end{pmatrix}$, $\boldsymbol{q}_3 = \begin{pmatrix} -1 \\ 0 \\ 1 \end{pmatrix}$ とおくと，これらは固有値 3 に対

する固有ベクトルである．そこで

$$\boldsymbol{p}_2 = \frac{1}{\sqrt{2}}\begin{pmatrix} -1 \\ 1 \\ 0 \end{pmatrix}, \quad \boldsymbol{p}_3 = \frac{1}{\sqrt{2}}\begin{pmatrix} -1 \\ 0 \\ 1 \end{pmatrix}$$

とし，$\boldsymbol{p}_1, \boldsymbol{p}_2, \boldsymbol{p}_3$ を並べて行列 P を作ればよい（後略）.」

これに対して，次郎君は太郎君の**間違い**を指摘した後,「グラム–シュミット」とつぶやいて，その場を立ち去った…….

太郎君の解答のどこが間違いであるかを述べよ．

【解答】 $(\boldsymbol{p}_2, \boldsymbol{p}_3) = \dfrac{1}{2} \neq 0$ **より，$\boldsymbol{p}_2$ と $\boldsymbol{p}_3$ が直交していないので，$\boldsymbol{p}_1, \boldsymbol{p}_2, \boldsymbol{p}_3$ を並べた行列 P は直交行列でない．** ■

基本例題 6.8 によれば，対称行列の**相異なる**固有値に対する固有ベクトルは互いに直交する．今度は，**同一の固有値に対する固有ベクトルをどのように選んだら，それらが互いに直交するようにできるか**を考えよう．

導入 例題 6.8

A は n 次正方行列とし，α は A の固有値とする．ベクトル $\boldsymbol{q}_1, \boldsymbol{q}_2$ が $A\boldsymbol{q}_1 = \alpha\boldsymbol{q}_1, A\boldsymbol{q}_2 = \alpha\boldsymbol{q}_2$ をみたすとき，実数 c_1, c_2 に対して $\boldsymbol{p} = c_1\boldsymbol{q}_1 + c_2\boldsymbol{q}_2$ とおくと，$A\boldsymbol{p} = \alpha\boldsymbol{p}$ が成り立つことを示せ．

【解答】

$$\begin{aligned} A\boldsymbol{p} &= A(c_1\boldsymbol{q}_1 + c_2\boldsymbol{q}_2) \\ &= c_1 A\boldsymbol{q}_1 + c_2 A\boldsymbol{q}_2 = c_1\alpha\boldsymbol{q}_1 + c_2\alpha\boldsymbol{q}_2 \\ &= \alpha(c_1\boldsymbol{q}_1 + c_2\boldsymbol{q}_2) = \alpha\boldsymbol{p}. \end{aligned}$$

■

導入例題 6.8 によれば，**同一の固有値 α に対する固有ベクトルの線形結合は，それが零ベクトルでなければ，やはり固有値 α に対する固有ベクトルである．**

導入例題 6.7 では，固有値 3 に対する 2 つの固有ベクトル $\boldsymbol{q}_2, \boldsymbol{q}_3$ が直交していない．それならば，**$\boldsymbol{q}_2$ と $\boldsymbol{q}_3$ の線形結合をうまく作って，2 つの固有ベクトルが互いに直交するようにすればよい**と考えられる．そのやり方は，すでに学んでいる——**グラム–シュミットの直交化法**である．

導入 例題 6.9

導入例題 6.7 の太郎君の解答を正しく完成させよ.

【解答】 $\boldsymbol{p}_1$ についてはそのままとする. $\boldsymbol{q}_2, \boldsymbol{q}_3$ をもとにして, **グラム–シュミットの直交化法**の要領で, 次のように, 互いに直交する固有ベクトルを求める.

$$\boldsymbol{q}_3' = \boldsymbol{q}_3 - \frac{(\boldsymbol{q}_3, \boldsymbol{q}_2)}{\|\boldsymbol{q}_2\|^2}\boldsymbol{q}_2 = \begin{pmatrix} -1 \\ 0 \\ 1 \end{pmatrix} - \frac{1}{2}\begin{pmatrix} -1 \\ 1 \\ 0 \end{pmatrix} = \frac{1}{2}\begin{pmatrix} -1 \\ -1 \\ 2 \end{pmatrix}$$

とすれば, $\boldsymbol{q}_2$ と $\boldsymbol{q}_3'$ は直交する. そこで, あらためて

$$\boldsymbol{p}_2 = \frac{1}{\|\boldsymbol{q}_2\|}\boldsymbol{q}_2 = \frac{1}{\sqrt{2}}\begin{pmatrix} -1 \\ 1 \\ 0 \end{pmatrix}, \quad \boldsymbol{p}_3 = \frac{1}{\|\boldsymbol{q}_3'\|}\boldsymbol{q}_3' = \frac{1}{\sqrt{6}}\begin{pmatrix} -1 \\ -1 \\ 2 \end{pmatrix}$$

とおけば, $\boldsymbol{p}_2, \boldsymbol{p}_3$ は固有値 3 に対する固有ベクトルであり, その長さは 1 であり, さらに互いに直交する. さらに, これらは $\boldsymbol{p}_1$ とも直交する.

そこで, $\boldsymbol{p}_1, \boldsymbol{p}_2, \boldsymbol{p}_3$ を並べて $P = \begin{pmatrix} \frac{1}{\sqrt{3}} & -\frac{1}{\sqrt{2}} & -\frac{1}{\sqrt{6}} \\ \frac{1}{\sqrt{3}} & \frac{1}{\sqrt{2}} & -\frac{1}{\sqrt{6}} \\ \frac{1}{\sqrt{3}} & 0 & \frac{2}{\sqrt{6}} \end{pmatrix}$ とおけば, P は直交行列であり, $P^{-1}AP = \begin{pmatrix} -3 & 0 & 0 \\ 0 & 3 & 0 \\ 0 & 0 & 3 \end{pmatrix}$ となる. ■

Point

- 対称行列は直交行列によって対角化できる.
- 長さが 1 であって互いに直交する A の固有ベクトルを並べて行列 P を作れば, P は直交行列になり, $P^{-1}AP$ が対角行列になる.
- 対称行列の相異なる固有値に対する固有ベクトルは互いに直交する.
- 固有方程式が重根を持たない場合は, それぞれの固有値に対する固有ベクトルは互いに直交するので, あとは定数倍して, 長さが 1 になるようにする.
- 固有方程式が重根を持つ場合は, グラム–シュミットの直交化法を用いる.

確認 例題 6.7

次の行列に対して直交行列 P をうまく選んで $P^{-1}AP$ を対角行列にせよ．

$$A = \begin{pmatrix} 2 & -1 & 1 \\ -1 & 2 & 1 \\ 1 & 1 & 2 \end{pmatrix}$$

【解答】 A の固有多項式は $t(t-3)^2$ であるので，A の固有値は $0, 3$ である．固有値 0 に対する A の固有ベクトルは

$$c_1 \begin{pmatrix} 1 \\ 1 \\ -1 \end{pmatrix} \quad (c_1 \neq 0)$$

の形である．そこで

$$\boldsymbol{p}_1 = \frac{1}{\sqrt{3}} \begin{pmatrix} 1 \\ 1 \\ -1 \end{pmatrix}$$

とおけば，$\boldsymbol{p}_1$ は長さ 1 の固有ベクトルである．また，$A\boldsymbol{x} = 3\boldsymbol{x}$ をみたす $\boldsymbol{x}$ は

$$\boldsymbol{x} = \begin{pmatrix} -c_2 + c_3 \\ c_2 \\ c_3 \end{pmatrix} = c_2 \begin{pmatrix} -1 \\ 1 \\ 0 \end{pmatrix} + c_3 \begin{pmatrix} 1 \\ 0 \\ 1 \end{pmatrix}$$

という形である．

$$\boldsymbol{q}_2 = \begin{pmatrix} -1 \\ 1 \\ 0 \end{pmatrix}, \quad \boldsymbol{q}_3 = \begin{pmatrix} 1 \\ 0 \\ 1 \end{pmatrix}$$

とおき，グラム–シュミットの直交化法を用いる．

$$\boldsymbol{q}_3' = \boldsymbol{q}_3 - \frac{(\boldsymbol{q}_3, \boldsymbol{q}_2)}{\|\boldsymbol{q}_2\|^2} \boldsymbol{q}_2 = \frac{1}{2} \begin{pmatrix} 1 \\ 1 \\ 2 \end{pmatrix}$$

とすれば，$\boldsymbol{q}_2$，$\boldsymbol{q}_3'$ はともに固有値 3 に対する A の固有ベクトルであって，互いに直交する．そこで

$$\boldsymbol{p}_2 = \frac{1}{\sqrt{2}}\begin{pmatrix} -1 \\ 1 \\ 0 \end{pmatrix}, \quad \boldsymbol{p}_3 = \frac{1}{\sqrt{6}}\begin{pmatrix} 1 \\ 1 \\ 2 \end{pmatrix}$$

とすれば，$\boldsymbol{p}_1, \boldsymbol{p}_2, \boldsymbol{p}_3$ は，長さが 1 で互いに直交する固有ベクトルである．これらを並べて行列 $P = \begin{pmatrix} \frac{1}{\sqrt{3}} & -\frac{1}{\sqrt{2}} & \frac{1}{\sqrt{6}} \\ \frac{1}{\sqrt{3}} & \frac{1}{\sqrt{2}} & \frac{1}{\sqrt{6}} \\ -\frac{1}{\sqrt{3}} & 0 & \frac{2}{\sqrt{6}} \end{pmatrix}$ を作れば，P は直交行列であり，$P^{-1}AP = \begin{pmatrix} 0 & 0 & 0 \\ 0 & 3 & 0 \\ 0 & 0 & 3 \end{pmatrix}$ である． ■

問 6.5 次の行列に対して直交行列 P をうまく選んで $P^{-1}AP$ を対角行列にせよ．

$$A = \begin{pmatrix} 1 & 1 & -4 \\ 1 & 1 & -4 \\ -4 & -4 & 16 \end{pmatrix}$$

6.8 2次形式と対称行列

直交行列による対角化の大事な応用を述べよう．

導入 例題 6.10

xy 平面において，$5x^2 + 6xy + 5y^2 = 8$ で定まる曲線を C とし，C を原点を中心に反時計回りに角度 $\frac{\pi}{4}$ 回転させた曲線を C' とする．

(1) 原点を始点とし，点 (x, y) を終点とするベクトル $\begin{pmatrix} x \\ y \end{pmatrix}$ を反時計回りに角度 $\frac{\pi}{4}$ 回転させたベクトルを $\begin{pmatrix} X \\ Y \end{pmatrix}$ とする．

$$\begin{pmatrix} X \\ Y \end{pmatrix} = Q\begin{pmatrix} x \\ y \end{pmatrix}, \quad \begin{pmatrix} x \\ y \end{pmatrix} = P\begin{pmatrix} X \\ Y \end{pmatrix}$$

が成り立つように行列 Q, P を定めよ．

(2) 点 (x, y) が曲線 C 上にあるとき，小問 (1) の $\begin{pmatrix} X \\ Y \end{pmatrix}$ のみたす関係式（すなわち曲線 C' の定義式）を求めよ．

【解答】 (1) Q は反時計回りに角度 $\dfrac{\pi}{4}$ 回転させる回転行列であるので

$$Q = \begin{pmatrix} \cos\frac{\pi}{4} & -\sin\frac{\pi}{4} \\ \sin\frac{\pi}{4} & \cos\frac{\pi}{4} \end{pmatrix} = \begin{pmatrix} \frac{1}{\sqrt{2}} & -\frac{1}{\sqrt{2}} \\ \frac{1}{\sqrt{2}} & \frac{1}{\sqrt{2}} \end{pmatrix}, \quad P = Q^{-1} = \begin{pmatrix} \frac{1}{\sqrt{2}} & \frac{1}{\sqrt{2}} \\ -\frac{1}{\sqrt{2}} & \frac{1}{\sqrt{2}} \end{pmatrix}.$$

(2) 小問 (1) より

$$x = \frac{1}{\sqrt{2}}X + \frac{1}{\sqrt{2}}Y, \quad y = -\frac{1}{\sqrt{2}}X + \frac{1}{\sqrt{2}}Y$$

が成り立つ．これを $5x^2 + 6xy + 5y^2 = 8$ に代入すれば

$$\frac{5}{2}(X+Y)^2 + \frac{6}{2}(X+Y)(-X+Y) + \frac{5}{2}(-X+Y)^2 = 8$$

が得られる．**左辺を整理すれば $2X^2 + 8Y^2$ となる**ので，結局

$$X^2 + 4Y^2 = 4$$

が X, Y のみたす関係式（C' の定義式）である． ■

導入例題 6.10 の曲線 C' は楕円である．P は**直交行列**であり，合同な変換を引き起こすので，C も楕円である．ここでは次のポイントを強調したい．

Point

- x, y についての 2 次式 $5x^2 + 6xy + 5y^2$ に変数変換をほどこして，X, Y についての 2 次式 $2X^2 + 8Y^2$ が得られた．
- 直交行列 P を用いて変数変換が定まっている．

ここで，**2 次形式**という概念を定義し，それについてこれから考えていこう．

定義 6.3　n 個の変数 $x_1, x_2, \ldots, x_n$ の 2 次式であって，1 次の項や定数項を含まないものを n **変数の 2 次形式**とよぶ．

確認 例題 6.8

次の式のうち，2 次形式はどれか．

(1)　$3x_1^2 + 8x_1x_2 - 4x_2^2$　　(2)　$4x_1x_2 - 2x_2^2 - 1$

(3)　$x_1 + x_2^2 - 3x_1x_2 - x_3^2$　　(4)　$x_1x_2 + x_2x_3 + \cdots + x_{n-1}x_n$

【解答】　2 次形式は (1) と (4) である．(2) は定数項を含み，(3) は 1 次の項を含むので，2 次形式ではない．■

2 次形式は対称行列と深い関連がある．次の導入例題を見てみよう．

導入 例題 6.11

(1)　対称行列 $A = \begin{pmatrix} a & b \\ b & c \end{pmatrix}$ とベクトル $\boldsymbol{x} = \begin{pmatrix} x_1 \\ x_2 \end{pmatrix}$ に対して，${}^t\boldsymbol{x}A\boldsymbol{x}$ を求めよ．ただし，${}^t\boldsymbol{x}A\boldsymbol{x}$ は $(1, 1)$ 型行列であるので，それを単なる数とみなす．

(2)　2 次形式 $px_1^2 + qx_1x_2 + rx_2^2$ に対して

$$px_1^2 + qx_1x_2 + rx_2^2 = {}^t\boldsymbol{x}B\boldsymbol{x}$$

となる対称行列 B を求めよ．

【解答】　(1)

$$\begin{aligned} {}^t\boldsymbol{x}A\boldsymbol{x} &= \begin{pmatrix} x_1 & x_2 \end{pmatrix} \begin{pmatrix} a & b \\ b & c \end{pmatrix} \begin{pmatrix} x_1 \\ x_2 \end{pmatrix} = \begin{pmatrix} x_1 & x_2 \end{pmatrix} \begin{pmatrix} ax_1 + bx_2 \\ bx_1 + cx_2 \end{pmatrix} \\ &= x_1(ax_1 + bx_2) + x_2(bx_1 + cx_2) = ax_1^2 + 2bx_1x_2 + cx_2^2. \end{aligned}$$

(2)　$B = \begin{pmatrix} \alpha & \beta \\ \beta & \gamma \end{pmatrix}$ とすると

$${}^t\boldsymbol{x}B\boldsymbol{x} = \alpha x_1^2 + 2\beta x_1x_2 + \gamma x_2^2$$

となるが，これが $px_1^2 + qx_1x_2 + rx_2^2$ と一致するように α, β, γ を定めればよいので，$\alpha = p, \beta = \dfrac{q}{2}, \gamma = r$，つまり $B = \begin{pmatrix} p & \frac{q}{2} \\ \frac{q}{2} & r \end{pmatrix}$ とすればよい．■

一般に，n 変数の 2 次形式は n 次対称行列と対応する．

確認 例題 6.9

(1) $A = \begin{pmatrix} 2 & 1 & -1 \\ 1 & 0 & 3 \\ -1 & 3 & 1 \end{pmatrix}$, $\boldsymbol{x} = \begin{pmatrix} x_1 \\ x_2 \\ x_3 \end{pmatrix}$ に対して，${}^t\boldsymbol{x}A\boldsymbol{x}$ を求めよ．

(2) 2 次形式

$$2x_1^2 + 3x_2^2 - x_3^2 + 2x_1x_2 - 3x_1x_3 + x_2x_3$$

に対応する対称行列を書け．

【解答】 (1) $2x_1^2 + x_3^2 + 2x_1x_2 - 2x_1x_3 + 6x_2x_3$.

(2) $\begin{pmatrix} 2 & 1 & -\frac{3}{2} \\ 1 & 3 & \frac{1}{2} \\ -\frac{3}{2} & \frac{1}{2} & -1 \end{pmatrix}$. ■

Point いままで述べたことや，わかったことをまとめよう．

- 1 次の項や定数項を含まない 2 次式を 2 次形式という．
- 対称行列 A ⇔ 2 次形式 ${}^t\boldsymbol{x}A\boldsymbol{x}$.
- 対称行列の (i,i) 成分 ⇔ 2 次形式における x_i^2 の係数．
- 対称行列の (i,j) 成分 ⇔ 2 次形式における x_ix_j の係数 $\times \dfrac{1}{2}$ $(i \neq j)$.

6.9 2 次形式の標準形

2 次形式に変数変換をほどこして，簡単な形に直すことを考えよう．

基本 例題 6.10

A は n 次対称行列とし，$\boldsymbol{x} = \begin{pmatrix} x_1 \\ \vdots \\ x_n \end{pmatrix}$ は n 次元ベクトルとする．2 次形

式 ${}^t\boldsymbol{x}A\boldsymbol{x}$ に対して，正則行列 P を用いた変数変換 $\boldsymbol{x} = P\boldsymbol{y}$, $\boldsymbol{y} = \begin{pmatrix} y_1 \\ \vdots \\ y_n \end{pmatrix}$ をほどこすと，2 次形式 ${}^t\boldsymbol{y}B\boldsymbol{y}$（$B$ は n 次対称行列）ができる．A, P を用いて B を表せ．

【解答】 ${}^t\boldsymbol{x}A\boldsymbol{x} = {}^t(P\boldsymbol{y})A(P\boldsymbol{y}) = ({}^t\boldsymbol{y}{}^tP)A(P\boldsymbol{y}) = {}^t\boldsymbol{y}({}^tPAP)\boldsymbol{y}$ となる．下の問 6.6 より，${}^tPAP$ は対称行列である．よって，$B = {}^tPAP$. ■

注意： 一般に行列 X, Y に対して ${}^t(XY) = {}^tY{}^tX$ である（第 1 章参照）.

問 6.6 A, P は n 次正方行列とする．A が対称行列ならば，${}^tPAP$ も対称行列であることを示せ．

Point 変数変換 $\boldsymbol{x} = P\boldsymbol{y}$ によって，${}^t\boldsymbol{x}A\boldsymbol{x}$ は ${}^t\boldsymbol{y}B\boldsymbol{y}$（$B = {}^tPAP$）に変換される．

確認 例題 6.10

2 次形式 $x_1^2 + 4x_1x_2 + 3x_2^2$ について，次の問いに答えよ．

(1) この 2 次形式に対応する対称行列を A とする．A を書け．

(2) $x_1^2 + 4x_1x_2 + 3x_2^2$ を平方完成した後，変数変換 $y_1 = x_1 + 2x_2$, $y_2 = x_2$ をほどこして，これを y_1, y_2 の式として表せ．

(3) 小問 (2) で得られた y_1, y_2 についての 2 次形式に対応する対称行列を B とする．B を書け．

(4) $\boldsymbol{x} = \begin{pmatrix} x_1 \\ x_2 \end{pmatrix}$, $\boldsymbol{y} = \begin{pmatrix} y_1 \\ y_2 \end{pmatrix}$ とし，小問 (2) の変数変換を

$$\boldsymbol{y} = Q\boldsymbol{x}, \quad \boldsymbol{x} = P\boldsymbol{y}$$

と表すとき，行列 Q, P を求めよ．

(5) ${}^tPAP$ を計算し，それが実際に B と一致することを確かめよ．

【解答】 (1) $A = \begin{pmatrix} 1 & 2 \\ 2 & 3 \end{pmatrix}$.

(2) $x_1^2+4x_1x_2+3x_2^2=(x_1+2x_2)^2-x_2^2$

$$=y_1^2-y_2^2.$$

(3) $B=\begin{pmatrix}1 & 0\\ 0 & -1\end{pmatrix}$.

(4) $Q=\begin{pmatrix}1 & 2\\ 0 & 1\end{pmatrix}$, $P=Q^{-1}=\begin{pmatrix}1 & -2\\ 0 & 1\end{pmatrix}$.

(5) 省略（各自確かめよ）. ■

結局，2次形式 ${}^t\boldsymbol{x}A\boldsymbol{x}$ を簡単にするには，**うまく正則行列 P を選んで ${}^tPAP$ を簡単な形にすればよい**ことになる.

まず，P が**直交行列**のときを考えてみよう．次のことを思い出そう.

復習：P が直交行列ならば，${}^tP=P^{-1}$ である（第5章参照）.

このことより，P が直交行列の場合は

$${}^tPAP=P^{-1}AP$$

となり，**直交行列による対角化**が使える.

基本 例題 6.11

2次形式 $5x_1^2+6x_1x_2+5x_2^2$ について，次の問いに答えよ.

(1) この2次形式に対応する対称行列を A とする．A を書け.

(2) 直交行列 P をうまく選んで，$P^{-1}AP$ $(={}^tPAP)$ を対角行列にせよ.

(3) $\boldsymbol{x}=\begin{pmatrix}x_1\\ x_2\end{pmatrix}$, $\boldsymbol{y}=\begin{pmatrix}y_1\\ y_2\end{pmatrix}$ とする．上の P を用いて変数変換 $\boldsymbol{x}=P\boldsymbol{y}$ をほどこした後の2次形式を書け.

【解答】 (1) $A=\begin{pmatrix}5 & 3\\ 3 & 5\end{pmatrix}$.

(2) A の固有多項式は $(t-2)(t-8)$ であるので，A の固有値は $2, 8$．固有値2に対する長さ1の固有ベクトルとして $\boldsymbol{p}_1=\dfrac{1}{\sqrt{2}}\begin{pmatrix}1\\ -1\end{pmatrix}$，固有値8に対

する長さ 1 の固有ベクトルとして $\boldsymbol{p}_2 = \dfrac{1}{\sqrt{2}}\begin{pmatrix} 1 \\ 1 \end{pmatrix}$ がとれる．これらを並べた

行列 $P = \begin{pmatrix} \frac{1}{\sqrt{2}} & \frac{1}{\sqrt{2}} \\ -\frac{1}{\sqrt{2}} & \frac{1}{\sqrt{2}} \end{pmatrix}$ は直交行列で，$P^{-1}AP = {}^tPAP = \begin{pmatrix} 2 & 0 \\ 0 & 8 \end{pmatrix}$.

(3)　行列 $\begin{pmatrix} 2 & 0 \\ 0 & 8 \end{pmatrix}$ に対応するので，$2y_1^2 + 8y_2^2$. ■

注意： 導入例題 6.10 と基本例題 6.11 を比べてみよ．

いままでのことを定理としてまとめておこう．

定理 6.4　2 次形式 ${}^t\boldsymbol{x}A\boldsymbol{x}$（$A$ は n 次対称行列）が与えられたとき，直交行列 P をうまく選んで変数変換 $\boldsymbol{x} = P\boldsymbol{y}$ をほどこすことにより

$$\alpha_1 y_1^2 + \alpha_2 y_2^2 + \cdots + \alpha_n y_n^2 \quad (\alpha_1, \alpha_2, \ldots, \alpha_n \text{ は } A \text{ の固有値})$$

という形の 2 次形式が得られる．

この $\alpha_1 y_1^2 + \alpha_2 y_2^2 + \cdots + \alpha_n y_n^2$ を 2 次形式 ${}^t\boldsymbol{x}A\boldsymbol{x}$ の**直交標準形**とよぶ．

問 6.7　2 次形式 $-7x_1^2 + 48x_1x_2 + 7x_2^2$ の直交標準形を求めよ．

さて，ここまでは直交行列 P を用いて直交標準形を作ったが，**P を直交行列に限定しなければ，2 次形式はもっと簡単な形に変換できる**．

導入 例題 6.12

基本例題 6.11 の 2 次形式 $5x_1^2 + 6x_1x_2 + 5x_2^2$ の直交標準形 $2y_1^2 + 8y_2^2$ に対して，さらに変数変換

$$y_1 = \frac{1}{\sqrt{2}}z_1, \quad y_2 = \frac{1}{2\sqrt{2}}z_2$$

をほどこしてできる 2 次形式を求めよ．

【解答】　$$2y_1^2 + 8y_2^2 = 2\left(\frac{1}{\sqrt{2}}z_1\right)^2 + 8\left(\frac{1}{2\sqrt{2}}z_2\right)^2 = z_1^2 + z_2^2.$$ ■

確認 例題 6.11

$3y_1^2 + 4y_2^2 - 2y_3^2$ に対して，変数変換

$$y_1 = \frac{1}{\sqrt{3}} z_1,$$
$$y_2 = \frac{1}{2} z_2,$$
$$y_3 = \frac{1}{\sqrt{2}} z_3$$

をほどこしてできる 2 次形式を求めよ．

【解答】

$$3\left(\frac{1}{\sqrt{3}} z_1\right)^2 + 4\left(\frac{1}{2} z_2\right)^2 - 2\left(\frac{1}{\sqrt{2}} z_3\right)^2 = z_1^2 + z_2^2 - z_3^2. \quad ■$$

一般に，2 次形式の直交標準形

$$\alpha_1 y_1^2 + \alpha_2 y_2^2 + \cdots + \alpha_n y_n^2$$

に対して，さらに変数変換をほどこせば

$$\beta_1 z_1^2 + \beta_2 z_2^2 + \cdots + \beta_n z_n^2 \quad (\beta_i \text{ は } 1, -1, 0 \text{ のいずれか}, \ i = 1, \ldots, n)$$

という形に変形することができる．この形の 2 次形式を**シルベスタ標準形**とよぶ．

注意： 上のシルベスタ標準形に対して，さらに，必要ならば変数の順序を入れかえれば，次の形が得られる．

$$z_1^2 + \cdots + z_p^2 - z_{p+1}^2 - \cdots - z_{p+q}^2.$$

この形をシルベスタ標準形とよぶことも多い．ここで，p, q は 0 でもよい．

問 6.8 問 6.7 で求めた直交標準形にさらに変数変換をほどこして，シルベスタ標準形に直せ．

ちょっと寄り道 いったん直交標準形を作らなくても，平方完成などを利用すれば，シルベスタ標準形は求められる．実際，確認例題 6.10 (2) では，平方完成によってシルベスタ標準形を作った．

一般に，2 次形式 ${}^t\boldsymbol{x}A\boldsymbol{x}$ をシルベスタ標準形

$$z_1^2 + \cdots + z_p^2 - z_{p+1}^2 - \cdots - z_{p+q}^2$$

に直したとき，p, q **は変数変換の選び方によらず一定である**ことがわかっている．この事実を**シルベスタの慣性法則**とよぶ．ここで，p, q はそれぞれ A の**正の固有値の個数，負の固有値の個数**に等しい．これらの組み合わせ (p, q) を 2 次形式の**符号**とよぶ．

$p = n$ のとき，A の固有値はすべて正であり，シルベスタ標準形は

$$z_1^2 + z_2^2 + \cdots + z_n^2$$

となる．このとき，2 次形式 ${}^t\boldsymbol{x}A\boldsymbol{x}$ は**正定値**であるという．対称行列 A が正定値であるともいう．${}^t\boldsymbol{x}A\boldsymbol{x}$ が正定値であるとき，$\boldsymbol{x} \neq \boldsymbol{0}$ ならば，その値は必ず正である．

たとえば，基本例題 6.11 の 2 次形式

$$5x_1^2 + 6x_1x_2 + 5x_2^2$$

のシルベスタ標準形は

$$z_1^2 + z_2^2$$

であるので，符号は $(2, 0)$ であり，この 2 次形式は正定値である．

問 6.9　問 6.7 の 2 次形式

$$-7x_1^2 + 48x_1x_2 + 7x_2^2$$

の符号を書け．また，この 2 次形式が正定値であるかどうか，判定せよ．

第6章 演習問題

6.1 A は n 次正方行列とし，P は n 次正則行列とするとき，$P^{-1}AP$ の固有多項式と A の固有多項式は一致することを示せ.

6.2 n 次正方行列 A が $A^2 = E_n$ をみたすならば，A の固有値は 1 または -1 であることを示せ.

6.3 数列 $a_1, a_2, a_3, \cdots$ を次式により定める.

$$\begin{cases} a_{n+2} = a_{n+1} + a_n & (n = 1, 2, 3, \cdots) \\ a_1 = 1, \ a_2 = 1 \end{cases}$$

(1) a_3, a_4, a_5, a_6 を求めよ.

さらに，数列 $b_1, b_2, b_3, \cdots$ を $b_n = a_{n+1}$ $(n = 1, 2, 3, \cdots)$ により定める.

(2) b_1, b_2, b_3, b_4, b_5 を求めよ.

(3) 次の関係式が成り立つことを示せ.

$$\begin{pmatrix} a_{n+1} \\ b_{n+1} \end{pmatrix} = \begin{pmatrix} 0 & 1 \\ 1 & 1 \end{pmatrix} \begin{pmatrix} a_n \\ b_n \end{pmatrix}$$

ここで，$A = \begin{pmatrix} 0 & 1 \\ 1 & 1 \end{pmatrix}$ とおく.

(4) A の固有値とそれに対する固有ベクトルを求めよ.

(5) $P^{-1}AP$ が対角行列になるような正則行列 P を1つ求めよ.

上で求めた P に対し，$B = P^{-1}AP$ とおく．さらに，数列 $c_1, c_2, c_3, \cdots$ および数列 $d_1, d_2, d_3, \cdots$ を

$$\begin{pmatrix} c_n \\ d_n \end{pmatrix} = P^{-1} \begin{pmatrix} a_n \\ b_n \end{pmatrix} \quad (n = 1, 2, 3, \cdots)$$

により定める.

(6) $\begin{pmatrix} c_{n+1} \\ d_{n+1} \end{pmatrix} = B \begin{pmatrix} c_n \\ d_n \end{pmatrix}$ が成り立つことを示せ.

(7) c_n, d_n を求めよ.

(8) a_n を求めよ.

付録 知識をさらに広げよう

第 1 章から第 6 章において述べなかったことがらの中から特に重要なものを選んで，簡単にまとめておく．

A.1 空間ベクトルについて

ここでは**空間ベクトル**（**3 次元ベクトル**）に関することがらをまとめる．

空間内において，点 P を通り，$\boldsymbol{a}$（$\neq \boldsymbol{0}$）を方向ベクトルとする直線は

$$\boldsymbol{x} = \boldsymbol{p} + t\boldsymbol{a}$$

と表すことができる．ここで，$\boldsymbol{p} = \overrightarrow{\mathrm{OP}}$ であり，t はパラメータである．$\boldsymbol{x}$ は，原点 O を始点とし，直線上の点を終点とするベクトルを表す．

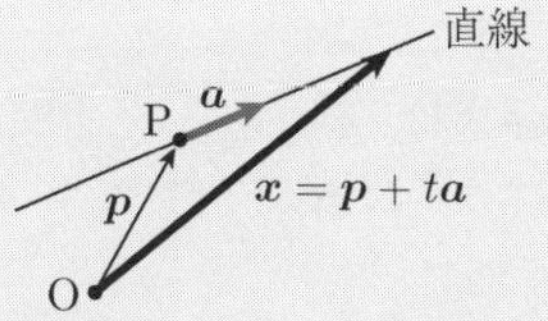

また，空間内の平面の方程式は

$$(\boldsymbol{a}, \boldsymbol{x}) = c \quad (\boldsymbol{a} \neq \boldsymbol{0})$$

という形である．$\boldsymbol{a}$ はこの平面と直交するベクトル（法線ベクトル）である．

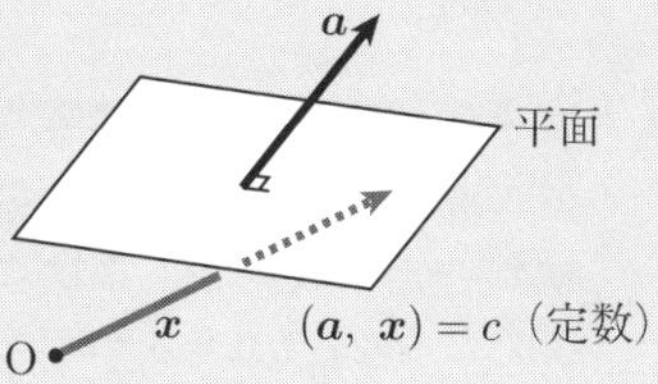

次に，空間ベクトルの外積について述べる．

$$\boldsymbol{a} = \begin{pmatrix} a_1 \\ a_2 \\ a_3 \end{pmatrix}, \quad \boldsymbol{b} = \begin{pmatrix} b_1 \\ b_2 \\ b_3 \end{pmatrix}$$

に対して，$\boldsymbol{a}$ と $\boldsymbol{b}$ の**外積**（**ベクトル積**）$\boldsymbol{a} \times \boldsymbol{b}$ を

$$\boldsymbol{a} \times \boldsymbol{b} = \begin{pmatrix} a_2b_3 - a_3b_2 \\ a_3b_1 - a_1b_3 \\ a_1b_2 - a_2b_1 \end{pmatrix}$$

と定める．外積は次の性質を持つ．

(1) $\boldsymbol{b} \times \boldsymbol{a} = -\boldsymbol{a} \times \boldsymbol{b}$.

(2) $(\boldsymbol{a} \times \boldsymbol{b}, \boldsymbol{a}) = (\boldsymbol{a} \times \boldsymbol{b}, \boldsymbol{b}) = 0$.

(3) $\boldsymbol{a}, \boldsymbol{b}$ が線形従属のとき，$\boldsymbol{a} \times \boldsymbol{b} = \boldsymbol{0}$.

(4) $\boldsymbol{a}, \boldsymbol{b}$ が線形独立のとき，$\|\boldsymbol{a} \times \boldsymbol{b}\| = \|\boldsymbol{a}\|\,\|\boldsymbol{b}\| \sin\theta$．ここで，$\theta$ は $\boldsymbol{a}$ と $\boldsymbol{b}$ のなす角を表す．すなわち，$\|\boldsymbol{a} \times \boldsymbol{b}\|$ は，$\boldsymbol{a}$ と $\boldsymbol{b}$ の作る平行四辺形の面積に等しい．

(5) $(\boldsymbol{a} \times \boldsymbol{b}, \boldsymbol{c}) = \det(\boldsymbol{a}, \boldsymbol{b}, \boldsymbol{c})$.

直観的にいえば，外積 $\boldsymbol{a} \times \boldsymbol{b}$ とは，$\boldsymbol{a}$ とも $\boldsymbol{b}$ とも直交し，その長さが $\boldsymbol{a}$ と $\boldsymbol{b}$ の作る平行四辺形の面積に等しいベクトルである．

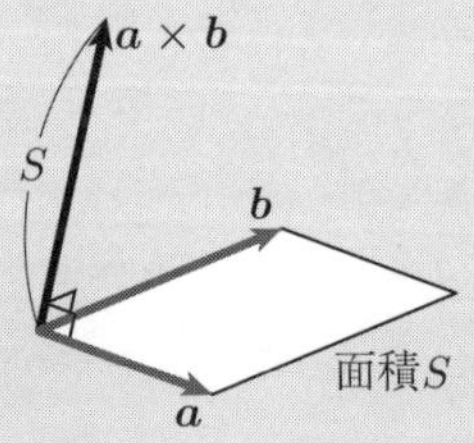

A.2 行列式の定義

本文中には述べなかった行列式の正確な定義を簡単に述べておく．

写像 $\sigma\colon \{1, 2, \ldots, n\} \to \{1, 2, \ldots, n\}$ が n 文字の**置換**であるとは，$\sigma(1), \sigma(2), \ldots, \sigma(n)$ が $1, 2, \ldots, n$ の並べかえとなっていることをいう．

n 文字の置換 σ に対して，その**符号** $\mathrm{sgn}(\sigma)$ を

$$\mathrm{sgn}(\sigma) = \prod_{1 \leq i < j \leq n} \left(\frac{\sigma(j) - \sigma(i)}{j - i} \right)$$

と定める．記号 $\prod$ は,「すべてかけあわせる」ことを意味する．ここでは, $1 \leq i < j \leq n$ をみたすすべての整数 i, j にわたって積をとる．このとき，$\mathrm{sgn}(\sigma)$ は 1 または -1 である．

いま，A を n 次正方行列とし，その (i, j) 成分を a_{ij} とするとき，A の行列式 $\det A$ は

$$\det A = \sum_{\sigma} \mathrm{sgn}(\sigma) a_{\sigma(1)1} a_{\sigma(2)2} \cdots a_{\sigma(n)n}$$

によって定まる．ここで，記号 $\sum$ は，σ が n 文字の置換すべてにわたって動くときの和を意味する．

A.3　複素ベクトルと複素行列

本文では，ベクトルや行列の成分は実数としていたが，複素数を成分とするベクトル（**複素ベクトル**）や複素数を成分とする行列（**複素行列**）も考えることができる．これに対して，成分が実数であるベクトルや行列は，それぞれ**実ベクトル**，**実行列**ともよばれる．

複素ベクトルや複素行列については，実ベクトルや実行列とほぼ同じ理論ができるが，複素ベクトルや複素行列に特有のことがらもある．

z を複素数とすると，$z = x + \sqrt{-1}\, y$ $(x, y$ は実数$)$ と表すことができる．x を z の**実部**といい，y を**虚部**という．また，$x - \sqrt{-1}\, y$ を z の**複素共役**（ふくそきょうやく）とよび，記号 $\overline{z}$ で表す：

$$\overline{z} = x - \sqrt{-1}\, y.$$

複素数 $z = x + \sqrt{-1}\, y$（x, y は実数）に対して，$\sqrt{x^2 + y^2}$ を z の**絶対値**とよび，記号 $|z|$ で表す．このとき，$z\overline{z} = |z|^2$ が成り立つ．

複素ベクトル $\boldsymbol{z} = \begin{pmatrix} z_1 \\ \vdots \\ z_n \end{pmatrix}$，複素行列 $A = \begin{pmatrix} a_{11} & \cdots & a_{1n} \\ \vdots & \ddots & \vdots \\ a_{m1} & \cdots & a_{mn} \end{pmatrix}$ の成分をすべて複素共役に取りかえたものをそれぞれ $\boldsymbol{z}$ の**複素共役ベクトル**，A の**複素共役行列**とよび，記号 $\overline{\boldsymbol{z}}, \overline{A}$ で表す：

$$\overline{\boldsymbol{z}} = \begin{pmatrix} \overline{z}_1 \\ \vdots \\ \overline{z}_n \end{pmatrix}, \quad \overline{A} = \begin{pmatrix} \overline{a}_{11} & \cdots & \overline{a}_{1n} \\ \vdots & \ddots & \vdots \\ \overline{a}_{m1} & \cdots & \overline{a}_{mn} \end{pmatrix}.$$

複素ベクトルの内積は実ベクトルの場合と少し異なる．

n 次元複素ベクトル

$$\boldsymbol{a} = \begin{pmatrix} a_1 \\ \vdots \\ a_n \end{pmatrix}, \quad \boldsymbol{b} = \begin{pmatrix} b_1 \\ \vdots \\ b_n \end{pmatrix}$$

に対して，$\boldsymbol{a}$ の**ノルム** $\|\boldsymbol{a}\|$ および $\boldsymbol{a}$ と $\boldsymbol{b}$ の**内積** $(\boldsymbol{a}, \boldsymbol{b})$ を

$$\|\boldsymbol{a}\| = \sqrt{|a_1|^2 + \cdots + |a_n|^2}$$
$$(\boldsymbol{a}, \boldsymbol{b}) = a_1\overline{b}_1 + \cdots + a_n\overline{b}_n$$

と定める．このとき，$(\boldsymbol{a}, \boldsymbol{a}) = \|\boldsymbol{a}\|^2$ が成り立つ．$(\boldsymbol{a}, \boldsymbol{b}) = 0$ のときに $\boldsymbol{a}$ と $\boldsymbol{b}$ は**直交する**という．

複素ベクトルの内積は次のような性質を持つ（実ベクトルの場合とは若干異なる）．ここで，$\boldsymbol{a}$, $\boldsymbol{a}'$, $\boldsymbol{b}$, $\boldsymbol{b}'$ は n 次元複素ベクトル，c は複素数を表す．

● 複素ベクトルの内積の基本的性質 ●

(1)　$(\boldsymbol{a} + \boldsymbol{a}', \boldsymbol{b}) = (\boldsymbol{a}, \boldsymbol{b}) + (\boldsymbol{a}', \boldsymbol{b})$.

(2)　$(c\boldsymbol{a}, \boldsymbol{b}) = c(\boldsymbol{a}, \boldsymbol{b})$.

(3)　$(\boldsymbol{a}, \boldsymbol{b} + \boldsymbol{b}') = (\boldsymbol{a}, \boldsymbol{b}) + (\boldsymbol{a}, \boldsymbol{b}')$.

(4)　$(\boldsymbol{a}, c\boldsymbol{b}) = \overline{c}(\boldsymbol{a}, \boldsymbol{b})$.

(5)　$(\boldsymbol{b}, \boldsymbol{a}) = \overline{(\boldsymbol{a}, \boldsymbol{b})}$.

(6)　$(\boldsymbol{a}, \boldsymbol{a})$ は 0 以上の実数である．さらに，$(\boldsymbol{a}, \boldsymbol{a}) = 0$ ならば $\boldsymbol{a} = \boldsymbol{0}$ である．

複素ベクトルに対してもシュワルツの不等式と三角不等式が成り立つ．

シュワルツの不等式：$\left|(\boldsymbol{a}, \boldsymbol{b})\right| \leq \|\boldsymbol{a}\|\,\|\boldsymbol{b}\|$.

三角不等式：$\|\boldsymbol{a} + \boldsymbol{b}\| \leq \|\boldsymbol{a}\| + \|\boldsymbol{b}\|$.

次に，「対称行列」「直交行列」に相当するものについて述べよう．

複素行列 A に対して，${}^t\overline{A}$ を A の**随伴行列**とよび，記号 A^* で表す．A を (m, n) 型複素行列，$\boldsymbol{x}$ を n 次元複素ベクトル，$\boldsymbol{y}$ を m 次元複素ベクトルとするとき，次の関係式が成り立つ：

$$(A\boldsymbol{x}, \boldsymbol{y}) = (\boldsymbol{x}, A^*\boldsymbol{y}).$$

定義 A.1　A は n 次複素正方行列とする．

(1)　$A = A^*$ が成り立つとき，A は**エルミート行列**であるという．

(2)　$A^*A = E_n$ が成り立つとき，A は**ユニタリ行列**であるという．

「対称行列」の複素行列版が「エルミート行列」であり，「直交行列」の複素行列版が「ユニタリ行列」である．

定理 A.1　n 次複素正方行列 A について，次の 4 つの条件 (a), (b), (c), (d) は同値である．

(a)　任意の n 次元複素ベクトル $\boldsymbol{x}$ に対して，$\|A\boldsymbol{x}\| = \|\boldsymbol{x}\|$ が成り立つ．

(b)　任意の n 次元複素ベクトル $\boldsymbol{x}, \boldsymbol{y}$ に対して，$(A\boldsymbol{x}, A\boldsymbol{y}) = (\boldsymbol{x}, \boldsymbol{y})$ が成り立つ．

(c)　A の第 i 列ベクトルを $\boldsymbol{a}_i$（$i = 1, 2, \ldots, n$）とするとき，次が成り立つ．

$$(\boldsymbol{a}_i, \boldsymbol{a}_j) = \begin{cases} 1 & (i = j \text{ のとき}), \\ 0 & (i \neq j \text{ のとき}). \end{cases}$$

(d)　A はユニタリ行列である．

定義 A.2　n 次複素正方行列 A が

$$A^* A = AA^*$$

をみたすとき，A は**正規行列**であるという．

対角行列，エルミート行列，ユニタリ行列はすべて正規行列である．「直交行列による対角化」の複素行列版は，次の定理である．

定理 A.2　n 次複素正方行列 A が正規行列ならば，ユニタリ行列 P をうまく選んで，$P^{-1}AP$ を対角行列にすることができる．

A.4　基底の変換行列

V は $\mathbb{R}^n$ の線形部分空間とし，$\boldsymbol{e}_1$, $\boldsymbol{e}_2$, …, $\boldsymbol{e}_m$ は V の基底とする．この基底を 1 つの文字 E で表すことにする．V の別の基底 $\boldsymbol{f}_1$, $\boldsymbol{f}_2$, …, $\boldsymbol{f}_m$ をとり，これを F と表すことにする．これらの間に

$$\begin{cases} \boldsymbol{f}_1 = p_{11}\boldsymbol{e}_1 + p_{21}\boldsymbol{e}_2 + \cdots + p_{m1}\boldsymbol{e}_m, \\ \boldsymbol{f}_2 = p_{12}\boldsymbol{e}_1 + p_{22}\boldsymbol{e}_2 + \cdots + p_{m2}\boldsymbol{e}_m, \\ \quad\vdots \\ \boldsymbol{f}_m = p_{1m}\boldsymbol{e}_1 + p_{2m}\boldsymbol{e}_2 + \cdots + p_{mm}\boldsymbol{e}_m \end{cases}$$

（p_{ij} は実数，$i, j = 1, 2, \ldots, m$）という関係があるとき，次の行列 P は 2 つの基底の間の関係を表す（係数の並べ方に注意）．

$$P = \begin{pmatrix} p_{11} & p_{12} & \cdots & p_{1m} \\ p_{21} & p_{22} & \cdots & p_{2m} \\ \vdots & \vdots & \ddots & \vdots \\ p_{m1} & p_{m2} & \cdots & p_{mm} \end{pmatrix}.$$

この行列 P を**基底 E から F への変換行列**とよぶ.

一般に, P は正則行列である. 基底 E, F が正規直交基底のときは, 変換行列 P は直交行列である.

この概念の「複素版」も考えることができる. n 次元複素ベクトル全体を $\mathbb{C}^n$ と表す. $\mathbb{C}^n$ の線形部分空間やその基底も考えることができる. この場合の基底の変換行列は複素正則行列である. また, $\mathbb{C}^n$ の線形部分空間の正規直交基底という概念も考えることができる. $\mathbb{C}^n$ の線形部分空間の正規直交基底の間の変換行列はユニタリ行列である.

A.5 線形写像と行列の階数

第 3 章において, $\mathbb{R}^n$ の線形部分空間の次元や行列の階数について扱ったが, もう少し補足しておく (「複素版」も考えられるが, ここでは触れない).

定義 A.3 V は $\mathbb{R}^n$ の線形部分空間とし, V' は $\mathbb{R}^m$ の線形部分空間とする. 写像 $T\colon V \to V'$ が次の 2 つの性質をみたすとき, T は**線形写像**であるという.

(1) 任意の $\boldsymbol{x}, \boldsymbol{y} \in V$ に対して, $T(\boldsymbol{x}+\boldsymbol{y}) = T(\boldsymbol{x}) + T(\boldsymbol{y})$ が成り立つ.

(2) 任意の実数 c と任意の $\boldsymbol{x} \in V$ に対して, $T(c\boldsymbol{x}) = cT(\boldsymbol{x})$ が成り立つ.

A を (m, n) 型行列とする. $T_A\colon \mathbb{R}^n \to \mathbb{R}^m$ を

$$T_A(\boldsymbol{x}) = A\boldsymbol{x} \quad (\boldsymbol{x} \in \mathbb{R}^n)$$

により定めると, T_A は線形写像である.

定義 A.4 V は $\mathbb{R}^n$ の線形部分空間とし, V' は $\mathbb{R}^m$ の線形部分空間とする. 線形写像 $T\colon V \to V'$ に対して

$$\mathrm{Im}(T) = \left\{ \boldsymbol{y} \in V' \;\middle|\; \text{ある } \boldsymbol{x} \in V \text{ が存在して } \boldsymbol{y} = T(\boldsymbol{x}) \right\}$$

を T の**像** (image) とよぶ. また

$$\mathrm{Ker}(T) = \left\{ \boldsymbol{x} \in V \;\middle|\; T(\boldsymbol{x}) = \boldsymbol{0} \right\}$$

を T の**核** (kernel) とよぶ.

$\mathrm{Im}(T)$ は V' に含まれる $\mathbb{R}^m$ の線形部分空間であり，$\mathrm{Ker}(T)$ は V に含まれる $\mathbb{R}^n$ の線形部分空間である．

定理 A.3　（次元定理）

上の状況において，次の等式が成り立つ：

$$\dim \mathrm{Im}(T) = \dim V - \dim \mathrm{Ker}(T).$$

A を (m,n) 型行列とするとき，$T_A\colon \mathbb{R}^n \to \mathbb{R}^m$（$T_A(\boldsymbol{x}) = A\boldsymbol{x}$, $\boldsymbol{x} \in \mathbb{R}^n$）に対して次元定理を適用することにより，次の定理が得られる．

定理 A.4　(m,n) 型行列 A の階数 $\mathrm{rank}(A)$ は，線形写像 $T_A\colon \mathbb{R}^n \to \mathbb{R}^m$ の像 $\mathrm{Im}(T)$ の次元と等しい．

行列 A の階数 $\mathrm{rank}(A)$ に関しては，上の定理のほかにも，いろいろなことが成り立つ．それをここでまとめておく．

(1)　行列を転置しても階数は変わらない：$\mathrm{rank}({}^tA) = \mathrm{rank}(A)$.
(2)　$\mathrm{rank}(A) =$（A の線形独立な列ベクトル（行ベクトル）の最大個数）.
(3)　$\mathrm{rank}(A) =$（A の 0 でない小行列式の最大次数）.

たとえば，行列 $A = \begin{pmatrix} 1 & 2 & 3 \\ 1 & 2 & 3 \\ 1 & 2 & 4 \end{pmatrix}$ の列ベクトルを順に $\boldsymbol{a}_1$, $\boldsymbol{a}_2$, $\boldsymbol{a}_3$ とするとき，2 個の列ベクトル $\boldsymbol{a}_1$, $\boldsymbol{a}_3$ は線形独立であるが，3 個の列ベクトル $\boldsymbol{a}_1$, $\boldsymbol{a}_2$, $\boldsymbol{a}_3$ は線形従属である．つまり，**A の線形独立な列ベクトルの最大個数は 2 であり，それが $\mathrm{rank}(A)$ に等しい**というのが上記 (2) の内容である．行ベクトルについても同様である．

また，A から同じ個数の行と列を選び出して作った行列の行列式を**小行列式**とよぶ．たとえば，上の例の場合，第 1 行と第 3 行，第 2 列と第 3 列を選び出して作った小行列式は

$$\begin{vmatrix} 2 & 3 \\ 2 & 4 \end{vmatrix}$$

である．これは 2 次の小行列式であって，その値は 0 でない．一方，A の 3 次の小行列式とは，$\det A$ にほかならず，その値は 0 である．3 次の小行列式は 0 であり，2 次の小行列式の中には 0 でないものがあることになる．よって，**A の 0 でない小行列式の最大次数は 2 であり，それが $\mathrm{rank}(A)$ に等しい**というのが上記 (3) の内容である．

A.6　ケーリー–ハミルトンの定理

A は n 次正方行列とする．多項式

$$f(t) = a_k t^k + a_{k-1} t^{k-1} + \cdots + a_1 t + a_0$$

に対して

$$f(A) = a_k A^k + a_{k-1} A^{k-1} + \cdots + a_1 A + a_0 E_n$$

を考えると，これもまた n 次正方行列である．

このとき，次の定理が成り立つ．

定理 A.5 （ケーリー–ハミルトンの定理）

A の固有多項式を $\varphi(t)$ とするとき，$\varphi(A)$ は零行列である．

たとえば $A = \begin{pmatrix} a_{11} & a_{12} \\ a_{21} & a_{22} \end{pmatrix}$ の固有多項式は

$$\varphi(t) = t^2 - (a_{11} + a_{22})t + a_{11}a_{22} - a_{21}a_{12}$$

であるが，ケーリー–ハミルトンの定理により，

$$A^2 - (a_{11} + a_{22})A + (a_{11}a_{22} - a_{21}a_{12})E_2 = O \quad （零行列）$$

となる（第 1 章の演習問題 1.1 参照）．

問題解答

第1章

問 1.1　(1) $\begin{pmatrix} 4 \\ 10 \end{pmatrix}$　(2) $\begin{pmatrix} x+2y \\ 3x+4y \end{pmatrix}$　(3) $\begin{pmatrix} ax+by \\ cx+dy \end{pmatrix}$

問 1.2　(1) $(2,4)$ 型（2×4 行列，2 行 4 列行列）．$(2,3)$ 成分は -5.

(2) $\begin{pmatrix} a_{11} & a_{12} \\ a_{21} & a_{22} \\ a_{31} & a_{32} \end{pmatrix}$

問 1.3　(1) $\begin{pmatrix} 3 \\ 7 \\ 3 \end{pmatrix}$　(2) $\begin{pmatrix} 5 \\ 10 \\ 4 \end{pmatrix}$　(3) $\begin{pmatrix} 4 \\ 1 \\ -1 \end{pmatrix}$

問 1.4　(1) $\begin{pmatrix} 4 \\ 0 \\ 11 \end{pmatrix}$　(2) $\begin{pmatrix} 12 \\ 9 \end{pmatrix}$

問 1.5　(1) $\begin{pmatrix} 3 & -2 & 5 \\ 1 & 4 & -3 \\ -1 & -1 & 1 \end{pmatrix}\begin{pmatrix} x_1 \\ x_2 \\ x_3 \end{pmatrix} = \begin{pmatrix} 9 \\ 3 \\ -2 \end{pmatrix}$

(2) $\begin{pmatrix} 3 & -2 & 5 & 9 \\ 1 & 4 & -3 & 3 \\ -1 & -1 & 1 & -2 \end{pmatrix}\begin{pmatrix} x_1 \\ x_2 \\ x_3 \\ -1 \end{pmatrix} = \begin{pmatrix} 0 \\ 0 \\ 0 \end{pmatrix}$

問 1.6　(1) $\begin{pmatrix} -1 & 0 \\ 0 & 1 \end{pmatrix}$　(2) $\begin{pmatrix} -y \\ x \end{pmatrix}$　(3) $\begin{pmatrix} 0 & 0 \\ 0 & 1 \end{pmatrix}$

問 1.7　(1) $\begin{pmatrix} 3 & 4 & 3 \\ 1 & 4 & -1 \\ 5 & 1 & -2 \end{pmatrix}$　(2) $\begin{pmatrix} 5 & 5 & 6 \\ -1 & 7 & -1 \\ 9 & -1 & -1 \end{pmatrix}$

(3) $\begin{pmatrix} 4 & -3 & 9 \\ -12 & 7 & 2 \\ 10 & -12 & 9 \end{pmatrix}$

問 1.8 $B\boldsymbol{x} = \begin{pmatrix} x_1 + x_2 \\ x_2 \end{pmatrix}$, $A(B\boldsymbol{x}) = \begin{pmatrix} 2x_1 + 3x_2 \\ 4x_1 + 7x_2 \end{pmatrix}$ より

$$AB = \begin{pmatrix} 2 & 3 \\ 4 & 7 \end{pmatrix}.$$

問 1.9 (1) $\begin{pmatrix} 16 & 27 \\ 17 & 23 \end{pmatrix}$ (2) $\begin{pmatrix} 9 & 19 \\ 19 & 30 \end{pmatrix}$ (3) $\begin{pmatrix} 15 & -7 \\ 9 & -3 \end{pmatrix}$

(4) $\begin{pmatrix} 0 & 2 & 7 \\ 1 & 4 & 20 \\ 7 & -2 & 10 \end{pmatrix}$

問 1.10 $A(c\boldsymbol{x}) = \begin{pmatrix} a_{11} & a_{12} \\ a_{21} & a_{22} \end{pmatrix}\begin{pmatrix} cx_1 \\ cx_2 \end{pmatrix} = \begin{pmatrix} a_{11}(cx_1) + a_{12}(cx_2) \\ a_{21}(cx_1) + a_{22}(cx_2) \end{pmatrix}$

$$= \begin{pmatrix} c(a_{11}x_1 + a_{12}x_2) \\ c(a_{21}x_1 + a_{22}x_2) \end{pmatrix} = c\begin{pmatrix} a_{11}x_1 + a_{12}x_2 \\ a_{21}x_1 + a_{22}x_2 \end{pmatrix} = c(A\boldsymbol{x}).$$

問 1.11 $AB = \begin{pmatrix} 0 & 1 \\ 1 & 1 \end{pmatrix}$, $(AB)C = \begin{pmatrix} c_{21} & c_{22} & c_{23} \\ c_{11} + c_{21} & c_{12} + c_{22} & c_{13} + c_{23} \end{pmatrix}$,

$$BC = \begin{pmatrix} c_{11} + c_{21} & c_{12} + c_{22} & c_{13} + c_{23} \\ c_{21} & c_{22} & c_{23} \end{pmatrix},$$

$$A(BC) = \begin{pmatrix} c_{21} & c_{22} & c_{23} \\ c_{11} + c_{21} & c_{12} + c_{22} & c_{13} + c_{23} \end{pmatrix} = A(BC).$$

問 1.12 $AE_2 = \begin{pmatrix} a_{11} & a_{12} \\ a_{21} & a_{22} \end{pmatrix}\begin{pmatrix} 1 & 0 \\ 0 & 1 \end{pmatrix} = \begin{pmatrix} a_{11} & a_{12} \\ a_{21} & a_{22} \end{pmatrix} = A.$

問 1.13 (1) $\dfrac{1}{2}\begin{pmatrix} 4 & -1 \\ -2 & 1 \end{pmatrix}.$

(2) $\begin{pmatrix} 1 & 1 \\ 2 & 4 \end{pmatrix}\begin{pmatrix} x_1 \\ x_2 \end{pmatrix} = \begin{pmatrix} 10 \\ 26 \end{pmatrix}$ の両辺に左から $\dfrac{1}{2}\begin{pmatrix} 4 & -1 \\ -2 & 1 \end{pmatrix}$ をかければ

$$\begin{pmatrix} x_1 \\ x_2 \end{pmatrix} = \begin{pmatrix} 7 \\ 3 \end{pmatrix}.$$

問 1.14 $AB = \begin{pmatrix} 5 & 3 \\ 6 & 5 \end{pmatrix}$, ${}^t(AB) = \begin{pmatrix} 5 & 6 \\ 3 & 5 \end{pmatrix}$, ${}^tB\,{}^tA = \begin{pmatrix} 5 & 6 \\ 3 & 5 \end{pmatrix}.$

▶ 演習問題解答

1.1 $A^2 = \begin{pmatrix} 3 & 2 \\ 4 & 3 \end{pmatrix}\begin{pmatrix} 3 & 2 \\ 4 & 3 \end{pmatrix} = \begin{pmatrix} 17 & 12 \\ 24 & 17 \end{pmatrix}$ より

$$A^2 - 6A + E_2 = \begin{pmatrix} 17 & 12 \\ 24 & 17 \end{pmatrix} - \begin{pmatrix} 18 & 12 \\ 24 & 18 \end{pmatrix} + \begin{pmatrix} 1 & 0 \\ 0 & 1 \end{pmatrix} = \begin{pmatrix} 0 & 0 \\ 0 & 0 \end{pmatrix}.$$

1.2 $\boldsymbol{x}' = \begin{pmatrix} \frac{1}{2} & -\frac{\sqrt{3}}{2} \\ \frac{\sqrt{3}}{2} & \frac{1}{2} \end{pmatrix}\begin{pmatrix} x \\ y \end{pmatrix} = \begin{pmatrix} \frac{1}{2}x - \frac{\sqrt{3}}{2}y \\ \frac{\sqrt{3}}{2}x + \frac{1}{2}y \end{pmatrix}$,

$$\boldsymbol{x}'' = \begin{pmatrix} \frac{1}{2} & \frac{\sqrt{3}}{2} \\ -\frac{\sqrt{3}}{2} & \frac{1}{2} \end{pmatrix}\begin{pmatrix} x \\ y \end{pmatrix} = \begin{pmatrix} \frac{1}{2}x + \frac{\sqrt{3}}{2}y \\ -\frac{\sqrt{3}}{2}x + \frac{1}{2}y \end{pmatrix}$$

より，$\boldsymbol{x}' + \boldsymbol{x}'' = \begin{pmatrix} x \\ y \end{pmatrix} = \boldsymbol{x}$.

1.3 A^{-1} が存在するとすると，$AB = O$ の両辺に左から A^{-1} をかければ $B = O$ となり，仮定に反するので，A は正則行列でない．同様に，B も正則行列でない．

1.4 与えられた連立 1 次方程式は

$$\begin{pmatrix} a & b \\ c & d \end{pmatrix}\begin{pmatrix} x \\ y \end{pmatrix} = \begin{pmatrix} p \\ q \end{pmatrix}$$

と書き直せる．左から $\begin{pmatrix} a & b \\ c & d \end{pmatrix}^{-1} = \dfrac{1}{ad - bc}\begin{pmatrix} d & -b \\ -c & a \end{pmatrix}$ をかければ

$$\begin{pmatrix} x \\ y \end{pmatrix} = \frac{1}{ad - bc}\begin{pmatrix} dp - bq \\ -cp + aq \end{pmatrix}$$

となるので，求める解は

$$x = \frac{dp - bq}{ad - bc}, \quad y = \frac{-cp + aq}{ad - bc}.$$

1.5 (1) $(n+1)$ 番目の人が n 番目の人から「A が村長である」と聞いて，次の人に「A が村長である」と伝える確率は $\dfrac{4}{5}a_n$ である．「B が村長である」と聞いて，次の人に「A が村長である」と伝える確率は $\dfrac{1}{5}b_n$ である．したがって，$a_{n+1} = \dfrac{4}{5}a_n + \dfrac{1}{5}b_n$. 同様に，$b_{n+1} = \dfrac{1}{5}a_n + \dfrac{4}{5}b_n$．よって

$$\begin{pmatrix} a_{n+1} \\ b_{n+1} \end{pmatrix} = \begin{pmatrix} \frac{4}{5} & \frac{1}{5} \\ \frac{1}{5} & \frac{4}{5} \end{pmatrix}\begin{pmatrix} a_n \\ b_n \end{pmatrix}$$

であるので，$C=\begin{pmatrix}\frac{4}{5} & \frac{1}{5}\\ \frac{1}{5} & \frac{4}{5}\end{pmatrix}$.

(2) 数学的帰納法を用いる．最初の人は「A が村長である」と聞いているので，それを次の人に「A が村長である」「B が村長である」と伝える確率は，それぞれ $\frac{4}{5}$, $\frac{1}{5}$ である．よって

$$\begin{pmatrix}a_1\\ b_1\end{pmatrix}=\begin{pmatrix}\frac{4}{5}\\ \frac{1}{5}\end{pmatrix}=\begin{pmatrix}\frac{4}{5} & \frac{1}{5}\\ \frac{1}{5} & \frac{4}{5}\end{pmatrix}\begin{pmatrix}1\\ 0\end{pmatrix}=C\begin{pmatrix}1\\ 0\end{pmatrix}$$

となるので，$n=1$ のときは正しい．$n=k$ のとき正しいとすると，小問 (1) の結果を用いれば

$$\begin{pmatrix}a_{k+1}\\ b_{k+1}\end{pmatrix}=C\begin{pmatrix}a_k\\ b_k\end{pmatrix}=C\cdot C^k\begin{pmatrix}1\\ 0\end{pmatrix}=C^{k+1}\begin{pmatrix}1\\ 0\end{pmatrix}$$

となるので，$n=k+1$ のときも正しい．

第2章

問 2.1 (1) $\begin{pmatrix}2 & 3 & 12\\ 1 & 1 & 5\end{pmatrix}\xrightarrow{R_1\leftrightarrow R_2}\begin{pmatrix}1 & 1 & 5\\ 2 & 3 & 12\end{pmatrix}$.

(2) $\begin{pmatrix}0 & 1 & 1 & 1\\ 2 & 0 & 2 & 4\\ 3 & 2 & 2 & 5\end{pmatrix}\xrightarrow{R_1\leftrightarrow R_2}\begin{pmatrix}2 & 0 & 2 & 4\\ 0 & 1 & 1 & 1\\ 3 & 2 & 2 & 5\end{pmatrix}\xrightarrow{R_1\times\frac{1}{2}}\begin{pmatrix}1 & 0 & 1 & 2\\ 0 & 1 & 1 & 1\\ 3 & 2 & 2 & 5\end{pmatrix}$.

問 2.2 (1) $\begin{pmatrix}1 & 1 & 5\\ 2 & 3 & 12\end{pmatrix}\xrightarrow{R_2-2R_1}\begin{pmatrix}1 & 1 & 5\\ 0 & 1 & 2\end{pmatrix}$.

(2) $\begin{pmatrix}1 & 0 & 1 & 2\\ 0 & 1 & 1 & 1\\ 3 & 2 & 2 & 5\end{pmatrix}\xrightarrow{R_3-3R_1}\begin{pmatrix}1 & 0 & 1 & 2\\ 0 & 1 & 1 & 1\\ 0 & 2 & -1 & -1\end{pmatrix}$.

問 2.3 $\begin{pmatrix}3 & 2 & 3 & 1\\ 2 & 0 & 1 & 2\\ 1 & 3 & 1 & 8\end{pmatrix}\xrightarrow[R_2-R_3]{R_1-3R_3}\begin{pmatrix}0 & -7 & 0 & -23\\ 1 & -3 & 0 & -6\\ 1 & 3 & 1 & 8\end{pmatrix}$.

問 2.4 (1) $\begin{pmatrix}1 & 1 & 5\\ 0 & 1 & 2\end{pmatrix}\xrightarrow{R_1-R_2}\begin{pmatrix}1 & 0 & 3\\ 0 & 1 & 2\end{pmatrix}$.

(2) $\begin{pmatrix}1 & 0 & 1 & 2\\ 0 & 1 & 1 & 1\\ 0 & 2 & -1 & -1\end{pmatrix}\xrightarrow{R_3-2R_2}\begin{pmatrix}1 & 0 & 1 & 2\\ 0 & 1 & 1 & 1\\ 0 & 0 & -3 & -3\end{pmatrix}$.

問 2.5 $\begin{pmatrix} 1 & 0 & 1 & 2 \\ 0 & 1 & 1 & 1 \\ 0 & 0 & -3 & -3 \end{pmatrix} \xrightarrow{R_3 \times \left(-\frac{1}{3}\right)} \begin{pmatrix} 1 & 0 & 1 & 2 \\ 0 & 1 & 1 & 1 \\ 0 & 0 & 1 & 1 \end{pmatrix} \xrightarrow[R_2 - R_3]{R_1 - R_3} \begin{pmatrix} 1 & 0 & 0 & 1 \\ 0 & 1 & 0 & 0 \\ 0 & 0 & 1 & 1 \end{pmatrix}.$

問 2.6 拡大係数行列に行基本変形をくり返しほどこす.

$$\begin{pmatrix} 1 & 1 & 2 & 0 \\ 2 & 1 & 0 & 1 \\ 2 & 1 & 1 & 0 \end{pmatrix} \xrightarrow[R_3 - 2R_1]{R_2 - 2R_1} \begin{pmatrix} 1 & 1 & 2 & 0 \\ 0 & -1 & -4 & 1 \\ 0 & -1 & -3 & 0 \end{pmatrix}$$

$$\xrightarrow{R_2 \times (-1)} \begin{pmatrix} 1 & 1 & 2 & 0 \\ 0 & 1 & 4 & -1 \\ 0 & -1 & -3 & 0 \end{pmatrix} \xrightarrow[R_3 + R_2]{R_1 - R_2} \begin{pmatrix} 1 & 0 & -2 & 1 \\ 0 & 1 & 4 & -1 \\ 0 & 0 & 1 & -1 \end{pmatrix}$$

$$\xrightarrow[R_2 - 4R_3]{R_1 + 2R_3} \begin{pmatrix} 1 & 0 & 0 & -1 \\ 0 & 1 & 0 & 3 \\ 0 & 0 & 1 & -1 \end{pmatrix}. \quad \text{よって} \begin{cases} x_1 = -1 \\ x_2 = 3 \\ x_3 = -1 \end{cases} \text{が解である.}$$

問 2.7 (1) $\begin{pmatrix} -5 & 6 & 2 \\ -1 & 1 & 0 \\ -3 & 3 & 1 \end{pmatrix}$ (2) $\begin{pmatrix} 1 & 1 & 0 \\ 2 & 2 & 1 \\ 1 & 2 & 1 \end{pmatrix}$

問 2.8 (1) $x_1 = 4 + 2\alpha - 2\beta - 2\gamma, \quad x_2 = \alpha, \quad x_3 = \beta,$

$x_4 = -2 - 2\gamma, \quad x_5 = \gamma$ (α, β, γ は任意定数).

(2) 解がない.

▶ 演習問題解答

2.1 (1) 第 1 行と第 2 行を交換する変形 ($R_1 \leftrightarrow R_2$).

(2) 第 1 行を c 倍する変形 ($R_1 \times c$).

(3) 第 3 行に第 1 行の c 倍を加える変形 ($R_3 + cR_1$).

2.2 (1) $\begin{pmatrix} 1 & -c & c^2 \\ 0 & 1 & -c \\ 0 & 0 & 1 \end{pmatrix}.$

(2) $\begin{pmatrix} 1 & -c & c^2 & -c^3 \\ 0 & 1 & -c & c^2 \\ 0 & 0 & 1 & -c \\ 0 & 0 & 0 & 1 \end{pmatrix}.$

2.3 拡大係数行列に次のような行基本変形をほどこす．

$$\begin{pmatrix} 1 & -1 & 1 & 2 & 5 \\ 2 & -1 & -1 & 3 & 9 \\ 1 & 0 & -2 & 2 & 7 \\ -1 & 3 & -7 & -3 & a \end{pmatrix} \xrightarrow[\substack{R_3-R_1\\R_4+R_1}]{R_2-2R_1} \begin{pmatrix} 1 & -1 & 1 & 2 & 5 \\ 0 & 1 & -3 & -1 & -1 \\ 0 & 1 & -3 & 0 & 2 \\ 0 & 2 & -6 & -1 & a+5 \end{pmatrix}$$

$$\xrightarrow[\substack{R_3-R_2\\R_4-2R_2}]{R_1+R_2} \begin{pmatrix} 1 & 0 & -2 & 1 & 4 \\ 0 & 1 & -3 & -1 & -1 \\ 0 & 0 & 0 & 1 & 3 \\ 0 & 0 & 0 & 1 & a+7 \end{pmatrix}$$

$$\xrightarrow[\substack{R_2+R_3\\R_4-R_3}]{R_1-R_3} \begin{pmatrix} 1 & 0 & -2 & 0 & 1 \\ 0 & 1 & -3 & 0 & 2 \\ 0 & 0 & 0 & 1 & 3 \\ 0 & 0 & 0 & 0 & a+4 \end{pmatrix}.$$

方程式が解を持つのは $a = -4$ のときであり，一般解は

$$x_1 = 1 + 2\alpha, \quad x_2 = 2 + 3\alpha, \quad x_3 = \alpha, \quad x_4 = 3 \quad (\alpha \text{ は任意定数}).$$

2.4 対応する連立 1 次方程式を考えると

$$\begin{cases} x_1 = 34 \\ x_2 = 15 \end{cases} \quad \text{と} \quad \begin{cases} 4x_1 - 9x_2 = 1 \\ -3x_1 + 7x_2 = 3 \end{cases}$$

とが同値であることがわかる．いいかえれば，$x_1 = 34, x_2 = 15$ を右の式に代入すれば，その式が成り立つことを意味している．したがって

$$34 \times 4 + 15 \times (-9) = 1$$

が成り立つ．

補足：行列の第 3 列だけを取り出すと

$$\begin{pmatrix} 34 \\ 15 \end{pmatrix} \xrightarrow{R_1-2R_2} \begin{pmatrix} 4 \\ 15 \end{pmatrix} \xrightarrow{R_2-3R_1} \begin{pmatrix} 4 \\ 3 \end{pmatrix} \xrightarrow{R_1-R_2} \begin{pmatrix} 1 \\ 3 \end{pmatrix}$$

であるが，これは**ユークリッドの互除法**によって，34 と 15 の最大公約数を求める操作にほかならない．実際，$34 - 15 \times 2 = 4, 15 - 4 \times 3 = 3, 4 - 3 \times 1 = 1$ である．

第 3 章

問 3.1 $A = \begin{pmatrix} 1 & -3 \end{pmatrix}$ （A は $(1,2)$ 型行列）．

問 3.2 たとえば，$\boldsymbol{a} = \boldsymbol{x}_1 - \boldsymbol{x}_2 = 2\boldsymbol{x}_1 - 4\boldsymbol{x}_2 + \boldsymbol{x}_3$．

問 3.3　方程式 $x_1+2x_2-3x_3=0$ の一般解は，α, β を任意定数として

$$\begin{pmatrix} x_1 \\ x_2 \\ x_3 \end{pmatrix} = \begin{pmatrix} -2\alpha+3\beta \\ \alpha \\ \beta \end{pmatrix} = \alpha\begin{pmatrix} -2 \\ 1 \\ 0 \end{pmatrix} + \beta\begin{pmatrix} 3 \\ 0 \\ 1 \end{pmatrix}$$

となるので，2 個のベクトル $\begin{pmatrix} -2 \\ 1 \\ 0 \end{pmatrix}, \begin{pmatrix} 3 \\ 0 \\ 1 \end{pmatrix}$ が V を生成する．

問 3.4　(1)　連立 1 次方程式 $x_1\boldsymbol{a}_1+x_2\boldsymbol{a}_2=\boldsymbol{0}$ の解は $x_1=x_2=0$ のみであるので，$\boldsymbol{a}_1, \boldsymbol{a}_2$ は線形独立．

(2)　たとえば，$\boldsymbol{b}_1-2\boldsymbol{b}_2+\boldsymbol{b}_3=\boldsymbol{0}$ であるので，$\boldsymbol{b}_1, \boldsymbol{b}_2, \boldsymbol{b}_3$ は線形従属．

問 3.5

$$\boldsymbol{a}_1 = \begin{pmatrix} -2 \\ 1 \\ 0 \end{pmatrix}, \quad \boldsymbol{a}_2 = \begin{pmatrix} 3 \\ 0 \\ 1 \end{pmatrix}$$

とおくと，V はこれら 2 つのベクトルで生成される（問 3.3 の解答参照）．いま，実数 c_1, c_2 が $c_1\boldsymbol{a}_1+c_2\boldsymbol{c}_2=\boldsymbol{0}$ をみたすとする．この式の両辺の第 2 成分と第 3 成分の値に着目すれば，$c_1=c_2=0$ であることがわかるので，$\boldsymbol{a}_1, \boldsymbol{a}_2$ は線形独立である．したがって，これら 2 つのベクトルは V の基底であり，$\dim V=2$ である．

問 3.6　第 1 行は左端に 1 がある．この成分 1 の下 2 つは 0 である．第 2 行は左端から 0 が 1 個並んだ次が 1 である．この 1 の上下は 0 である．第 3 行は左端から 0 が 4 個連続する．よって，この行列は階段行列である．

問 3.7　(1)　次の変形により，$\mathrm{rank}(A)=2$．

$$\begin{pmatrix} 1 & 2 & 1 \\ 2 & 4 & 3 \\ 1 & 2 & 3 \end{pmatrix} \xrightarrow[R_3-R_1]{R_2-2R_1} \begin{pmatrix} 1 & 2 & 1 \\ 0 & 0 & 1 \\ 0 & 0 & 2 \end{pmatrix} \xrightarrow[R_3-2R_2]{R_1-R_2} \begin{pmatrix} 1 & 2 & 0 \\ 0 & 0 & 1 \\ 0 & 0 & 0 \end{pmatrix}.$$

(2)　次の変形により，$\mathrm{rank}(A)=2$．

$$\begin{pmatrix} 0 & 2 & -2 & 2 & 2 \\ 0 & 3 & -3 & 4 & 2 \\ 0 & 3 & -3 & 3 & 3 \end{pmatrix} \xrightarrow{R_1\times\frac{1}{2}} \begin{pmatrix} 0 & 1 & -1 & 1 & 1 \\ 0 & 3 & -3 & 4 & 2 \\ 0 & 3 & -3 & 3 & 3 \end{pmatrix}$$

$$\xrightarrow[R_3-3R_1]{R_2-3R_1} \begin{pmatrix} 0 & 1 & -1 & 1 & 1 \\ 0 & 0 & 0 & 1 & -1 \\ 0 & 0 & 0 & 0 & 0 \end{pmatrix} \xrightarrow{R_1-R_2} \begin{pmatrix} 0 & 1 & -1 & 0 & 2 \\ 0 & 0 & 0 & 1 & -1 \\ 0 & 0 & 0 & 0 & 0 \end{pmatrix}.$$

問 3.8　問 3.7 (1) より，$\mathrm{rank}(A) = 2$．方程式 $A\boldsymbol{x} = \mathbf{0}$ の一般解は

$$\boldsymbol{x} = \begin{pmatrix} -2\alpha \\ \alpha \\ 0 \end{pmatrix} = \alpha \begin{pmatrix} -2 \\ 1 \\ 0 \end{pmatrix} \quad (\alpha \text{ は任意定数}).$$

$\begin{pmatrix} -2 \\ 1 \\ 0 \end{pmatrix}$ は V の基底であり，$\dim V = 1 = 3 - 2 = 3 - \mathrm{rank}(A)$.

▶ 演習問題解答

3.1　$\mathbf{0} \in V_1$, $\mathbf{0} \in V_2$ より，$\mathbf{0} \in V_1 \cap V_2$.

$\boldsymbol{x}, \boldsymbol{y} \in V_1 \cap V_2$ とし，c を実数とすると，V_1 が $\mathbb{R}^n$ の線形部分空間であるので，$\boldsymbol{x} + \boldsymbol{y} \in V_1$, $c\boldsymbol{x} \in V_1$．同様に，$\boldsymbol{x} + \boldsymbol{y} \in V_2$, $c\boldsymbol{x} \in V_2$．よって，$\boldsymbol{x} + \boldsymbol{y} \in V_1 \cap V_2$, $c\boldsymbol{x} \in V_1 \cap V_2$.

以上のことより，$V_1 \cap V_2$ は $\mathbb{R}^n$ の線形部分空間である．

3.2　$\mathbf{0} = 0 \cdot \boldsymbol{a}_1 + 0 \cdot \boldsymbol{a}_2 + 0 \cdot \boldsymbol{a}_3 \in V$ である．c は実数とし，$\boldsymbol{x}, \boldsymbol{y} \in V$ とすると

$$\boldsymbol{x} = x_1\boldsymbol{a}_1 + x_2\boldsymbol{a}_2 + x_3\boldsymbol{a}_3, \quad \boldsymbol{y} = y_1\boldsymbol{a}_1 + y_2\boldsymbol{a}_2 + y_3\boldsymbol{a}_3$$

（$x_1, x_2, x_3, y_1, y_2, y_3$ は実数）と表せる．このとき

$$\boldsymbol{x} + \boldsymbol{y} = (x_1 + y_1)\boldsymbol{a}_1 + (x_2 + y_2)\boldsymbol{a}_2 + (x_3 + y_3)\boldsymbol{a}_3 \in V$$

であり，$c\boldsymbol{x} = cx_1\boldsymbol{a}_1 + cx_2\boldsymbol{a}_2 + cx_3\boldsymbol{a}_3 \in V$ である．

以上のことより，V は $\mathbb{R}^n$ の線形部分空間である．

3.3　$\boldsymbol{y} = c_1\boldsymbol{x}_1 + c_2\boldsymbol{x}_2 + c_3\boldsymbol{x}_3 = c_1'\boldsymbol{x}_1 + c_2'\boldsymbol{x}_2 + c_3'\boldsymbol{x}_3$ とすると

$$(c_1 - c_1')\boldsymbol{x}_1 + (c_2 - c_2')\boldsymbol{x}_2 + (c_3 - c_3')\boldsymbol{x}_3 = \mathbf{0}$$

が成り立つ．仮定より，$\boldsymbol{x}_1, \boldsymbol{x}_2, \boldsymbol{x}_3$ は線形独立であるので

$$c_1 - c_1' = c_2 - c_2' = c_3 - c_3' = 0$$

すなわち $c_1 = c_1'$, $c_2 = c_2'$, $c_3 = c_3'$ である．

3.4　実数 c_1, c_2, c_3 が $c_1\boldsymbol{a}_1 + c_2\boldsymbol{a}_2 + c_3\boldsymbol{a}_3 = \mathbf{0}$ をみたすと仮定する．

もし，$c_3 \neq 0$ ならば

$$\boldsymbol{a}_3 = -\frac{c_1}{c_3}\boldsymbol{a}_1 - \frac{c_2}{c_3}\boldsymbol{a}_2$$

となり，$\boldsymbol{a}_3$ が $\boldsymbol{a}_1, \boldsymbol{a}_2$ の線形結合として表されないという仮定に反する．よって，$c_3 = 0$ である．このとき，$c_1\boldsymbol{a}_1 + c_2\boldsymbol{a}_2 = \mathbf{0}$ が成り立つが，$\boldsymbol{a}_1, \boldsymbol{a}_2$ が線形独立であるという仮定より，$c_1 = c_2 = 0$ である．

結局，$c_1 = c_2 = c_3 = 0$ が示されたので，$\boldsymbol{a}_1, \boldsymbol{a}_2, \boldsymbol{a}_3$ は線形独立である．

3.5 次のように A_t を変形し，B_t を作る．

$$\begin{pmatrix} 1 & 2 & 3 \\ t & t+1 & t+2 \end{pmatrix} \xrightarrow{R_2 - tR_1} \begin{pmatrix} 1 & 2 & 3 \\ 0 & -(t-1) & -2(t-1) \end{pmatrix} = B_t.$$

$t=1$ のとき

$$B_1 = \begin{pmatrix} 1 & 2 & 3 \\ 0 & 0 & 0 \end{pmatrix}$$

より，$\mathrm{rank}(A_1)=1$．よって

$$\dim V_1 = 3-1=2.$$

$t \neq 1$ のとき，B_t をさらに変形すると

$$\begin{pmatrix} 1 & 2 & 3 \\ 0 & -(t-1) & -2(t-1) \end{pmatrix} \xrightarrow{R_2 \times \left(-\frac{1}{t-1}\right)} \begin{pmatrix} 1 & 2 & 3 \\ 0 & 1 & 2 \end{pmatrix}$$

$$\xrightarrow{R_1 - 2R_2} \begin{pmatrix} 1 & 0 & -1 \\ 0 & 1 & 2 \end{pmatrix}$$

となるので

$$\mathrm{rank}(A_t) = 2,$$

$$\dim V_t = 3-2 = 1.$$

第 4 章

問 4.1 (1) -9 (2) -1 (3) -7

問 4.2 (1) -20 (2) -20 (3) 6

問 4.3

$$\begin{aligned}(\text{左辺}) &= a_{11}a_{22}a_{33} + 0 \times a_{32}a_{13} + 0 \times a_{12}a_{23} \\ &\qquad - a_{11}a_{32}a_{23} - 0 \times a_{12}a_{33} - 0 \times a_{22}a_{13} \\ &= a_{11}(a_{22}a_{33} - a_{32}a_{23}) = (\text{右辺}).\end{aligned}$$

問 4.4 (1) 0 (2) -12 (3) 8

問 4.5 (1)

$$\begin{aligned}\det A &= a_{11}\widetilde{a}_{11} + a_{21}\widetilde{a}_{21} + a_{31}\widetilde{a}_{31} + a_{41}\widetilde{a}_{41} \\ &= a_{11}\begin{vmatrix} a_{22} & a_{23} & a_{24} \\ a_{32} & a_{33} & a_{34} \\ a_{42} & a_{43} & a_{44} \end{vmatrix} - a_{21}\begin{vmatrix} a_{12} & a_{13} & a_{14} \\ a_{32} & a_{33} & a_{34} \\ a_{42} & a_{43} & a_{44} \end{vmatrix} \\ &\quad + a_{31}\begin{vmatrix} a_{12} & a_{13} & a_{14} \\ a_{22} & a_{23} & a_{24} \\ a_{42} & a_{43} & a_{44} \end{vmatrix} - a_{41}\begin{vmatrix} a_{12} & a_{13} & a_{14} \\ a_{22} & a_{23} & a_{24} \\ a_{32} & a_{33} & a_{34} \end{vmatrix}.\end{aligned}$$

(2) $\det A = a_{21}\widetilde{a}_{21} + a_{22}\widetilde{a}_{22} + a_{23}\widetilde{a}_{23} + a_{24}\widetilde{a}_{24}$

$$= -a_{21}\begin{vmatrix} a_{12} & a_{13} & a_{14} \\ a_{32} & a_{33} & a_{34} \\ a_{42} & a_{43} & a_{44} \end{vmatrix} + a_{22}\begin{vmatrix} a_{11} & a_{13} & a_{14} \\ a_{31} & a_{33} & a_{34} \\ a_{41} & a_{43} & a_{44} \end{vmatrix}$$

$$- a_{23}\begin{vmatrix} a_{11} & a_{12} & a_{14} \\ a_{31} & a_{32} & a_{34} \\ a_{41} & a_{42} & a_{44} \end{vmatrix} + a_{24}\begin{vmatrix} a_{11} & a_{12} & a_{13} \\ a_{31} & a_{32} & a_{33} \\ a_{41} & a_{42} & a_{43} \end{vmatrix}.$$

問 4.6 (1) $-\begin{vmatrix} 3 & 1 \\ 1 & 2 \end{vmatrix} + 2\begin{vmatrix} 3 & 1 \\ 1 & 3 \end{vmatrix} = -5 + 2 \times 8 = 11.$

(2) $2\begin{vmatrix} 4 & -1 & 2 \\ 0 & 2 & 3 \\ 0 & 2 & 5 \end{vmatrix} - 3\begin{vmatrix} 2 & 1 & 1 \\ 0 & 2 & 3 \\ 0 & 2 & 5 \end{vmatrix} = 2 \times 16 - 3 \times 8 = 8.$

問 4.7 $\begin{pmatrix} 20 & -5 & 3 \\ -7 & 15 & -9 \\ -4 & 1 & 10 \end{pmatrix}.$

問 4.8 $\det A = 53.$ $\widetilde{A}A = A\widetilde{A} = 53E_3 = (\det A)E_3.$

問 4.9 $\begin{vmatrix} 2 & 1 & 3 \\ 1 & 2 & 2 \\ 1 & 1 & 3 \end{vmatrix} = 4,\ \begin{vmatrix} 1 & 1 & 3 \\ 0 & 2 & 2 \\ 0 & 1 & 3 \end{vmatrix} = 4,\ \begin{vmatrix} 2 & 1 & 3 \\ 1 & 0 & 2 \\ 1 & 0 & 3 \end{vmatrix} = -1,\ \begin{vmatrix} 2 & 1 & 1 \\ 1 & 2 & 0 \\ 1 & 1 & 0 \end{vmatrix} = -1$

より，解は $x_1 = 1,\ x_2 = -\dfrac{1}{4},\ x_3 = -\dfrac{1}{4}.$

▶ 演習問題解答

4.1 (1) $\overrightarrow{\mathrm{AB}} = \begin{pmatrix} 8 \\ 7 \end{pmatrix},\ \overrightarrow{\mathrm{AC}} = \begin{pmatrix} 11 \\ 16 \end{pmatrix},\ \overrightarrow{\mathrm{AD}} = \begin{pmatrix} 3 \\ 9 \end{pmatrix}$ である．

$\overrightarrow{\mathrm{AC}} = \overrightarrow{\mathrm{AB}} + \overrightarrow{\mathrm{AD}}$ が成り立つので，四角形 ABCD は平行四辺形である．

(2) $\overrightarrow{\mathrm{AB}}$ と $\overrightarrow{\mathrm{AD}}$ を並べた 2 次正方行列の行列式を求めると

$$\begin{vmatrix} 8 & 3 \\ 7 & 9 \end{vmatrix} = 72 - 21 = 51 > 0$$

であるので，平行四辺形 ABCD の面積は 51 である．

4.2 $\det(P^{-1}AP) = \det(P^{-1}) \det A \det P$

$$= \frac{1}{\det P} \det A \det P = \det A.$$

4.3　左辺の 4 次行列式を第 1 列に関して展開し，展開式にあらわれた 3 次行列式をそれぞれ第 1 列に関して展開すれば

$$
\begin{aligned}
\begin{vmatrix} a_{11} & a_{12} & a_{13} & a_{14} \\ a_{21} & a_{22} & a_{23} & a_{24} \\ 0 & 0 & a_{33} & a_{34} \\ 0 & 0 & a_{43} & a_{44} \end{vmatrix}
&= a_{11} \begin{vmatrix} a_{22} & a_{23} & a_{24} \\ 0 & a_{33} & a_{34} \\ 0 & a_{43} & a_{44} \end{vmatrix} - a_{21} \begin{vmatrix} a_{12} & a_{13} & a_{14} \\ 0 & a_{33} & a_{34} \\ 0 & a_{43} & a_{44} \end{vmatrix} \\
&= a_{11}a_{22} \begin{vmatrix} a_{33} & a_{34} \\ a_{43} & a_{44} \end{vmatrix} - a_{21}a_{12} \begin{vmatrix} a_{33} & a_{34} \\ a_{43} & a_{44} \end{vmatrix} \\
&= (a_{11}a_{22} - a_{21}a_{12}) \begin{vmatrix} a_{33} & a_{34} \\ a_{43} & a_{44} \end{vmatrix} \\
&= \begin{vmatrix} a_{11} & a_{12} \\ a_{21} & a_{22} \end{vmatrix} \begin{vmatrix} a_{33} & a_{34} \\ a_{43} & a_{44} \end{vmatrix} .
\end{aligned}
$$

4.4

$$
\begin{vmatrix} 1 & 1 & 1 & 1 \\ x_1 & x_2 & x_3 & x_4 \\ x_1^2 & x_2^2 & x_3^2 & x_4^2 \\ x_1^3 & x_2^3 & x_3^3 & x_4^3 \end{vmatrix}
\underset{\substack{R_4 - x_1 R_3 \\ R_3 - x_1 R_2 \\ R_2 - x_1 R_1}}{=}
\begin{vmatrix} 1 & 1 & 1 & 1 \\ 0 & x_2 - x_1 & x_3 - x_1 & x_4 - x_1 \\ 0 & x_2(x_2 - x_1) & x_3(x_3 - x_1) & x_4(x_4 - x_1) \\ 0 & x_2^2(x_2 - x_1) & x_3^2(x_3 - x_1) & x_4^2(x_4 - x_1) \end{vmatrix}
$$

であるが，右辺を第 1 列に関して展開し，さらに多重線形性を 3 つの列すべてに対して適用すれば，求める行列式は

$$
\begin{aligned}
&\begin{vmatrix} x_2 - x_1 & x_3 - x_1 & x_4 - x_1 \\ x_2(x_2 - x_1) & x_3(x_3 - x_1) & x_4(x_4 - x_1) \\ x_2^2(x_2 - x_1) & x_3^2(x_3 - x_1) & x_4^2(x_4 - x_1) \end{vmatrix} \\
&= (x_2 - x_1)(x_3 - x_1)(x_4 - x_1) \begin{vmatrix} 1 & 1 & 1 \\ x_2 & x_3 & x_4 \\ x_2 & x_3^2 & x_4^2 \end{vmatrix}
\end{aligned}
$$

となる．一方，問題文中の計算を x_2, x_3, x_4 に対して適用すれば

$$
\begin{vmatrix} 1 & 1 & 1 \\ x_2 & x_3 & x_4 \\ x_2 & x_3^2 & x_4^2 \end{vmatrix} = (x_3 - x_2)(x_4 - x_2)(x_4 - x_3)
$$

である．これらをあわせれば求める式が得られる．

4.5 (1) $1 = \det E_n = \det(AX) = \det A \det X$ より，$\det A \neq 0$. よって，A は正則であり，逆行列 A^{-1} を持つ.

(2) $AX = E_n$ の両辺に左から A^{-1} をかければ，$X = A^{-1}$ が得られる．X は A の逆行列であるので，$XA = E_n$ も成り立つ.

第5章

問 5.1 $\left(\dfrac{3}{5}\right)^2 + a^2 = 1$ より $a = \pm\dfrac{4}{5}$. $a = \dfrac{4}{5}$ のとき

$$b = \pm\frac{4}{5}, \quad c = \mp\frac{3}{5} \quad \text{（複号同順）}.$$

同様に，$a = -\dfrac{4}{5}$ のとき

$$b = \pm\frac{4}{5}, \quad c = \pm\frac{3}{5} \quad \text{（複号同順）}.$$

問 5.2 $\alpha = 5, \beta = 3$.

問 5.3 (1) $\boldsymbol{e}_1 = \dfrac{1}{5}\begin{pmatrix} 3 \\ 4 \end{pmatrix}, \quad \boldsymbol{e}_2 = \dfrac{1}{5}\begin{pmatrix} -4 \\ 3 \end{pmatrix}$.

(2) $\boldsymbol{e}_1 = \dfrac{1}{3}\begin{pmatrix} 2 \\ 2 \\ 1 \end{pmatrix}, \quad \boldsymbol{e}_2 = \dfrac{1}{3\sqrt{2}}\begin{pmatrix} 1 \\ 1 \\ -4 \end{pmatrix}, \quad \boldsymbol{e}_3 = \dfrac{1}{\sqrt{2}}\begin{pmatrix} -1 \\ 1 \\ 0 \end{pmatrix}$.

▶ 演習問題解答

5.1 ${}^t\boldsymbol{x}\boldsymbol{y}$ を $(1, n)$ 型行列と $(n, 1)$ 型行列の積とみなせば

$${}^t\boldsymbol{x}\boldsymbol{y} = \begin{pmatrix} x_1 & \cdots & x_n \end{pmatrix}\begin{pmatrix} y_1 \\ \vdots \\ y_n \end{pmatrix} = x_1y_1 + \cdots + x_ny_n = (\boldsymbol{x}, \boldsymbol{y}).$$

5.2 $(A\boldsymbol{x}, \boldsymbol{y}) = {}^t(A\boldsymbol{x})\boldsymbol{y} = ({}^t\boldsymbol{x}\,{}^tA)\boldsymbol{y} = {}^t\boldsymbol{x}({}^tA\boldsymbol{y}) = (\boldsymbol{x}, {}^tA\boldsymbol{y})$.

5.3 $(A\boldsymbol{x}, A\boldsymbol{y}) = \big(\boldsymbol{x}, {}^tA(A\boldsymbol{y})\big) = \big(\boldsymbol{x}, ({}^tAA)\boldsymbol{y}\big) = (\boldsymbol{x}, E_n\boldsymbol{y}) = (\boldsymbol{x}, \boldsymbol{y})$.

5.4 (1) $\|\boldsymbol{x} + \boldsymbol{y}\|^2 = \|\boldsymbol{x}\|^2 + 2(\boldsymbol{x}, \boldsymbol{y}) + \|\boldsymbol{y}\|^2$ より第 1 式が得られ

$$\|A\boldsymbol{x} + A\boldsymbol{y}\|^2 = \|A\boldsymbol{x}\|^2 + 2(A\boldsymbol{x}, A\boldsymbol{y}) + \|A\boldsymbol{y}\|^2$$

より第 2 式が得られる.

(2) 仮定より，$\|A\boldsymbol{x}\| = \|\boldsymbol{x}\|, \|A\boldsymbol{y}\| = \|\boldsymbol{y}\|, \|A\boldsymbol{x} + A\boldsymbol{y}\| = \|A(\boldsymbol{x} + \boldsymbol{y})\| = \|\boldsymbol{x} + \boldsymbol{y}\|$ であるので，小問 (1) の 2 つの式の右辺は等しい．したがって，左辺も等しい．すなわち，$(A\boldsymbol{x}, A\boldsymbol{y}) = (\boldsymbol{x}, \boldsymbol{y})$.

第6章

問 6.1 (1) 固有多項式は $(t-10)(t+5)$. 固有値は 10, -5 である. たとえば

$$\begin{pmatrix} 3 \\ 1 \end{pmatrix}, \quad \begin{pmatrix} 1 \\ 2 \end{pmatrix}$$

はそれぞれ固有値 10, -5 に対する固有ベクトルである.

$$P = \begin{pmatrix} 3 & 1 \\ 1 & 2 \end{pmatrix}$$

とおけば

$$P^{-1}AP = \begin{pmatrix} 10 & 0 \\ 0 & -5 \end{pmatrix}.$$

(2) 固有多項式は $(t+1)(t-1)(t-2)$. 固有値は -1, 1, 2. たとえば

$$\begin{pmatrix} 1 \\ 1 \\ -1 \end{pmatrix}, \quad \begin{pmatrix} 2 \\ 0 \\ 1 \end{pmatrix}, \quad \begin{pmatrix} 0 \\ -1 \\ 1 \end{pmatrix}$$

は, それぞれ固有値 -1, 1, 2 に対する固有ベクトル.

$$P = \begin{pmatrix} 1 & 2 & 0 \\ 1 & 0 & -1 \\ -1 & 1 & 1 \end{pmatrix}$$

とおけば

$$P^{-1}AP = \begin{pmatrix} -1 & 0 & 0 \\ 0 & 1 & 0 \\ 0 & 0 & 2 \end{pmatrix}.$$

問 6.2 A の固有値は 0, 1. たとえば

$$\begin{pmatrix} 0 \\ 1 \\ 0 \end{pmatrix}, \quad \begin{pmatrix} 1 \\ 0 \\ 1 \end{pmatrix}$$

は固有値 0 に対する線形独立な固有ベクトル.

$$\begin{pmatrix} 1 \\ 2 \\ 2 \end{pmatrix}$$

は固有値 1 に対する固有ベクトル.

$$P = \begin{pmatrix} 0 & 1 & 1 \\ 1 & 0 & 2 \\ 0 & 1 & 2 \end{pmatrix}$$

とおけば

$$P^{-1}AP = \begin{pmatrix} 0 & 0 & 0 \\ 0 & 0 & 0 \\ 0 & 0 & 1 \end{pmatrix}.$$

問 6.3 $$\begin{aligned}(A\boldsymbol{x}, \boldsymbol{y}) &= (2x_1 + 3x_2)y_1 + (3x_1 + x_2)y_2 \\ &= 2x_1y_1 + 3x_1y_2 + 3x_2y_1 + x_2y_2 \\ &= x_1(2y_1 + 3y_2) + x_2(3y_1 + y_2) \\ &= (\boldsymbol{x}, A\boldsymbol{y}).\end{aligned}$$

問 6.4 A の固有値は -5, 0, 10.

$$\frac{1}{\sqrt{5}}\begin{pmatrix} 2 \\ 0 \\ -1 \end{pmatrix}, \quad \begin{pmatrix} 0 \\ 1 \\ 0 \end{pmatrix}, \quad \frac{1}{\sqrt{5}}\begin{pmatrix} 1 \\ 0 \\ 2 \end{pmatrix}$$

は，それぞれ固有値 -5, 0, 10 に対する固有ベクトルである．さらに，これらのベクトルは，長さが 1 であって，互いに直交する．よって，これらを並べて

$$P = \begin{pmatrix} \frac{2}{\sqrt{5}} & 0 & \frac{1}{\sqrt{5}} \\ 0 & 1 & 0 \\ -\frac{1}{\sqrt{5}} & 0 & \frac{2}{\sqrt{5}} \end{pmatrix}$$

とおけば，P は直交行列であって

$$P^{-1}AP = \begin{pmatrix} -5 & 0 & 0 \\ 0 & 0 & 0 \\ 0 & 0 & 10 \end{pmatrix}.$$

問 6.5 A の固有値は 0, 18．固有値 0 に対する固有ベクトルは

$$c_1\begin{pmatrix} -1 \\ 1 \\ 0 \end{pmatrix} + c_2\begin{pmatrix} 4 \\ 0 \\ 1 \end{pmatrix} \quad (c_1,\ c_2 \text{ の少なくとも一方は } 0 \text{ でない})$$

という形である．グラム–シュミットの直交化法を用いると，互いに直交する長さ 1 の固有ベクトル

$$\boldsymbol{p}_1 = \frac{1}{\sqrt{2}}\begin{pmatrix} -1 \\ 1 \\ 0 \end{pmatrix}, \quad \boldsymbol{p}_2 = \frac{1}{3}\begin{pmatrix} 2 \\ 2 \\ 1 \end{pmatrix}$$

が得られる．また，固有値 18 に対する長さ 1 の固有ベクトルとして

$$\boldsymbol{p}_3 = \frac{1}{3\sqrt{2}}\begin{pmatrix} 1 \\ 1 \\ -4 \end{pmatrix}$$

が得られる．そこで

$$P = \begin{pmatrix} -\frac{1}{\sqrt{2}} & \frac{2}{3} & \frac{1}{3\sqrt{2}} \\ \frac{1}{\sqrt{2}} & \frac{2}{3} & \frac{1}{3\sqrt{2}} \\ 0 & \frac{1}{3} & -\frac{4}{3\sqrt{2}} \end{pmatrix}$$

とおけば，P は直交行列であり

$$P^{-1}AP = \begin{pmatrix} 0 & 0 & 0 \\ 0 & 0 & 0 \\ 0 & 0 & 18 \end{pmatrix}$$

である．

問 6.6　${}^tA = A$ より

$${}^t({}^tPAP) = {}^tP\,{}^tA\,{}^t({}^tP) = {}^tPAP.$$

よって，${}^tPAP$ は対称行列である．

問 6.7　対応する対称行列は

$$A = \begin{pmatrix} -7 & 24 \\ 24 & 7 \end{pmatrix}.$$

A の固有値は -25, 25.

$$\boldsymbol{p}_1 = \frac{1}{5}\begin{pmatrix} 4 \\ -3 \end{pmatrix}, \quad \boldsymbol{p}_2 = \frac{1}{5}\begin{pmatrix} 3 \\ 4 \end{pmatrix}$$

はそれぞれ固有値 -25, 25 に対する長さ 1 の固有ベクトルである．互いに直交するので

$$P = \begin{pmatrix} \frac{4}{5} & \frac{3}{5} \\ -\frac{3}{5} & \frac{4}{5} \end{pmatrix}$$

とおけば P は直交行列であり

$$P^{-1}AP = {}^tPAP = \begin{pmatrix} -25 & 0 \\ 0 & 25 \end{pmatrix}.$$

よって，$-25y_1^2 + 25y_2^2$ が直交標準形.

問6.8 $y_1 = \dfrac{1}{5}z_1$, $y_2 = \dfrac{1}{5}z_2$ と変換する．シルベスタ標準形は $-z_1^2 + z_2^2$.

問6.9 符号は $(1,1)$．正定値でない.

▶ 演習問題解答

6.1 $P^{-1}(tE_n - A)P = tP^{-1}E_nP - P^{-1}AP = tE_n - P^{-1}AP$ より

$$\begin{aligned}\det(tE_n - P^{-1}AP) &= \det\bigl(P^{-1}(tE_n - A)P\bigr) \\ &= \det(P^{-1})\det(tE_n - A)\det P \\ &= \frac{1}{\det P}\det(tE_n - A)\det P \\ &= \det(tE_n - A).\end{aligned}$$

6.2 α を A の固有値とし，$\boldsymbol{x}$ を α に対する固有ベクトルとすると

$$\begin{aligned}\boldsymbol{x} &= E_n\boldsymbol{x} = A^2\boldsymbol{x} = A(A\boldsymbol{x}) \\ &= A(\alpha\boldsymbol{x}) = \alpha A\boldsymbol{x} = \alpha(\alpha\boldsymbol{x}) = \alpha^2\boldsymbol{x}\end{aligned}$$

より

$$(\alpha^2 - 1)\boldsymbol{x} = \boldsymbol{0}.$$

よって，$\alpha^2 - 1 = 0$ となるので，$\alpha = 1$ または -1.

6.3 (1) $a_3 = 2$, $a_4 = 3$, $a_5 = 5$, $a_6 = 8$.

(2) $b_1 = 1$, $b_2 = 2$, $b_3 = 3$, $b_4 = 5$, $b_5 = 8$.

(3) $b_{n+1} = a_{n+2} = a_{n+1} + a_n = b_n + a_n$ と $a_{n+1} = b_n$ をあわせれば

$$\begin{pmatrix} a_{n+1} \\ b_{n+1} \end{pmatrix} = \begin{pmatrix} b_n \\ a_n + b_n \end{pmatrix} = \begin{pmatrix} 0 & 1 \\ 1 & 1 \end{pmatrix}\begin{pmatrix} a_n \\ b_n \end{pmatrix}.$$

(4) A の固有値は $\dfrac{1-\sqrt{5}}{2}$, $\dfrac{1+\sqrt{5}}{2}$．固有値 $\dfrac{1-\sqrt{5}}{2}$ に対する固有ベクトルは

$$c_1\begin{pmatrix} 1 \\ \frac{1-\sqrt{5}}{2} \end{pmatrix}$$

固有値 $\dfrac{1+\sqrt{5}}{2}$ に対する固有ベクトルは

$$c_2 \begin{pmatrix} 1 \\ \frac{1+\sqrt{5}}{2} \end{pmatrix} \quad (c_1,\ c_2 \neq 0).$$

(5) $P = \begin{pmatrix} 1 & 1 \\ \frac{1-\sqrt{5}}{2} & \frac{1+\sqrt{5}}{2} \end{pmatrix}$とすれば

$$P^{-1}AP = \begin{pmatrix} \frac{1-\sqrt{5}}{2} & 0 \\ 0 & \frac{1+\sqrt{5}}{2} \end{pmatrix}.$$

(6) $\begin{pmatrix} a_n \\ b_n \end{pmatrix} = P \begin{pmatrix} c_n \\ d_n \end{pmatrix}$に注意すれば

$$\begin{pmatrix} c_{n+1} \\ d_{n+1} \end{pmatrix} = P^{-1} \begin{pmatrix} a_{n+1} \\ b_{n+1} \end{pmatrix}$$

$$= P^{-1}A \begin{pmatrix} a_n \\ b_n \end{pmatrix} = P^{-1}AP \begin{pmatrix} c_n \\ d_n \end{pmatrix} = B \begin{pmatrix} c_n \\ d_n \end{pmatrix}.$$

(7) $P^{-1} = \dfrac{1}{\sqrt{5}} \begin{pmatrix} \frac{1+\sqrt{5}}{2} & -1 \\ \frac{-1+\sqrt{5}}{2} & 1 \end{pmatrix}$, $\begin{pmatrix} c_1 \\ d_1 \end{pmatrix} = P^{-1} \begin{pmatrix} a_1 \\ b_1 \end{pmatrix}$より

$$c_1 = \frac{1}{\sqrt{5}} \left(\frac{-1+\sqrt{5}}{2} \right), \quad d_1 = \frac{1}{\sqrt{5}} \left(\frac{1+\sqrt{5}}{2} \right).$$

小問 (6) の結果より，$\{c_n\}, \{d_n\}$ はそれぞれ公比 $\dfrac{1-\sqrt{5}}{2}, \dfrac{1+\sqrt{5}}{2}$ の等比数列であるので，一般項は

$$c_n = -\frac{1}{\sqrt{5}} \left(\frac{1-\sqrt{5}}{2} \right)^n, \quad d_n = \frac{1}{\sqrt{5}} \left(\frac{1+\sqrt{5}}{2} \right)^n.$$

注意： 正則行列 P の選び方によって，c_n, d_n は変わる．

(8) $\begin{pmatrix} a_n \\ b_n \end{pmatrix} = P \begin{pmatrix} c_n \\ d_n \end{pmatrix} = \begin{pmatrix} 1 & 1 \\ \frac{1-\sqrt{5}}{2} & \frac{1+\sqrt{5}}{2} \end{pmatrix} \begin{pmatrix} c_n \\ d_n \end{pmatrix}$より

$$a_n = -\frac{1}{\sqrt{5}} \left(\frac{1-\sqrt{5}}{2} \right)^n + \frac{1}{\sqrt{5}} \left(\frac{1+\sqrt{5}}{2} \right)^n.$$

索　　引

た 行

な 行

は 行

ま 行

や 行

ら 行

わ 行

数字・欧字

著者略歴

海老原　円（えびはら　まどか）

1987年　東京大学大学院理学系研究科修士課程数学専攻修了
　　　　学習院大学理学部助手，埼玉大学理学部講師を経て
現　在　埼玉大学大学院理工学研究科准教授
　　　　博士（理学）（東京大学）
　　　　専門は代数幾何学

主要著書

『線形代数』（数学書房）
『14日間でわかる代数幾何学事始』（日本評論社）
『詳解と演習　大学院入試問題〈数学〉』（共著，数理工学社）

ライブラリ　例題から展開する大学数学＝2

例題から展開する線形代数

2016年5月25日©　　　　初　版　発　行

著　者　海老原　円　　　　発行者　森 平 敏 孝
　　　　　　　　　　　　　印刷者　大 道 成 則

発行所　　**株式会社　サ イ エ ン ス 社**

〒151-0051　東京都渋谷区千駄ヶ谷1丁目3番25号
営業　☎（03）5474–8500（代）　振替 00170–7–2387
編集　☎（03）5474–8600（代）
FAX　☎（03）5474–8900

印刷・製本　太洋社

《検印省略》

ISBN978-4-7819-1380-3

PRINTED IN JAPAN

サイエンス社のホームページのご案内
http://www.saiensu.co.jp
ご意見・ご要望は
rikei@saiensu.co.jp　まで．